TURING 图灵程序设计丛书

Node.js in Action Second Edition

Node.js 实战

（第2版）

[英] 亚历克斯·杨

[美] 布拉德利·马克
麦克·坎特伦
蒂姆·奥克斯利
马克·哈特
T.J. 霍洛瓦丘
内森·拉伊利赫 著

吴海星 译

人民邮电出版社
北 京

图书在版编目（CIP）数据

Node.js实战 / （英）亚历克斯·杨（Alex Young）等著 ; 吴海星译. -- 2版. -- 北京 : 人民邮电出版社, 2018.8（2023.4重印）
（图灵程序设计丛书）
ISBN 978-7-115-48730-8

Ⅰ. ①N… Ⅱ. ①亚… ②吴… Ⅲ. ①JAVA语言—程序设计 Ⅳ. ①TP312.8

中国版本图书馆CIP数据核字(2018)第138685号

内 容 提 要

本书是 Node.js 的实战教程，涵盖了为开发产品级 Node 应用程序所需要的一切特性、技巧以及相关理念。从搭建 Node 开发环境，到一些简单的演示程序，到开发复杂应用程序所必不可少的异步编程。第 2 版介绍了全栈开发者所需的全部技术，包括前端构建系统、选择 Web 框架、在 Node 中与数据库的交互、编写测试和部署 Web 程序，等等。

本书适合 Web 开发人员阅读。

◆ 著　[英] 亚历克斯·杨 [美] 布拉德利·马克
[美] 麦克·坎特伦 [美] 蒂姆·奥克斯利
[美] 马克·哈特 [美] T.J. 霍洛瓦丘
[美] 内森·拉伊利赫
译　吴海星
责任编辑　朱 巍
责任印制　周昇亮

◆ 人民邮电出版社出版发行　北京市丰台区成寿寺路 11 号
邮编　100164　电子邮件　315@ptpress.com.cn
网址　http://www.ptpress.com.cn
固安县铭成印刷有限公司印刷

◆ 开本：800×1000　1/16
印张：20.5　2018 年 8 月第 2 版
字数：485千字　2023 年 4 月河北第 16 次印刷
著作权合同登记号　图字：01-2017-7475号

定价：89.00元

读者服务热线：(010)84084456-6009　印装质量热线：(010)81055316

反盗版热线：(010)81055315

广告经营许可证：京东市监广登字 20170147 号

版 权 声 明

第 1 版赞誉

“内容循序渐进，由浅入深。”

——Node.js 项目负责人 Isaac Z. Schlueter

“Node 及 Node.js 生态系统的权威指南。”

——Kevin Baister，1KB Software Solutions 公司

“书中的示例有非常强烈的现实意义（也很有趣）。”

——ÀlexMadurell，PolymediaSpA

“非常引人入胜……能让你非常快速地进入状态。”

——Gary Ewan Park，霍尼韦尔公司

“由编写 Node.js 代码的人写出来的宝贵资源。”

——Brian Falk，NodeLingo，GoChime

前　　言

《Node.js 实战》的第 1 版出版之后发生了很多事情，io.js 问世，治理模型也发生了翻天覆地的变化。Node 的包管理器孵化出了一家成功的新公司——npm，Babel 和 Electron 等技术也改变了 Node 开发。

虽然 Node 的核心库变化不大，但 JavaScript 变了，大多数开发人员都用上了 ES2015 的功能特性，所以我们改写了上一版中的所有代码，用上了箭头函数、常量和解构。因为 Node 的库和自带的工具看起来仍然和 4.*x* 之前的版本差不多，所以我们在这一版的更新中瞄准了社区。

为了体现 Node 开发人员在实际工作中面临的问题，本书在结构上进行了调整。Express 和 Connect 的分量轻了，涉及的技术范围广了。书中介绍了全栈开发者所需的全部技术，包括前端构建系统、选择 Web 框架、在 Node 中与数据库的交互、编写测试和部署 Web 程序。

除了 Web 开发，本书还有编写命令行程序和 Electron 桌面程序的章节，让你充分利用自己的 Node 和 JavaScript 技能。

本书不仅要向你介绍 Node 和它的生态系统，还想尽可能让你了解那些影响 Node 发展的背景知识，比如一般在 Node 和 JavaScript 书籍中并不介绍的 Unix 哲学和如何正确、安全地使用数据库。希望这些知识能拓宽你的眼界，加深你对 Node 和 JavaScript 的理解，帮你在面临新的问题时找到解决办法。

致　谢

首先要感谢本书上一版的作者们，他们做出了巨大贡献：Mike Cantelon、Marc Harter、T.J. Holowaychuk 和 Nathan Rajlich。还要感谢 Manning 的团队，如果没有他们的鼓励，这一版也不会问世。感谢我的策划编辑 Cynthia Kane，在更新原内容的漫长过程中让我保持专注。如果没有 Doug Warren 详尽的技术校对，本书及其中代码的正确率恐怕连现在的一半都不到。最后要感谢在写作及开发过程中提供反馈的评审人员：Austin King、Carl Hope、Chris Salch、Christopher Reed、Dale Francis、Hafiz Waheedud din、HarinathMallepally、Jeff Smith、Marc-Philippe Huget、Matthew Bertoni、Philippe Charrière、Randy Kamradt、Sander Rossel、Scott Dierbeck 和 William Wheeler。

关于本书

本书第 1 版重点介绍了如何用 Web 框架 Connect 和 Express 开发 Web 程序。第 2 版则根据 Node 开发的变化做了调整。我们会介绍前端构建系统、流行的 Node Web 框架，以及如何用 Express 从头开始搭建 Web 程序，还会讲到自动化测试和 Node Web 程序的部署。

因为用 Node 做的命令行开发者工具和用 Electron 做的桌面端程序越来越多，所以本书专门用了两章的篇幅分别介绍这两块内容。

本书假定你熟悉基本的编程概念。但考虑到有些开发人员还没有接触过新的 JavaScript，所以第 1 章将会介绍 JavaScript 和 ES2015。

路线图

本书分为三部分。

第一部分介绍 Node.js，讲解用它进行开发所需的基础技术。第 1 章介绍了 JavaScript 和 Node 的特性，通过示例代码一步步进行讲解。第 2 章介绍了基本的 Node.js 编程概念。第 3 章完整地演示了如何从头开始搭建一个 Web 程序。

第二部分重点介绍 Web 开发，内容最多，篇幅也最长。第 4 章是前端构建系统的揭秘。如果你在项目中用到过 Webpack 或 Gulp，但并没有真正掌握它们，那么可以学习一下这一章的内容。第 5 章介绍了 Node 中最流行的服务器端框架。第 6 章详细介绍了 Connect 和 Express。第 7 章是模板语言，它可以提升服务端代码的编写效率。大多数 Web 程序都需要数据库，所以第 8 章介绍了很多种可以用在 Node 中的数据库，关系型和 NoSQL 都有涉及。第 9 章和第 10 章讲了测试和部署，包括云端部署。

第三部分是 Web 程序开发之外的内容。第 11 章讲了如何用 Node 搭建命令行程序，创建出开发人员熟悉的文字界面。如果你喜欢用 Node 搭建像 Atom 一样的桌面程序，可以看看介绍 Electron 的第 12 章。

本书还有三个附录。附录 A 讲了如何在 macOS 和 Windows 上安装 Node，附录 B 详细介绍了如何实现网络内容抓取，附录 C 介绍了 Connect 的官方中间件组件。

编码规范及下载

书中的代码遵循通用 JavaScript 规范。缩进用空格，不用制表符。尽量不要让一行代码的长度超过 80 个字符。很多代码清单中都加了注释，指出了其中的关键概念。

每行一条语句，简单语句后面加分号。代码块放在大括号中，左括号放在代码块开始行的末尾处，右括号的缩进跟代码块开始行的缩进保持一致，在垂直方向上对齐。

书中示例的源码请至图灵社区本书主页 http://www.ituring.com.cn/book/1993 随书下载处下载。

本书论坛

购买了英文版的读者可以免费访问 Manning 出版社运营的专享论坛，你可以在那里发表对图书的评论，提出技术问题，寻求作者和其他读者的帮助。

Manning 的初衷是为读者间、读者与作者间提供一个交流场所。作者完全可以根据个人意愿进行参与，在论坛上所做的贡献是没有报酬的。所以我们建议你尽可能提出一些有挑战性的问题，以激发作者的兴趣！只要书还在发行，出版社的网站上就会有关于书的论坛和之前讨论过的内容的归档。

读者也可登录图灵社区本书主页 http://www.ituring.com.cn/book/1993 提交反馈意见和勘误。

电子书

扫描如下二维码，即可购买本书电子版。

关于封面图片

本书封面上的画像标题为“城镇里的男人”，摘自19世纪法国出版的沙利文·马雷夏尔（Sylvain Maréchal）四卷本的地域服饰风俗摘要。其中每幅插图都是手工精心绘制并上色的。马雷夏尔这套书展示的丰富服饰，令我们强烈感受到200年前乡村与城镇的巨大文化差异。不同地域的人山水阻隔，语言不通。无论奔走于街巷，还是驻足于乡间，通过他们的服饰，一眼就能看出他们的生活场所、职业，以及生活境况。

时过境迁，书中描绘的那些区域性服饰差异如今已经不复存在。即使是不同国家，都很难再看出人们着装的区别，再不必说城镇和乡村了。或许，我们今天多姿多彩的人生，正是从前那些文化差异的体现。只不过，如今的生活更加多元，而且技术环境下的生活节奏也更快了。

今时今日，计算机图书层出不穷，Manning就以马雷夏尔这套书中多样性的图片，来表达对IT行业日新月异的发明与创造的赞美。

目　录

第一部分　Node 基础知识介绍

第二部分　Node 的 Web 开发

第三部分 超越 Web 开发

Part 1

第一部分

Node 基础知识介绍

现如今，Node 已经出落成了一个成熟的 Web 开发平台。本书第 1 章到第 3 章介绍 Node 的主要特性，包括如何使用 npm 和 Node 的核心模块。你还将看到如何在 Node 上使用现代版 JavaScript，以及如何从头开始构建一个 Web 应用程序。看完这些章节之后，对于 Node 能做什么，以及该如何创建自己的项目，你将会有非常深刻的认识。

第1章 欢迎进入 Node.js 的世界

本章内容

- Node.js 是什么
- 定义 Node 应用程序
- 使用 Node 的优势
- 异步和非阻塞 I/O

Node.js 是一个 JavaScript 运行平台，其显著特征是它的异步和事件驱动机制，以及小巧精悍的标准库。Node 目前有两个活跃版本：长期支持版（LTS）和当前版，由 Node.js 基金会进行管理并提供支持。这个行业联盟遵循开放式治理模型，如果想了解更多与 Node 管理相关的信息，可以查阅其官网上的文档。

自 2009 年 Node.js 问世以来，JavaScript 渐渐变成了能开发所有软件的语言，其地位也越来越重要，不再是只能勉强在浏览器上用一下的鸡肋语言了。这里有 ECMAScript 2015 的功劳，因为它解决了之前那些 ECMAScript 标准中遗留下来的几个关键问题。Node 所用的 Google V8 引擎就是基于 ECMAScript 2015 开发的。ECMAScript 2015 是 ECMAScript 标准的第 6 个版本，所以有时也被称为 ES6，一般简写为 ES2015。Node、React 和 Electron 等技术创新成果的功劳也不可小觑，是它们让 JavaScript 无处不在：从服务器到浏览器，到原生的移动端应用程序。甚至像微软这样的大公司都对 JavaScript 敞开了怀抱，也为 Node 的成功起到推波助澜的作用。

本章更深入介绍 Node、Node 的事件驱动非阻塞模型，以及 JavaScript 成为优秀的通用编程语言的一些原因。下面先介绍一个典型的 Node Web 应用程序。

1.1 一个典型的 Node Web 应用程序

大体上来说，Node 和 JavaScript 的优势之一是它们的单线程编程模型。多个线程一般会引入 bug，尽管一些新的编程语言，包括 Go 和 Rust，试图提供更加安全的并发工具，但 Node 仍然保留了 JavaScript 在浏览器中所用的模型。在为浏览器编写代码时，我们写的指令序列一次执行一条，代码不是并行执行的。然而对于用户界面来说，这样是不合理的：没有哪个用户想在浏览器执行网络访问或文件获取这样的低速操作时干等着。为了解决这个问题，浏览器引入了事件机制：

在你点击按钮时，就有一个事件被触发，还有一个之前定义的函数会跑起来。这种机制可以规避一些在线程编程中经常出现的问题，比如资源死锁和竞态条件。

1.1.1　非阻塞 I/O

那么在服务器端编程中，这有什么意义呢？其实服务器端编程面对的情况也差不多：访问磁盘和网络这样的 I/O 请求会比较慢，所以我们希望，在读取文件或通过网络发送消息时，运行平台不会阻塞业务逻辑的执行。Node 用三种技术来解决这个问题：事件、异步 API、非阻塞 I/O。在 Node 程序员看来，非阻塞 I/O 是个底层术语。它的意思是说，你的程序可以在做其他事情时发起一个请求来获取网络资源，然后当网络操作完成时，将会运行一个回调函数来处理这个操作的结果。

图 1-1 展示了一个典型的 Node Web 应用程序，它用 Web 应用库 Express 来处理商店的订单流程。为了购买产品，浏览器发起了一个请求，然后应用程序检查库存，为该用户创建一个账号，发回执邮件，并返回一个 JSON HTTP 响应给浏览器。同时在做的其他事情有：发送了一封回执邮件，更新了数据库来保存用户的详细信息和订单。代码本身很简单，就是 JavaScript 指令，但运行平台是并发操作的，因为它用了非阻塞 I/O。

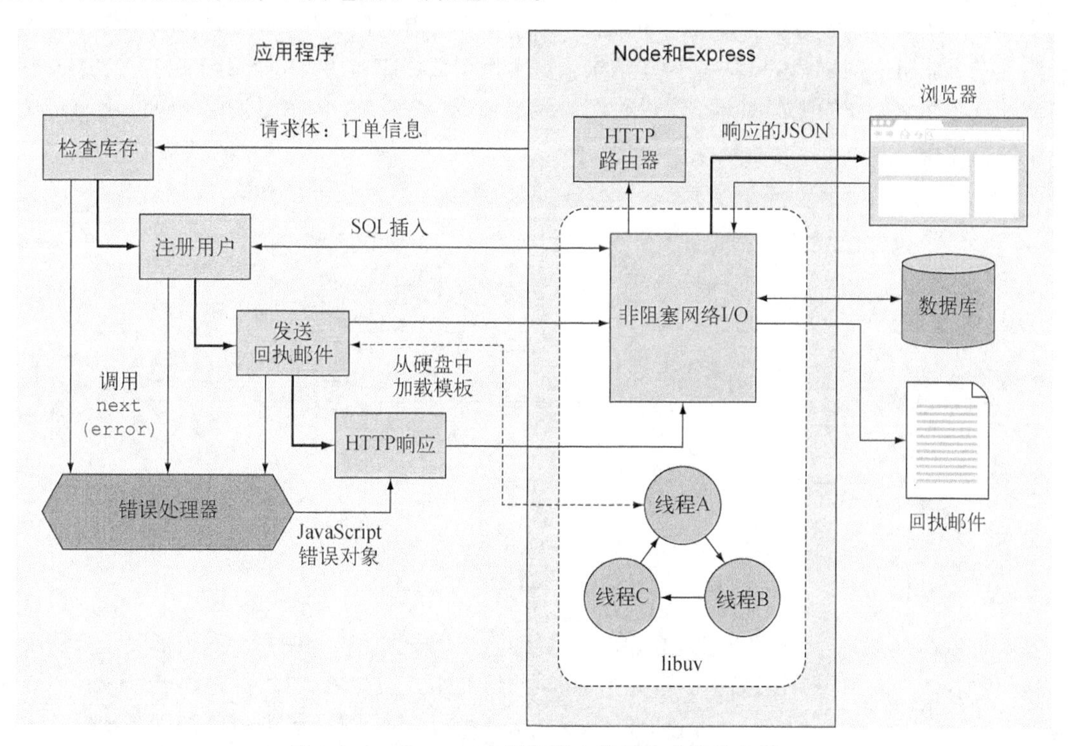

图 1-1　一个 Node 应用程序中的异步非阻塞组件

在图 1-1 中，数据库是通过网络访问的。Node 中的网络访问是非阻塞的，它用了一个名为

libuv 的库来访问操作系统的非阻塞网络调用。这个库在 Linux、macOS 和 Windows 中的实现是不同的，但不用担心，因为你只需要会用操作数据库的 JavaScript 库就可以了。只要写一些 `db.insert(query, err => {})`这样的代码，Node 就会帮你完成那些经过高度优化的非阻塞网络操作。

访问硬盘也差不多，但又不完全一样。在生成了回执邮件并从硬盘中读取邮件模板时，libuv 借助线程池模拟出了一种使用非阻塞调用的假象。管理线程池是个苦差事，相较而言，`email.send('template.ejs', (err, html) => {})`这样的代码肯定要容易理解得多了。

在进行速度较慢的处理时让 Node 能做其他事情，是使用带非阻塞 I/O 的异步 API 真正的好处。即便你只有一个单线程、单进程的 Node Web 应用，它也可以同时处理上千个网站访客发起的连接。要想知道 Node 是如何做到的，得先研究一下事件轮询。

1.1.2　事件轮询

我们把图 1-1 放大，仔细研究“响应浏览器的请求”那部分。在这个应用程序中，Node 内置的 HTTP 服务器库，即核心模块 `http.Server`，负责用流、事件、Node 的 HTTP 请求解析器的组合来处理请求，它是本地代码。你用 Express Web 应用库添加的回调函数，也是由它触发的。这个回调函数又会触发数据库查询语句，最终应用程序会用 HTTP 发送 JSON 作为响应。整个过程用了三个非阻塞网络调用：一个用于请求，一个用于数据库，还有一个用于响应。Node 是如何调配这些网络操作的呢？答案是事件轮询（event loop）。图 1-2 展示了如何用事件轮询完成这三个网络操作。

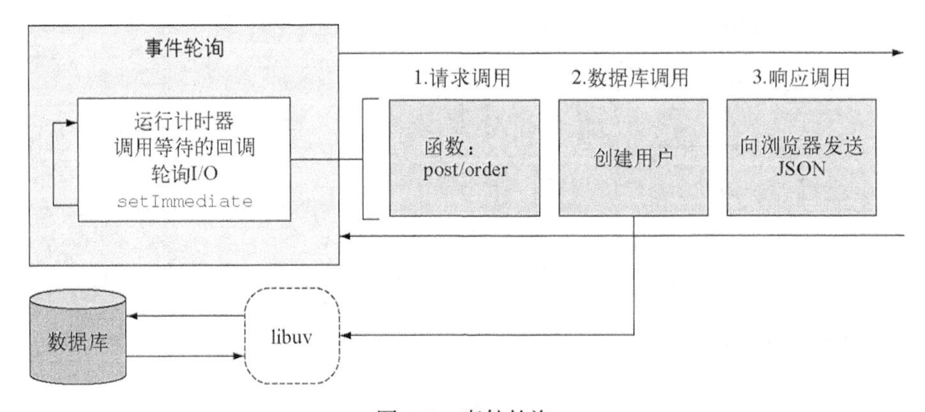

图 1-2　事件轮询

事件轮询是单向运行的先入先出队列，它要经过几个阶段，轮询中每个迭代都要运行的重要阶段已经在图 1-2 中展示出来了。首先是计时器开始执行，这些计时器都是用 JavaScript 函数 `setTimeout` 和 `setInterval` 安排好的。接下来是运行 I/O 回调，即触发你的回调函数。轮询阶段会去获取新的 I/O 事件，最后是用 `setImmediate` 安排回调。这是一个特例，因为它允许你将回调安排在当前队列中的 I/O 回调完成之后立即执行。现在你可能还会觉得有点儿抽象，不过只需要记住，尽管 Node 是单线程的，但你仍然可以用它提供的工具写出可伸缩的高效代码。

你可能注意到了，前面几页中的代码用到了 ES2015 的箭头函数。Node 支持很多 JavaScript 的新特性，所以我们想先带你看一看能用哪些新特性来写出更棒的代码，然后再继续介绍 Node。

1.2 ES2015、Node 和 V8

如果你以前曾因 JavaScript 没有类而伤心难过，或者被它奇怪的作用域规则搞得头晕脑胀，那你肯定会喜欢我们接下来要讲的内容。Node 解决了很多问题！现在你可以创建类了！`const` 和 `let`（代替了 `var`）解决了作用域的问题。从 Node 6 开始，你可以用默认函数参数、剩余参数、`spread` 操作符、`for...of` 循环、模板字符串、解构、生成器等很多新特性。http://node.green 上汇总了 Node 支持的 ES2015 特性，建议你看一下。

先说类。在 ES5 及之前的版本中，我们要用 `prototype` 对象来创建类似于类的结构：

```
function User() {
  // 构造器
}

User.prototype.method = function() {
  // 方法
};
```

有了 Node 6 和 ES2015，你可以用类将上面的代码写成：

```
class User {
  constructor() {}
  method() {}
}
```

代码少了，也更容易理解了。但还不止于此，Node 也支持子类、超类和静态方法。对于熟悉其他语言的人来说，采用了类语法的 Node 比 ES5 更好用。

`const` 和 `let` 是从 Node 4 开始支持的。在 ES5 中，所有变量都是用 `var` 创建的。不管是在函数中还是全局作用域中，都是用 `var` 定义变量，所以我们没办法在 `if` 语句、`for` 循环以及其他块中定义块级别的变量。

我应该用 `const` 还是 `let`

在决定是用 `const` 还是用 `let` 时，几乎都可以用 `const`。因为你的大部分代码都是在用你自己的类实例、对象常量或不会变的值，所以大部分情况下都可以用 `const`。即便是有可修改属性的对象，也是可以用 `const` 声明的，因为 `const` 的意思是引用是只读的，而不是值是不可变的。

Node 还有原生的 promise 和生成器。为了让我们能用流畅的接口风格编写异步代码，有很多库都支持 promise。对于流畅的接口风格，你可能并不陌生，如果你用过 jQuery 之类的 API，甚至只要用过 JavaScript 数组，就已经见过它是什么样的了。下面就是一个将调用链起来处理数组的小例子：

```
[1, 2, 3]
  .map(n => n * 2)
  .filter(n => n > 3);
```

生成器能把异步 I/O 变成同步编程风格。Koa Web 应用库中用到了生成器，你可以研究一下它的代码以了解生成器的用法。如果结合 Koa 使用 promise 和其他生成器，你就可以抛开层层嵌套的回调，在值上 `yield`。

ES2015 中的**模板字符串**在 Node 中也很好用。在 ES5 中，字符串常量不支持插值，也不能跨行。现在我们可以用反引号（`）定义模板字符串，不仅可以插值，而且还可以跨行。比如像下面这个例子一样，在 Web 应用中直接定义一小段 HTML 模板：

```
this.body = `
  <div>
    <h1>Hello from Node</h1>
    <p>Welcome, ${user.name}!</p>
  </div>
`;
```

在 ES5 中，前面那个例子只能写成这样：

```
this.body = '\n';
this.body += '<div>\n';
this.body += '  <h1>Hello from Node</h1>\n';
this.body += '  <p>Welcome, ' + user.name + '</p>\n';
this.body += '<div>\n';
```

老套路不仅代码多，而且还容易出错。对 Node 程序员来说，最后一个非常重要的特性是箭头函数。**箭头函数**的语法非常精炼。比如说，如果你要写有一个参数和一个返回值的回调函数，那么像下面这么简单就可以：

```
[1, 2, 3].map(v => v * 2);
```

在 Node 中，我们一般会需要两个参数，因为回调的第一个参数通常是错误对象。这时候需要用括号把参数括起来：

```
const fs = require('fs');
fs.readFile('package.json',
  (err, text) => console.log('Length:', text.length)
);
```

如果函数体的代码不止一行，则需要用到大括号。箭头函数的价值不仅体现在其精炼的语法上，还跟 JavaScript 作用域有关。在 ES5 及之前版本的语言中，在函数中定义函数会把 `this` 引用变成全局对象。就因为这个问题，下面这种按 ES5 写的类很容易出错：

```
function User(id) {
// 构造器
  this.id = id;
}

User.prototype.load = function() {
  var self = this;
```

```
    var query = 'SELECT * FROM users WHERE id = ?';
    sql.query(query, this.id, function(err, users) {
      self.name = users[0].name;
    });
  };
```

给 self.name 赋值那行代码不能写成 this.name，因为这个函数的 this 是个全局变量。常用的解决办法是在函数的入口处将 this 赋值给一个变量。但箭头函数的绑定没有这个问题。所以在 ES2015 中，上面这个例子可以改写成更加直观的形式：

```
class User {
  constructor(id) {
    this.id = id;
  }

  load() {
    const query = 'SELECT * FROM users WHERE id = ?';
    sql.query(query, this.id, (err, users) => {
      this.name = users[0].name;
    });
  }
}
```

你不仅可以用 const 更好地建模数据库查询，而且还去掉了麻烦的 self 变量。让 Node 代码变得更容易理解的 ES2015 的特性还有很多，篇幅所限就不一一介绍了。但我们接下来要看看这都是谁的功劳，以及它与之前讲的非阻塞 I/O 有什么关系。

1.2.1 Node 与 V8

Node 的动力源自 V8 JavaScript 引擎，是由服务于 Google Chrome 的 Chromium 项目组开发的。V8 的一个值得称道的特性是它会将 JavaScript 直接编译为机器码，另外它还有一些代码优化特性，所以 Node 才能这么快。在 1.1.1 节，我们曾提到过 Node 的另一个本地部件 libuv，它是负责处理 I/O 的。V8 负责 JavaScript 代码的解释和执行。用 C++绑定层可将 libuv 和 V8 结合起来。图 1-3 给出了组成 Node 的所有软件组件。

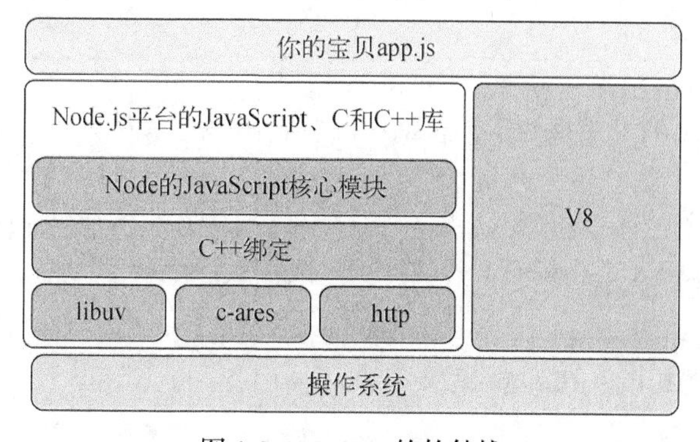

图 1-3 Node.js 的软件栈

因此，Node 中能用的 JavaScript 特性都可以追溯到 V8 对该特性的支持。这一支持是通过特性组来管理的。

1.2.2　使用特性组

Node 包含了 V8 提供的 ES2015 特性。这些特性分为 shipping、staged 和 in progress 三组。shipping 组的特性是默认开启的，staged 和 in progress 组的特性则需要用命令行参数开启。如果你想用 staged 特性，可以在运行 Node 时加上参数`--harmony`，V8 团队将所有接近完成的特性都放在了这一组。然而，in progress 特性稳定性较差，需要具体的特性参数来开启。Node 的文档建议通过`grep "in progress"`来查询当前可用的 in progress 特性：

```
node --v8-options | grep "in progress"
```

在不同的 Node 版本中执行这条命令后得到的结果也是不同的。Node 自己也有个版本计划，定义了它要提供哪些 API。

1.2.3　了解 Node 的发布计划

Node 的发行版分为长期支持版（LTS）、当前版和每日构建版三组。LTS 版有 18 个月的支持服务，期满后还有 12 个月的维护性支持服务。版本号是按照语义版本（SemVer）编制的。SemVer 给每个版本定义了一个主要、次要和补丁版本号。比如 6.9.1 的主要版本号是 6，次要版本号是 9，补丁版本号是 1。只要看到主版本号发生变化，那就意味着有些 API 可能不兼容了，也就是说如果要用这个版本的 Node，那么你的项目需要重新测试一下。另外，按 Node 的发布规则，主版本号增长意味着新的当前版也已经切下来了。每日构建版的构建是自动进行的，每隔 24 小时一次，包含这 24 小时内的最新修改，但一般只用来测试 Node 的最新特性。

用哪个版本取决于你的项目和组织。有些人可能喜欢更新不那么频繁的 LTS，对于那些难以管理频繁更新的大公司来说，这个版本可能更好。但如果你想跟上性能和功能的改进，当前版更合适。

1.3　安装 Node

安装 Node 的最简单的方法是使用其官网上的安装程序。可以用对应 Mac 或 Windows 的安装程序安装最新的当前版（写作本书时是 6.5）。或者用操作系统上的包管理器，Debian、Ubuntu、Arch、Fedora、FreeBSD、Gentoo 和 SUSE 全都有安装包，另外还有 Homebrew 和 SmartOS 的安装包。如果没有能用在你的操作系统上的包，也可以下载源码自己构建。

提示　附录 A 提供了更加详细的 Node 安装指南。

Node 官网（https://nodejs.org/zh-cn/download/）上有个包含所有安装包的列表，源码在 GitHub （https://github.com/nodejs/node）上。建议收藏一下 Node 在 GitHub 上的项目主页以备不时之需，比如有时候你可能想看看它的源码。

装好之后，可以在终端中输入 `node -v` 来试一下。这个命令应该会输出你所安装的 Node 的版本号。接下来，创建一个名为 hello.js 的文件，内容如下所示：

```
console.log("hello from Node");
```

保存文件，输入 `node hello.js` 运行它。恭喜你！都准备好了，你可以开始用 Node 写程序了！

在 Windows、Linux 和 macOS 上快速上手

如果你刚开始接触编程，还没找到自己喜欢的文本编辑器，那么 Visual Studio Code 是个不错的选择。这是微软开发的，但开源，可以免费下载，支持 Windows、Linux 和 macOS。

Visual Studio Code 为新手提供了一些友好的辅助功能，包括 JavaScript 语法高亮、Node 核心模块自动补足等。所以你的 JavaScript 代码看起来会更清晰，并且你在输入时还能看到一个所支持方法和对象的列表。它还有个命令行界面，可以输入 `Node` 来调用 Node。有了这个命令行界面，需要运行 Node 和 npm 命令时会很方便。Windows 用户可能会觉得这个比 cmd.exe 好用。我们的代码都在 Windows 上用 Visual Studio Code 测试过，所以应该不需要任何特殊的东西来运行本书中的例子。

可以从参照 Visual Studio Code Node.js 教程开始。

Node 还有一些自带的工具。它不单单是一个解释器，而是由一套工具组成的平台。接下来我们详细介绍一下这些工具。

1.4 Node 自带的工具

Node 自带了一个包管理器，以及从文件和网络 I/O 到 zlib 压缩等无所不包的核心 JavaScript 模块，还有一个调试器。npm 包管理器是这个基础设施中的重要组成部分，也是我们要重点介绍的。

如果你想检查一下 Node 是否已经安装成功，可以在命令行里运行 `node -v` 和 `npm -v`。这两个命令分别用来显示你所安装的 Node 和 npm 的版本。

1.4.1 npm

命令行工具 npm 是用 `npm` 调用的。你可以用它来安装 npm 注册中心里的包，也可以用它来查找和分享你自己的项目，开源的和闭源的都行。注册中心里的每个 npm 包都会有个页面显示它的自述文件、作者和下载统计信息。

另外，npm 还是一家提供 npm 服务的公司的名字。这家公司为企业提供商业服务，包括托管私有的npm包。你可以按月支付服务费，把公司的源码托管给他们，这样你的JavaScript开发人员就可以用npm轻松安装你的私有包了。

在用 npm 安装这些包时，你要决定是装在你的项目中还是装在全局。要全局安装的包一般是工具，即你要在命令行里运行的程序，比如gulp-cli包。

npm要求Node项目所在的目录下有一个package.json文件。创建package.json文件的最简单方法是使用npm。在命令行中输入下面这些命令：

```
mkdir example-project
cd example-project
npm init -y
```

打开 package.json，你会看到简单的 JSON 格式的项目描述信息。如果你现在用带有参数 `--save` 的npm命令从npm网站上安装一个包，它会自动更新你的package.json文件。试着输入 `npm install`，或简写为 `npm i`：

```
npm i --save express
```

打开package.json，应该会看到 `dependencies` 属性下面新增加的 `express`。另外，看一下node_modules文件夹，你会看到新创建的express目录。里面是刚安装的那个版本的Express。你也可以用 `--global` 参数做全局安装。应尽可能地将包安装在项目里，但对于用在Node JavaScript代码之外的命令行工具，全局安装更合适。比如用npm安装命令行工具ESLint时，我们采用全局安装。

开始用Node之后，你会经常用到来自npm的包。另外，Node还自带了很多非常实用的库，统称为**核心模块**，接下来我们就去看一下。

1.4.2　核心模块

Node的核心模块就相当于其他语言的标准库，它们是编写服务器端JavaScript所需的工具。大多数服务器端开发人员都知道，JavaScript 标准本身没有任何处理网络的东西，甚至连处理文件I/O的东西都没有。Node以最少的代码给它加上了文件和TCP/IP网络功能，使其成为了一个可用的服务器端编程语言。

1. 文件系统

Node不仅有文件系统库（fs、path）、TCP客户端和服务端库（net）、HTTP库（http和https）和域名解析库（dns），还有一个经常用来写测试的断言库（assert），以及一个用来查询平台信息的操作系统库（os）。

Node还有一些独有库。事件模块是一个处理事件的小型库，Node的大多数API都是以它为基础来做的。比如说，流模块用事件模块提供了一个处理流数据的抽象接口。因为Node中的所有数据流用的都是同样的API，所以你可以很轻松地组装出软件组件。如果你有一个文件流读取器，就可以很方便地把它跟压缩数据的zlib连接到一起，然后这个zlib再连接一个文件流写入器，从而形成一个文件流处理管道。

在下面这段代码中，我们用 Node 的 fs 模块创建了读和写流，然后把它们通过另外一个流

（gzip）连接起来传输数据，就这个例子而言，就是压缩。

代码清单 1-1 使用核心模块和流

```
const fs = require('fs');
const zlib = require('zlib');
const gzip = zlib.createGzip();
const outStream = fs.createWriteStream('output.js.gz');

fs.createReadStream('./node-stream.js')
  .pipe(gzip)
  .pipe(outStream);
```

2. 网络

曾几何时，我们总是说创建一个简单的 HTTP 服务器才是 Node 真正的 Hello World。在 Node 中搭一个服务器只需要加载 http 模块，然后给它一个函数。这个函数有两个参数，即请求和响应。你可以在自己的终端中运行一下这段代码。

代码清单 1-2 用 Node 的 http 模块写的 Hello World

```
const http = require('http');
const port = 8080;

const server = http.createServer((req, res) => {
  res.end('Hello, world.');
});

server.listen(port, () => {
  console.log('Server listening on: http://localhost:%s', port);
});
```

将上面的代码保存到 hello.js 文件中，用 `node hello.js` 运行它。访问 http://localhost:8080，你应该能看到第 4 行的问候信息。

Node 的核心模块精炼强悍。你甚至不需要用 npm 安装任何东西就可以用这些模块完成很多事情。可以参阅 Node 的 api 网站来了解核心模块的更多相关信息。

最后一个内置工具是调试器。下一节我们将会通过一个例子来介绍它。

1.4.3 调试器

Node 自带的调试器支持单步执行和 REPL（读取–计算–输出–循环）。这个调试器在工作时会用一个网络协议跟你的程序对话。带着 `debug` 参数运行程序，就可以对这个程序开启调试器。比如要调试代码清单 1-2 中的代码：

```
node debug hello.js
```

然后应该能看到下面这样的输出：

```
< Debugger listening on [::]:5858
connecting to 127.0.0.1:5858 ... ok
break in node-http.js:1
```

```
> 1 const http = require('http');
  2 const port = 8080;
  3
```

Node 启动了这个程序，并连到 5858 端口上对它进行调试。你可以输入 help 看一下它的命令，然后输入命令 c 让程序继续执行。Node 启动程序时总是把它置于 break 状态上，所以在你想做任何事情之前，总要先让它继续执行。

我们可以在代码中的任何地方添加 debugger 语句来设置断点。遇到 debugger 语句后，调试器就会把程序停住，然后你可以输入命令。比如说，你写了一个 REST API 来为新用户创建账号，但发现代码貌似没有把新用户密码的散列值写到数据库里。你可以在 User 类的 save 方法那里加一个 debugger，然后单步执行每一条指令，看看发生了什么。

交互式调试

Node 支持 Chrome 调试协议。如果要用 Chrome 的开发者工具调试一段脚本，可以在运行程序时加上 --inspect 参数：

```
node --inspect --debug-brk
```

这样 Node 就会启动调试器，并停在第一行。它会输出一个 URL 到控制台，你可以在 Chrome 中打开这个 URL，然后用 Chrome 的调试器进行调试。Chrome 的调试器可以一行行地执行代码，还能显示每个变量和对象的值。这要比在代码里敲 console.log 好得多。

第 9 章还会详细讲解调试技术。如果你现在就想试一下，那么最好的入手点是 Node 调试器手册。

前面我们介绍了 Node 的工作机理，以及它给开发人员所提供的工具。现在你可能很想知道，人们在生产环境中用 Node 都做了什么样的程序。接下来我们就看看可以用 Node 实现的几种程序。

1.5 三种主流的 Node 程序

Node 程序主要可以分成三种类型：Web 应用程序、命令行工具和后台程序、桌面程序。提供单页应用的简单程序、REST 微服务以及全栈的 Web 应用都属于 Web 应用程序。你可能已经使用过用 Node 写的命令行工具了，比如 npm、Gulp 和 Webpack。后台程序就是后台服务，比如 PM2 进程管理器。桌面程序一般是用 Electron 框架写的软件，Electron 用 Node 作为基于 Web 的桌面应用的后台。Atom 和 Visual Studio Code 文本编辑器都属于这一类。

1.5.1 Web 应用程序

因为 Node 是服务器端 JavaScript 平台，所以用它搭建 Web 应用程序是理所当然的事情。既然客户端和服务器端用的都是 JavaScript，代码难免会有在这两种环境里重用的机会。Node Web

应用一般是用 Express 这样的框架写的。第 5 章介绍了几个主要的 Node 服务器端框架，第 6 章专门介绍了 Connect 和 Express，第 7 章是 Web 应用程序模板。

你可以通过创建一个新目录，然后在里面安装 Express 模板，来快速创建一个 Express Web 应用程序：

```
mkdir hello_express
cd hello_express
npm init -y
npm i express --save
```

接下来把下面的 JavaScript 代码存到 server.js 中。

代码清单 1-3　一个 Node Web 应用程序

```
const express = require('express');
const app = express();

app.get('/', (req, res) => {
  res.send('Hello World!');
});
app.listen(3000, () => {
  console.log('Express web app on localhost:3000');
});
```

现在输入 `npm start`，启动这个监听端口 3000 的 Node Web 服务器。在浏览器中打开 http://localhost:3000，就能看到 `res.send` 那行代码发回的文本。

在前端开发的世界中，Node 也在发挥着重要作用，因为它是进行语言转译的主要工具，比如从 TypeScript 到 JavaScript。转译器将一种高级语言编译成另外一种高级语言，传统的编译器则将一种高级语言编译成一种低级语言。第 4 章将会专门介绍前端构建系统，到时候你会看到 npm 脚本、Gulp 和 Webpack 的用法。

并不是所有的 Web 开发都会涉及 Web 应用的构建。有时候，在重建一个网站时，你需要把数据从老网站上扒出来。我们专门加了个附录 B 来讲网页抓取，以便展示如何用 Node 的 JavaScript 运行平台处理文档对象模型（DOM），同时也展示了如何在 Express Web 应用这个舒适区之外使用 Node。如果你只是想快速地构建一个简单的 Web 应用，第 3 章为我们提供了一个完整的 Node Web 应用程序搭建教程。

1.5.2　命令行工具和后台程序

Node 可以用来编写命令行工具，比如 JavaScript 开发人员所用的进程管理器和 JavaScript 转译器。它也可以作为一种方便的方式来编写其他操作的命令行工具，比如图片转换、控制媒体文件播放的脚本等。

你可以试一下下面这个例子。创建一个名为 cli.js 的新文件，添加如下代码：

```
const [nodePath, scriptPath, name] = process.argv;
console.log('Hello', name);
```

用 node cli.js yourName 运行这个脚本，你会看到 Hello yourName。这用到了 ES2015 的解构，它会从 process.argv 中拉取第三个参数。所有 Node 程序都可以访问 process 对象，这是用户向程序中传递参数的基础。

Node 命令行程序还可以做其他事情。如果在程序开头的地方加上 #!，并赋予其执行许可（chmod +x cli.js），shell 就可以在调用程序时使用 Node。也就是说可以像运行其他 shell 脚本那样运行 Node 程序。在类 Unix 系统中用下面这样的代码：

```
#!/usr/bin/env node
```

这样你就可以用 Node 代替 shell 脚本。也就是说 Node 可以跟其他任何命令行工具配合，包括后台程序。Node 程序可以由 cron 调用，也可以作为后台程序运行。

如果你觉得这一切都很陌生，不用担心。第 11 章将会介绍如何编写命令行工具，展示 Node 在这种程序上的实力。比如说，大量使用流作为通用 API 的命令行工具，而流处理是 Node 最强大的功能之一。

1.5.3　桌面程序

如果你用过 Atom 或 Visual Studio Code 文本编辑器，那就用过 Node。Electron 框架用 Node 做后台，所以只要需要访问硬盘或网络，Electron 就会用到 Node。Electron 还用 Node 来管理依赖项，也就是说你可以用 npm 往 Electron 项目里添加包。

如果你现在就想试一下，可以复制 Electron 的存储库并启动一个应用程序：

```
git clone https://github.com/electron/electron-quick-start
cd electron-quick-start
npm install && npm start
curl localhost:8081
```

如果你想要了解如何用 Electron 写程序，可以翻到第 12 章看一下。

1.5.4　适合 Node 的应用程序

我们已经看过一些能用 Node 搭建的应用程序了，但 Node 擅长的领域不止于此。Node 一般用来创建实时的 Web 应用，这几乎无所不包，从直接面对用户的聊天服务器到采集分析数据的后台程序都属于此类。在 JavaScript 中，函数是一等对象，Node 又有内建的事件模型，所以用它来写异步实时程序比用其他脚本语言更自然。

如果你要搭建传统的模型–视图–控制器（MVC）Web 应用，用 Node 也很适合。Ghost 等一些流行的博客引擎就是用 Node 搭建的。在搭建这几种类型的 Web 应用程序方面，Node 是一个经过实践检验的平台。虽然开发风格跟用 PHP 的 WordPress 不同，但 Ghost 支持的功能是类似的，包括模板和多用户管理区。

Node 还能做一些用其他语言很难做到的事情。它是基于 JavaScript 的，所以在 Node 中能运行浏览器中的 JavaScript。复杂的客户端应用可以经过改造在 Node 服务器上运行，让服务器进行预渲染，从而加快页面在浏览器中的渲染速度，也有利于搜索引擎进行索引。

最后，如果你想要搭建一个桌面端或移动端应用，建议试一下 Electron，它也是由 Node 支撑起来的。现在 Web 用户界面的体验跟桌面端应用一样丰富，Electron 桌面端应用足以抗衡本地 Web 应用，还能缩短开发时间。Electron 支持三种主流操作系统，所以你可以在 Windows、Linux 和 macOS 上重用这些代码。

1.6 总结

- Node 是用来搭建 JavaScript 应用程序的平台，有基于事件和非阻塞的特性。
- V8 被用作 JavaScript 运行时。
- libuv 是提供快速、跨平台、非阻塞 I/O 的本地库。
- 被称为核心模块的 Node 标准库很精巧，为 JavaScript 添加了磁盘 I/O。
- Node 自带了一个调试器和一个依赖管理器（npm）。
- Node 可以用于搭建 Web 应用程序、命令行工具，甚至桌面程序。

第 2 章

Node 编程基础

2

本章内容

- ❑ 用模块组织代码
- ❑ 用回调处理一次性事件
- ❑ 用事件发射器处理重复性事件
- ❑ 实现串行和并行的流程控制
- ❑ 使用流程控制工具

与大多数开源平台不同，Node 设置起来很容易，对内存和硬盘空间要求不高，也不需要复杂的集成开发环境或构建系统。但对于刚起步的新手来说，掌握一些基础知识会有很大帮助。本章要解决摆在 Node 开发新手面前的两个难题：

- ❑ 如何组织代码；
- ❑ 如何实现异步编程。

本章会介绍几种重要的异步编程技术，让你能牢牢控制程序的执行。包括：

- ❑ 如何响应一次性事件；
- ❑ 如何处理重复性事件；
- ❑ 如何让异步逻辑顺序执行。

不过我们要先讲一下如何用模块组织代码。模块是 Node 的一种代码组织和包装方式，让代码更容易重用。

2.1 Node 功能的组织及重用

在创建程序时，不管是用 Node 还是其他工具，基本不可能把所有代码都放到一个文件中。当出现这种情况时，传统的方式是按逻辑相关性对代码分组，将包含大量代码的单个文件分解成多个文件，如图 2-1 所示。

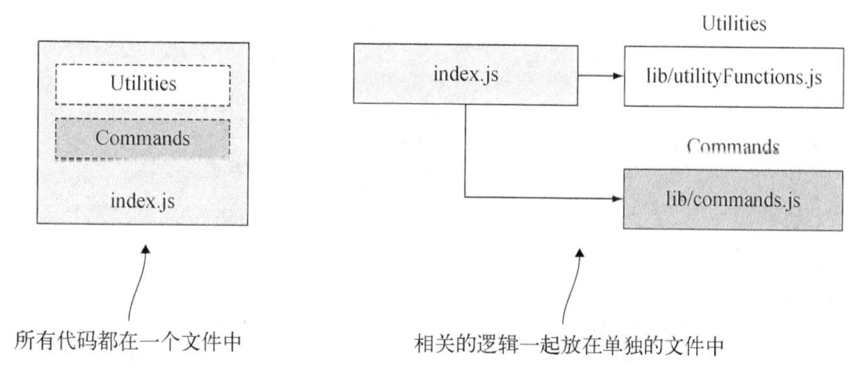

图 2-1　与全部存放在一个长文件中的代码相比，用目录和单独的文件组织起来的代码更容易查找

在某些语言中，比如 PHP 和 Ruby，整合另一个文件（我们称之为“included”文件）中的逻辑，可能意味着在被引入文件中执行的逻辑会影响全局作用域。也就是说，被引入文件创建的任何变量和声明的任何函数，都可能会覆盖包含它的应用程序所创建的变量和声明的函数。

假设用 PHP 写程序，可能会有下面这种逻辑：

```
function uppercase_trim($text) {
  return trim(strtoupper($text));
}
include('string_handlers.php');
```

如果 string_handlers.php 文件也定义了一个 `uppercase_trim` 函数，你会收到一条错误消息：

```
Fatal error: Cannot redeclare uppercase_trim()
```

在 PHP 中可以用**命名空间**避免这个问题，Ruby 通过**模块**也提供了类似的功能。但 Node 的做法是不给你不小心污染全局命名空间的机会。

> **PHP 命名空间和 Ruby 模块**　PHP 命名空间在它的手册上有相关论述。Ruby 模块在 Ruby 文档中有解释说明。

Node 模块打包代码是为了重用，但它们不会改变全局作用域。比如说，假设你正用 PHP 开发一个开源的内容管理系统（CMS），并且想用一个没有使用命名空间的第三方 API 库。这个库中可能有一个跟你的程序中同名的类，除非你把自己程序中的类名或者库中的类名改了，否则这个类可能会搞垮你的程序。可是修改程序中的类名可能会让那些以你的 CMS 为基础构建项目的开发人员遇到问题。如果修改那个库中的类名，那么每次更新程序源码树中的那个库时都得记着再改一次。解决命名冲突问题最好的办法是从根本上予以避免。

Node 模块允许从被引入文件中选择要暴露给程序的函数和变量。如果模块返回的函数或变量不止一个，那它可以通过设定 `exports` 对象的属性来指明它们。但如果模块只返回一个函数或变量，则可以设定 `module.exports` 属性。图 2-2 展示了这一工作机制。

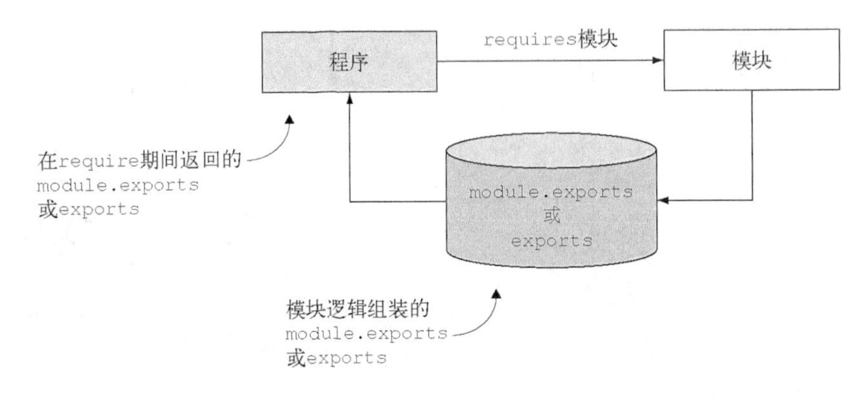

图 2-2　组装 module.exports 属性或 exports 对象让模块可以选择应该把什么跟程序共享

如果你觉得有点晕，先别急。我们在这一章里会给出好几个例子。Node 的模块系统避免了对全局作用域的污染，从而也就避免了命名冲突，并简化了代码的重用。模块还可以发布到 npm（Node 包管理器）存储库中，这是一个在线存储库，收集了已经可用并且要跟 Node 社区分享的 Node 模块，使用这些模块没必要担心某个模块会覆盖其他模块的变量和函数。

为了帮你把逻辑组织到模块中，我们会讨论下面这些主题：

- 如何创建模块；
- 模块放在文件系统中的什么地方；
- 在创建和使用模块时要意识到的东西。

我们这就深入到 Node 模块系统的学习中去，开始一个新的 Node 项目，然后创建第一个简单的模块。

2.2　开始一个新的 Node 项目

创建新的 Node 项目很简单：创建一个文件夹，运行 npm init。好了！npm 命令会问几个问题，一直回答 yes 就可以了。

下面是一个完整的例子：

```
mkdir my_moudle
cd my_moudle
npm init -y
```

参数 -y 表示 yes。这样 npm 就会创建一个全部使用默认值的 package.json 文件。如果你想要更多的控制权，去掉参数 -y，你就能看到 npm 提出的一系列问题，包括授权许可、作者姓名，等等。完成之后看一下 package.json，你会在其中发现自己提供的那些答案。你也可以手动编辑，但记得必须是有效的 JSON。

空项目有了，可以创建模块了。

创建模块

模块既可以是一个文件，也可以是包含一个或多个文件的目录，如图 2-3 所示。如果模块是一个目录，Node 通常会在这个目录下找一个叫 index.js 的文件作为模块的入口（这个默认设置可以重写，见 2.5 节）。

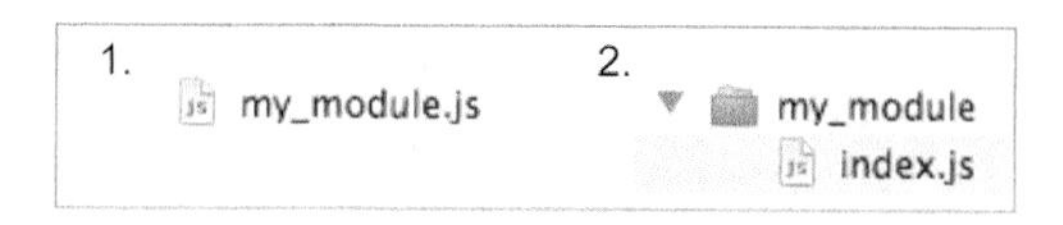

图 2-3 Node 模块可以用文件（例 1）或目录（例 2）创建

典型的模块是一个包含 `exports` 对象属性定义的文件，这些属性可以是任意类型的数据，比如字符串、对象和函数。

为了演示如何创建基本的模块，我们在一个名为 currency.js 的文件中添加一些做货币转换的函数。这个文件如下面的代码清单所示，其中有两个函数，分别对加元和美元进行互换。

代码清单 2-1 定义一个 Node 模块（currency.js）

```
const canadianDollar = 0.91;

function roundTwo(amount) {
  return Math.round(amount * 100) / 100;
}
exports.canadianToUS = canadian => roundTwo(canadian * canadianDollar);
exports.USToCanadian = us => roundTwo(us / canadianDollar);
```

canadianToUS 函数设定在 exports 模块中，所以引入这个模块的代码可以使用它

USToCanadian 也设定在 exports 模块中

`exports` 对象上只设定了两个属性。也就是说引入这个模块的代码只能访问到 `canadianToUS` 和 `USToCanadian` 这两个函数。而变量 `canadianDollar` 作为私有变量仅作用在 `canadianToUS` 和 `USToCanadian` 的逻辑内部，程序不能直接访问它。

使用这个新模块要用到 Node 的 `require` 函数，该函数以所用模块的路径为参数。Node 以同步的方式寻找模块，定位到这个模块并加载文件中的内容。Node 查找文件的顺序是先找核心模块，然后是当前目录，最后是 node_modules。

关于 `require` 和同步 I/O

`require` 是 Node 中少数几个同步 I/O 操作之一。因为经常用到模块，并且一般都是在文件顶端引入，所以把 `require` 做成同步的有助于保持代码的整洁、有序，还能增强可读性。

但在 I/O 密集的地方尽量不要用 `require`。所有同步调用都会阻塞 Node，直到调用完成才能做其他事情。比如你正在运行一个 HTTP 服务器，如果在每个进入的请求上都用了 `require`，就会遇到性能问题。所以 `require` 和其他同步操作通常放在程序最初加载的地方。

下面这个是 test-currency.js 中的代码，它 require 了 currency.js 模块。

代码清单 2-2　引入一个模块（test_currency.js）

使用 currency 模块的 canadianToUS 函数

用路径 ./ 表明模块跟程序脚本放在同一目录下

```
const currency = require('./currency');
console.log('50 Canadian dollars equals this amount of US dollars:');
console.log(currency.canadianToUS(50));
console.log('30 US dollars equals this amount of Canadian dollars:');
console.log(currency.USToCanadian(30));
```

使用 currency 模块的 USToCanadian 函数

引入一个以./开头的模块意味着，如果你准备创建的程序脚本 test-currency.js 在 currency_app 目录下，那 currency.js 模块文件，如图 2-4 所示，应该也放在 currency_app 目录下。在引入时，.js 扩展名可以忽略。如果没有指明是 js 文件，Node 也会检查 json 文件，json 文件是作为 JavaScript 对象加载的。

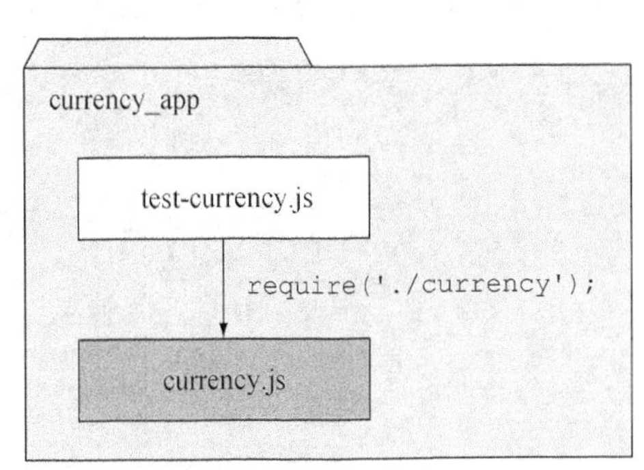

图 2-4　如果在 require 模块时把./放在前面，Node 会在被执行程序文件所在的目录下寻找这个模块

在 Node 定位到并计算好你的模块之后，require 函数会返回这个模块中定义的 exports 对象中的内容，然后你就可以用这个模块中的两个函数做货币转换了。

如果想把这个模块放到子目录中，比如 lib/，只要把 require 语句改成下面这样就可以了：

```
const currency = require('./lib/currency');
```

组装模块中的 exports 对象是在单独的文件中组织可重用代码的一种简便方法。

2.3　用 module.exports 微调模块的创建

尽管用函数和变量组装 exports 对象能满足大多数的模块创建需要，但有时你可能需要用不同的模型创建该模块。

比如说，前面创建的那个货币转换器模块可以改成只返回一个 Currency 构造函数，而不是包含两个函数的对象。一个面向对象的实现看起来可能像下面这样：

```
const Currency = require('./currency');
const canadianDollar = 0.91;
const currency = new Currency(canadianDollar);
console.log(currency.canadianToUS(50));
```

如果只需要从模块中得到一个函数，那从 require 中返回一个函数的代码要比返回一个对象的代码更优雅。

要创建只返回一个变量或函数的模块，你可能会以为只要把 exports 设定成你想返回的东西就行。但这样是不行的，因为 Node 觉得不能用任何其他对象、函数或变量给 exports 赋值。下面这个代码清单中的模块代码试图将一个函数赋值给 exports。

代码清单 2-3　这个模块不能用

```
class Currency {
  constructor(canadianDollar) {
    this.canadianDollar = canadianDollar;
  }

  roundTwoDecimals(amount) {
    return Math.round(amount * 100) / 100;
  }

  canadianToUS(canadian) {
    return this.roundTwoDecimals(canadian * this.canadianDollar);
  }

  USToCanadian(us) {
    return this.roundTwoDecimals(us / this.canadianDollar);
  }
}
exports = Currency;        <- 错误，Node 不允许重写 exports
```

为了让前面那个模块的代码能用，需要把 exports 换成 module.exports。用 module.exports 可以对外提供单个变量、函数或者对象。如果你创建了一个既有 exports 又有 module.exports 的模块，那它会返回 module.exports，而 exports 会被忽略。

导出的究竟是什么

最终在程序里导出的是 module.exports。exports 只是对 module.exports 的一个全局引用，最初被定义为一个可以添加属性的空对象。exports.myFunc 只是 module.exports.myFunc 的简写。

所以，如果把 exports 设定为别的，就打破了 module.exports 和 exports 之间的引用关系。可是因为真正导出的是 module.exports，那样 exports 就不能用了，因为它不再指向 module.exports 了。如果你想保留那个链接，可以像下面这样让 module.exports 再次引用 exports：

```
module.exports = exports = Currency;
```

根据需要使用 exports 或 module.exports 可以将功能组织成模块，规避掉程序脚本一直增长所产生的弊端。

2.4　用 node_modules 重用模块

要求模块在文件系统中使用相对路径存放，对于组织程序特定的代码很有帮助，但对于想要在程序间共享或跟其他人共享代码却用处不大。Node 中有一个独特的模块引入机制，可以不必知道模块在文件系统中的具体位置。这个机制就是使用 node_modules 目录。

前面那个模块的例子中引入的是`./currency`。如果省略`./`，只写 `currency`，Node 会遵照几个规则搜寻这个模块，如图 2-5 所示。

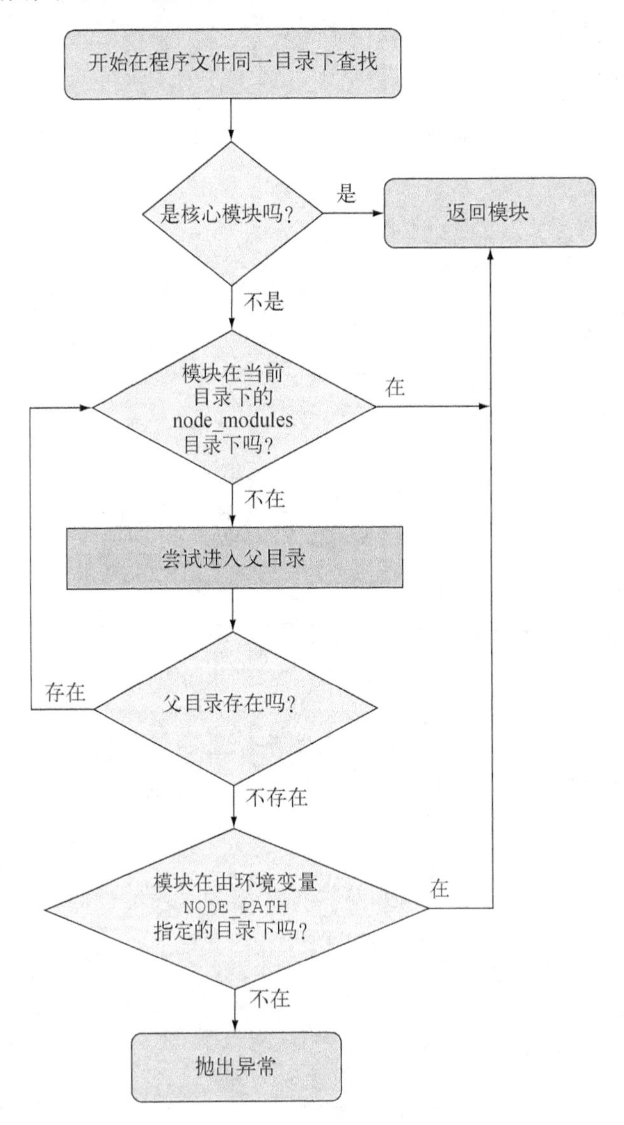

图 2-5　查找模块的步骤

用环境变量 NODE_PATH 可以改变 Node 模块的默认路径。如果用了它，在 Windows 中 NODE_PATH 应该设置为用分号分隔的目录列表，在其他操作系统中则用冒号分隔。

2.5 注意事项

尽管 Node 模块系统的本质简单直接，但还是有两点需要注意一下。

第一，如果模块是目录，在模块目录中定义模块的文件必须被命名为 index.js，除非你在这个目录下一个叫 package.json 的文件里特别指明。要指定一个取代 index.js 的文件，package.json 文件里必须有一个用 JavaScript 对象表示法（JSON）数据定义的对象，其中有一个名为 main 的键，指明模块目录内主文件的路径。图 2-6 中的流程图对这些规则做了汇总。

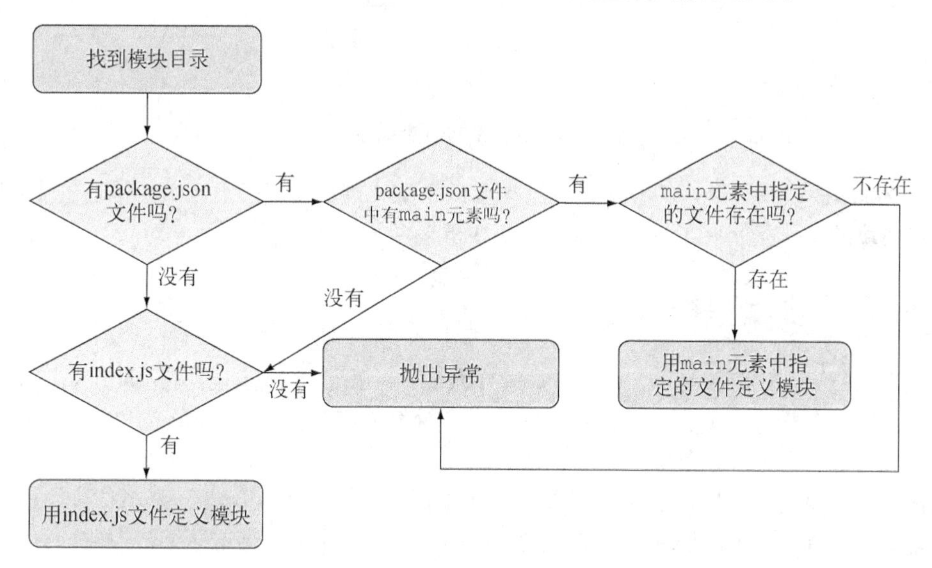

图 2-6 当模块目录下有 package.json 文件时，你可以用 index.js 之外的其他文件定义自己的模块

下面是一个 package.json 文件的例子，它指定 currency.js 为主文件：

```
{
  "main": "currency.js"
}
```

第二，Node 能把模块作为对象缓存起来。如果程序中的两个文件引入了相同的模块，第一个 require 会把模块返回的数据存到内存中，这样第二个 require 就不用再去访问和计算模块的源文件了。也就是说，在同一个进程中用 require 加载一个模块得到的是相同的对象。假设你搭建了一个 MVC Web 应用程序，它有一个主对象 app。你可以设置好那个 app 对象，导出它，然后在项目中的任何地方 require 它。如果你在这个 app 对象中放了一些配置信息，那你就可以在其他文件中访问这些配置信息的值，假定目录结构如下所示：

```
project
   app.js
   models
      post.js
```

图 2-7 展示了它的工作原理。

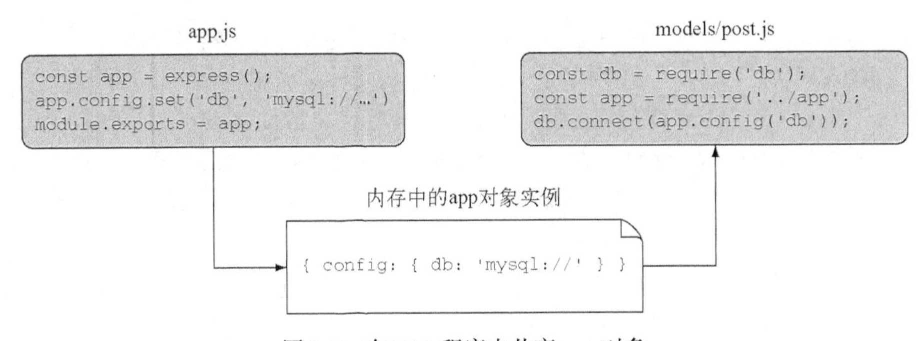

图 2-7　在 Web 程序中共享 app 对象

熟悉 Node 模块系统最好的办法是自己动手试一试，亲自验证一下本节所描述的 Node 的行为。在对模块的工作机制有了基本的认识后，接下来学习异步编程技术。

2.6　使用异步编程技术

如果你做过 Web 前端程序，并且遇到过界面事件（比如鼠标点击）触发的逻辑，那你就做过异步程序。服务端异步编程也一样：事件发生会触发响应逻辑。在 Node 的世界里流行两种响应逻辑管理方式：回调和事件监听。

回调通常用来定义一次性响应的逻辑。比如对于数据库查询，可以指定一个回调函数来确定如何处理查询结果。这个回调函数可能会显示数据库查询结果，根据这些结果做些计算，或者以查询结果为参数执行另一个回调函数。

事件监听器本质上也是一个回调，不同的是，它跟一个概念实体（**事件**）相关联。例如，当有人在浏览器中点击鼠标时，鼠标点击就是一个需要处理的事件。在 Node 中，当有 HTTP 请求过来时，HTTP 服务器会发出一个 `request` 事件。你可以监听那个 `request` 事件，并添加一些响应逻辑。在下面这个例子中，因为用 `EventEmitter.prototype.on` 方法在服务器上绑定了一个监听器，所以每当有 `request` 事件发出时，服务器就会调用 `handleRequest` 函数：

```
server.on('request', handleRequest)
```

一个 Node HTTP 服务器实例就是一个**事件发射器**，一个可以继承、能够添加事件发射及处理能力的类（`EventEmitter`）。Node 的很多核心功能都继承自 `EventEmitter`，你也能创建自己的事件发射器。

Node 有两种常用的响应逻辑组织方式，我们刚才用了其中一种，接下来要了解一下它的工作机制：

- 如何用回调处理一次性事件；
- 如何用事件监听器响应重复性事件；
- 异步编程的几个难点。

先来看这个最常用的异步代码编写方式：使用回调。

2.7 用回调处理一次性事件

回调是一个函数，它被当作参数传给异步函数，用来描述异步操作完成之后要做什么。回调在 Node 开发中用得很频繁，比事件发射器用得多，并且用起来也很简单。

为了演示回调的用法，我们来做一个简单的 HTTP 服务器，让它实现如下功能：

- 异步获取存放在 JSON 文件中的文章的标题；
- 异步获取简单的 HTML 模板；
- 把那些标题组装到 HTML 页面里；
- 把 HTML 页面发送给用户。

最终结果如图 2-8 所示。

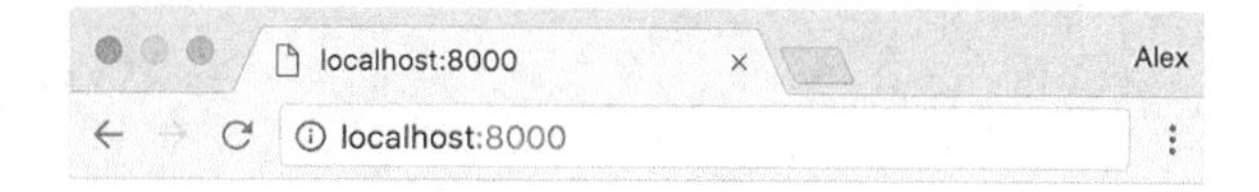

图 2-8 来自 Web 服务器的 HTML 响应，从 JSON 文件中获取标题并返回一个 Web 页面

JSON 文件（titles.json）会被格式化成一个包含文章标题的字符串数组，内容如下所示。

代码清单 2-4 一个包含文章标题的列表

```
[
  "Kazakhstan is a huge country... what goes on there?",
  "This weather is making me craaazy",
  "My neighbor sort of howls at night"
]
```

HTML 模板文件（template.html）如下所示，结构很简单，可以插入博客文章的标题。

代码清单 2-5 用来渲染博客标题的 HTML 模板

```
<!doctype html>
<html>
  <head></head>
  <body>
    <h1>Latest Posts</h1>
```

```
    <ul><li>%</li></ul>
  </body>
</html>
```

%会被替换为标题

获取 JSON 文件中的标题并渲染 Web 页面的代码如下所示（blog_recent.js）。

代码清单 2-6　在简单的程序中使用回调的例子

```
const http = require('http');
const fs = require('fs');
http.createServer((req, res) => {
  if (req.url == '/') {
    fs.readFile('./titles.json', (err, data) => {
      if (err) {
        console.error(err);
        res.end('Server Error');
      } else {
        const titles = JSON.parse(data.toString());
        fs.readFile('./template.html', (err, data) => {
          if (err) {
            console.error(err);
            res.end('Server Error');
          } else {
          const tmpl = data.toString();
            const html = tmpl.replace('%', titles.join('</li><li>'));
            res.writeHead(200, { 'Content-Type': 'text/html' });
            res.end(html);
          }
        });
      }
    });
  }
}).listen(8000, '127.0.0.1');
```

创建 HTTP 服务器并用回调定义响应逻辑

读取 JSON 文件并用回调定义如何处理其中的内容

如果出错，输出错误日志，并给客户端返回“Server Error”

从 JSON 文本中解析数据

读取 HTML 模板，并在加载完成后使用回调

组装 HTML 页面以显示博客标题

将 HTML 页面发送给用户

这个例子中的回调嵌套了三层：

```
http.createServer((req, res) => { ...
  fs.readFile('./titles.json', (err, data) => { ...
    fs.readFile('./template.html', (err, data) => { ...
```

三层还算可以，但回调层数越多，代码看起来越乱，重构和测试起来也越困难，所以最好限制一下回调的嵌套层级。如果把每一层回调嵌套的处理做成命名函数，虽然表示相同逻辑所用的代码变多了，但维护、测试和重构起来会更容易。下面的代码功能跟代码清单 2-6 中的一样。

代码清单 2-7　创建中间函数以减少嵌套的例子

```
const http = require('http');
const fs = require('fs');
http.createServer((req, res) => {
  getTitles(res);
}).listen(8000, '127.0.0.1');

function getTitles(res) {
  fs.readFile('./titles.json', (err, data) => {
```

客户端请求一开始会进到这里

控制权转交给了 `getTitles`

获取标题，并将控制权转交给 `getTemplate`

```
    if (err) {
      hadError(err, res);
    } else {
      getTemplate(JSON.parse(data.toString()), res);
    }
  });
}
function getTemplate(titles, res) {
  fs.readFile('./template.html', (err, data) => {
    if (err) {
      hadError(err, res);
    } else {
      formatHtml(titles, data.toString(), res);
    }
  });
}
function formatHtml(titles, tmpl, res) {
  const html = tmpl.replace('%', titles.join('</li><li>'));
  res.writeHead(200, {'Content-Type': 'text/html'});
  res.end(html);
}
function hadError(err, res) {
  console.error(err);
  res.end('Server Error');
}
```

getTemplate 读取模板文件，并将控制权转交给 formatHtml

formatHtml 得到标题和模板，渲染一个响应给客户端

如果这个过程中出现了错误，hadError 会将错误输出到控制台，并给客户端返回“Server Error”

你还可以用 Node 开发中的另一种惯用法来减少由 if/else 引起的嵌套：尽早从函数中返回。下面的代码清单功能跟前面一样，但通过尽早返回的做法避免了进一步的嵌套。它还明确表示出了函数不应该继续执行的意思。

代码清单 2-8　通过尽早返回减少嵌套的例子

```
const http = require('http');
const fs = require('fs');
http.createServer((req, res) => {
  getTitles(res);
}).listen(8000, '127.0.0.1');
function getTitles(res) {
  fs.readFile('./titles.json', (err, data) => {
    if (err) return hadError(err, res);
    getTemplate(JSON.parse(data.toString()), res);
  });
}
function getTemplate(titles, res) {
  fs.readFile('./template.html', (err, data) => {
    if (err) return hadError(err, res);
    formatHtml(titles, data.toString(), res);
  });
}
function formatHtml(titles, tmpl, res) {
  const html = tmpl.replace('%', titles.join('</li><li>'));
  res.writeHead(200, { 'Content-Type': 'text/html'});
  res.end(html);
}
```

在这里不再创建一个 else 分支，而是直接 return，因为如果出错的话，也没必要继续执行这个函数了

```
function hadError(err, res) {
  console.error(err);
  res.end('Server Error');
}
```

你已经学过如何用回调为一次性任务定义响应了，比如上例中的读取文件和响应 Web 服务器请求，接下来我们学一学如何用事件发射器组织事件。

Node 的异步回调惯例

Node 中的大多数内置模块在使用回调时都会带两个参数：第一个用来放可能会发生的错误，第二个用来放结果。错误参数经常缩写为 err。

下面这个是常用的函数签名的典型示例：

```
const fs = require('fs');
fs.readFile('./titles.json', (err, data) => {
  if (err) throw err;
  // 如果没有错误发生，则对数据进行处理
});
```

2.8 用事件发射器处理重复性事件

事件发射器会触发事件，并且在那些事件被触发时能处理它们。一些重要的 Node API 组件，比如 HTTP 服务器、TCP 服务器和流，都被做成了事件发射器。你也可以创建自己的事件发射器。

我们之前说过，事件是通过监听器进行处理的。**监听器**是跟事件相关联的、当有事件出现时就会被触发的回调函数。比如 Node 中的 TCP socket，它有一个 data 事件，每当 socket 中有新数据时就会触发：

```
socket.on('data', handleData);
```

我们看一下用 data 事件创建的 echo 服务器。

2.8.1 事件发射器示例

echo 服务器就是一个处理重复性事件的简单例子，当你给它发送数据时，它会把数据发回来，如图 2-9 所示。

```
2. Shell
Last login: Sun Nov 27 15:08:28 on ttys000
Mike-Cantelons-MacBook|~$ telnet 127.0.0.1 8888
Trying 127.0.0.1...
Connected to localhost.
Escape character is '^]'.
Line one
Line one
Line two
Line two
```

图 2-9 回送发送给它的数据的 echo 服务器

下面的代码清单实现了一个 echo 服务器。当有客户端连接上来时，它就会创建一个 socket。socket 是一个事件发射器，可以用 on 方法添加监听器响应 data 事件。只要 socket 上有新数据过来，就会发出这些 data 事件。

代码清单 2-9 用 on 方法响应事件

```
const net = require('net');
const server = net.createServer(socket => {
  socket.on('data', data => {          <-- 当读取到新数据时处理的 data 事件
    socket.write(data);          <-- 数据被写回到客户端
  });
});
server.listen(8888);
```

用下面这条命令可以运行 echo 服务器：

```
node echo_server.js
```

echo 服务器运行起来之后，你可以用下面这条命令连上去：

```
telnet 127.0.0.1 8888
```

每次通过 telnet 会话把数据发送给服务器，数据就会传回到 telnet 会话中。

Windows 上的 Telnet 微软的 Windows 操作系统中可能没装 telnet，你得自己装。TechNet 上有各版本 Windows 下的安装指南。

2.8.2 响应只应该发生一次的事件

监听器可以被定义成持续不断地响应事件，如前面例子所示，也能被定义成只响应一次。下面的代码用了 once 方法，对前面那个 echo 服务器做了修改，让它只回应第一次发送过来的数据。

代码清单 2-10 用 once 方法响应单次事件

```
const net = require('net');
const server = net.createServer(socket => {
  socket.once('data', data => {          <-- data 事件只被处理一次
    socket.write(data);
  });
});
server.listen(8888);
```

2.8.3 创建事件发射器：一个 PUB/SUB 的例子

前面的例子用了一个带事件发射器的 Node 内置 API。然而你可以用 Node 内置的事件模块创建自己的事件发射器。

下面的代码定义了一个 channel 事件发射器，带有一个监听器，可以向加入频道的人做出响应。注意这里用 on（或者用比较长的 addListener）方法给事件发射器添加了监听器：

```
const EventEmitter = require('events').EventEmitter;
const channel = new EventEmitter();
channel.on('join', () => {
  console.log('Welcome!');
});
```

然而这个 join 回调永远都不会被调用，因为你还没发射任何事件。所以还要在上面的代码中加上一行，用 emit 函数发射这个事件：

```
channel.emit('join');
```

> **事件名称**　事件是可以具有任意字符串值的键：data、join 或某些长的让人发疯的事件名都行。只有一个事件是特殊的，那就是 error，我们马上就会看到它。

接下来看看如何用 EventEmitter 实现自己的发布/预订逻辑，做一个通信通道。如果运行代码清单 2-11 中的脚本，你就会得到一个简单的聊天服务器。聊天服务器的频道被做成了事件发射器，能对客户端发出的 join 事件做出响应。当有客户端加入聊天频道时，join 监听器逻辑会将一个针对该客户端的监听器附加到频道上，用来处理会将所有广播消息写入该客户端 socket 的 broadcast 事件。事件类型的名称，比如 join 和 broadcast，完全是随意取的。你也可以按自己的喜好给它们换个名字。

代码清单 2-11　用事件发射器实现的简单的发布/预订系统

```
const events = require('events');
const net = require('net');
const channel = new events.EventEmitter();
channel.clients = {};
channel.subscriptions = {};
channel.on('join', function(id, client) {
  this.clients[id] = client;
  this.subscriptions[id] = (senderId, message) => {
    if (id != senderId) {
      this.clients[id].write(message);
    }
  };
  this.on('broadcast', this.subscriptions[id]);
});
const server = net.createServer(client => {
  const id = `${client.remoteAddress}:${client.remotePort}`;
  channel.emit('join', id, client);
  client.on('data', data => {
    data = data.toString();
    channel.emit('broadcast', id, data);
  });
});
server.listen(8888);
```

添加 join 事件的监听器，保存用户的 client 对象，以便程序可以将数据发送给用户

忽略发出这一广播数据的用户

添加一个专门针对当前用户的broadcast 事件监听器

当有用户连到服务器上时发出一个 join 事件，指明用户 ID 和 client 对象

当有用户发送数据时，发出一个频道 broadcast 事件，指明用户 ID 和消息

把聊天服务器跑起来后，打开一个新的命令行窗口，并在其中输入下面的命令进入聊天程序：

```
telnet 127.0.0.1 8888
```

如果你打开几个命令行窗口，在其中任何一个窗口中输入的内容都将会被发送到其他所有窗口中。

这个聊天服务器还有一个问题，在用户关闭连接离开聊天室后，原来那个监听器还在，仍会尝试向已经断开的连接写数据。这样自然就会出错。为了解决这个问题，还要按照下面的代码清单把监听器添加到频道事件发射器上，并且向服务器的 close 事件监听器中添加发射频道的 leave 事件的处理逻辑。leave 事件本质上就是要移除原来给客户端添加的 broadcast 监听器。

代码清单 2-12 创建一个在用户断开连接时能“打扫战场”的监听器

```
...
channel.on('leave', function(id) {
  channel.removeListener(
    'broadcast', this.subscriptions[id]
  );
  channel.emit('broadcast', id, `${id} has left the chatroom.\n`);
});
const server = net.createServer(client => {
  ...
  client.on('close', () => {
    channel.emit('leave', id);
  });
});
server.listen(8888);
```

创建 **leave** 事件的监听器

移除指定客户端的 **broadcast** 监听器

在用户断开连接时发出 **leave** 事件

如果出于某种原因你想停止提供聊天服务，但又不想关掉服务器，可以用 removeAll-Listeners 事件发射器方法去掉给定类型的全部监听器。下面是在我们的聊天服务器上使用这一方法的示例：

```
channel.on('shutdown', () => {
  channel.emit('broadcast', '', 'The server has shut down.\n');
  channel.removeAllListeners('broadcast');
});
```

然后你可以添加一个停止服务的聊天命令。为此需要将 data 事件的监听器改成下面这样：

```
client.on('data', data => {
  data = data.toString();
  if (data === 'shutdown\r\n') {
    channel.emit('shutdown');
  }
  channel.emit('broadcast', id, data);
});
```

现在只要有人输入 shutdown 命令，所有参与聊天的人都会被踢出去。

错误处理

在错误处理上有个常规做法，你可以创建发出 error 类型事件的事件发射器，而不是直接抛出错误。这样就可以为这一事件类型设置一个或多个监听器，从而定义定制的事件响应逻辑。

下面的代码显示的是一个错误监听器如何将被发出的错误输出到控制台中：

```
const events = require('events');
const myEmitter = new events.EventEmitter();
myEmitter.on('error', err => {
  console.log(`ERROR: ${err.message}`);
});
myEmitter.emit('error', new Error('Something is wrong.'));
```

如果发出这个 error 事件类型时没有该事件类型的监听器，事件发射器会输出一个栈跟踪（到错误发生时所执行过的程序指令列表）并停止执行。栈跟踪会用 emit 调用的第二个参数指明错误类型。这是只有错误类型事件才能享受的特殊待遇，在发出没有监听器的其他事件类型时，什么也不会发生。

如果发出的 error 类型事件没有作为第二个参数的 error 对象，栈跟踪会指出一个“未捕获、未指明的‘错误’事件”错误，并且程序会停止执行。你可以用一个已经被废除的方法处理这个错误，用下面的代码定义一个全局处理器实现响应逻辑：

```
process.on('uncaughtException', err => {
  console.error(err.stack);
  process.exit(1);
});
```

除了这个，还有像 domains 这样正在开发的方案，但它们是实验性质的。

如果你想让连接上来的用户看到当前有几个已连接的聊天用户，可以用下面这个监听器方法，它能根据给定的事件类型返回一个监听器数组：

```
channel.on('join', function(id, client) {
const welcome = `
  Welcome!
    Guests online: ${this.listeners('broadcast').length}
  `;
  client.write(`${welcome}\n`);
  ...
```

为了增加能够附加到事件发射器上的监听器数量，不让 Node 在监听器数量超过 10 个时向你发出警告，可以用 setMaxListeners 方法。以频道事件发射器为例，可以用下面的代码增加监听器的数量：

```
channel.setMaxListeners(50);
```

2.8.4　扩展事件监听器：文件监视器

如果你想在事件发射器的基础上构建程序，可以创建一个新的 JavaScript 类继承事件发射器。比如创建一个 Watcher 类来处理放在某个目录下的文件。然后可以用这个类创建一个工具，该工具可以监视目录（将放到里面的文件名都改成小写的，并将文件复制到一个单独目录中）。

设置好 Watcher 对象后，还需要加两个新方法扩展继承自 EventEmitter 的方法，代码如下所示。

代码清单 2-13 扩展事件发射器的功能

```
const fs = require('fs');
const events = require('events');

class Watcher extends events.EventEmitter {      <-- 扩展 EventEmitter，添加处理文件的方法
  constructor(watchDir, processedDir) {
    super();
    this.watchDir = watchDir;
    this.processedDir = processedDir;
  }

  watch() {
    fs.readdir(this.watchDir, (err, files) => {      <-- 处理 watch 目录中的所有文件
      if (err) throw err;
      for (var index in files) {
        this.emit('process', files[index]);
      }
    });
  }

  start() {      <-- 添加开始监控的方法
    fs.watchFile(this.watchDir, () => {
      this.watch();
    });
  }
}

module.exports = Watcher;
```

watch 方法循环遍历目录，处理其中的所有文件。start 方法启动对目录的监控。监控用到了 Node 的 fs.watchFile 函数，所以当被监控的目录中有事情发生时，watch 方法会被触发，循环遍历受监控的目录，并针对其中的每一个文件发出 process 事件。

定义好了 Watcher 类，可以用下面的代码创建一个 Watcher 对象：

```
const watcher = new Watcher(watchDir, processedDir);
```

有了新创建的 Watcher 对象，你可以用继承自事件发射器类的 on 方法设定每个文件的处理逻辑，如下所示：

```
watcher.on('process', (file) => {
  const watchFile = `${watchDir}/${file}`;
  const processedFile = `${processedDir}/${file.toLowerCase()}`;
  fs.rename(watchFile, processedFile, err => {
    if (err) throw err;
  });
});
```

现在所有必要逻辑都已经就位了，可以用下面这行代码启动对目录的监控：

```
watcher.start();
```

把 `Watcher` 代码放到脚本中，创建 watch 和 done 目录，你应该能用 Node 运行这个脚本，把文件丢到 watch 目录中，然后看着文件出现在 done 目录中，文件名被改成小写。这就是用事件发射器创建新类的例子。

通过学习如何使用回调定义一次性异步逻辑，以及如何用事件发射器重复派发异步逻辑，你离掌控 Node 程序的行为又近了一步。然而你可能还想在单个回调或事件发射器的监听器中添加新的异步任务。如果这些任务的执行顺序很重要，你就会面对新的难题：如何准确控制一系列异步任务里的每个任务。

在我们学习如何控制任务的执行之前（2.10 节），先来看一看在编写异步代码时可能会碰到哪些难题。

2.9　异步开发的难题

在创建异步程序时，你必须密切关注程序的执行流程，并瞪大眼睛盯着程序的状态：事件轮询的条件、程序变量，以及其他随着程序逻辑执行而发生变化的资源。

比如说，Node 的事件轮询会跟踪还没有完成的异步逻辑。只要有异步逻辑未完成，Node 进程就不会退出。一个持续运行的 Node 进程对 Web 服务器之类的应用来说很有必要，但对于命令行工具这种经过一段时间后就应该结束的应用却意义不大。事件轮询会跟踪所有数据库连接，直到它们关闭，以防止 Node 退出。

如果你不小心，程序的变量也可能会出现意想不到的变化。代码清单 2-14 是一段可能因为执行顺序而导致混乱的异步代码。如果例子中的代码能够同步执行，你可以肯定输出应该是“The color is blue”。可这个例子是异步的，在 `console.log` 执行之前 `color` 的值还在变化，所以输出是“The color is green”。

代码清单 2-14　作用域是如何导致 bug 出现的

```
function asyncFunction(callback) {
  setTimeout(callback, 200);
}
let color = 'blue';
asyncFunction(() => {
  console.log(`The color is ${color}`);      <-- 这个最后执行（200ms 之后）
});
color = 'green';
```

用 JavaScript 闭包可以“冻结” `color` 的值。在代码清单 2-15 中，对 `asyncFunction` 的调用被封装到了一个以 `color` 为参数的匿名函数里。这样你就可以马上执行这个匿名函数，把当前的 `color` 的值传给它。而 `color` 变成了匿名函数的参数，也就是这个匿名函数内部的本地变量，当匿名函数外面的 `color` 值发生变化时，本地版的 `color` 不会受影响。

代码清单 2-15　用匿名函数保留全局变量的值

```
function asyncFunction(callback) {
  setTimeout(callback, 200);
```

```
}

let color = 'blue';

(color => {
  asyncFunction(() => {
    console.log('The color is', color);
  });
})(color);

color = 'green';
```

在 Node 开发中，你要用到很多 JavaScript 编程技巧，这只是其中之一。

闭包 要了解闭包的详细信息，请参见 Mozilla JavaScript 文档：https://developer.mozilla.org/zh-CN/docs/JavaScript/Guide/Closures。

现在你知道怎么用闭包控制程序的状态了，接下来我们看看怎么让异步逻辑顺序执行，好让你可以掌控程序的流程。

2.10 异步逻辑的顺序化

在异步程序的执行过程中，有些任务可能会随时发生，跟程序中的其他部分在做什么没关系，什么时候做这些任务都不会出问题。但也有些任务只能在某些特定的任务之前或之后做。

让一组异步任务顺序执行的概念被 Node 社区称为**流程控制**。这种控制分为两类：**串行和并行**，如图 2-10 所示。

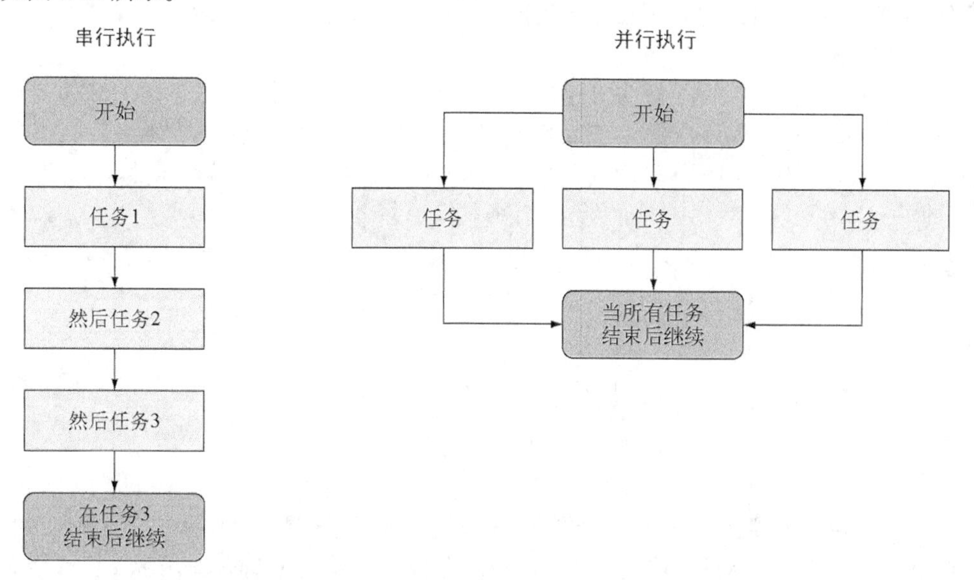

图 2-10 串行的异步任务在概念上跟同步逻辑类似，然而并行任务不必一个接一个地执行

需要一个接着一个执行的任务叫作**串行任务**。创建一个目录并往里放一个文件的任务就是串行的。你不能在创建目录前往里放文件。

不需要一个接着一个执行的任务叫作**并行任务**。这些任务彼此之间开始和结束的时间并不重要，但在后续逻辑执行之前它们应该全部执行完。下载几个文件然后把它们压缩到一个zip归档文件中就是并行任务。这些文件的下载可以同时进行，但在创建归档文件之前应该全部下载完。

跟踪串行和并行的流程控制要做编程记账的工作。在实现串行化流程控制时，需要跟踪当前执行的任务，或维护一个尚未执行任务的队列。实现并行化流程控制时需要跟踪有多少个任务要执行完成了。

有一些可以帮你记账的流程控制工具，它们能让组织异步的串行或并行化任务变得很容易。尽管社区创建了很多序列化异步逻辑的辅助工具，但亲自动手实现流程控制可以让你看透其中的玄机，让你对如何应对异步编程中的挑战有更深的认识。

下面几节将介绍这些内容：

- 何时使用串行化流程控制；
- 如何实现串行化流程控制；
- 如何实现并行化流程控制；
- 如何使用第三方模块做流程控制。

接下来我们先从何时以及如何在异步的世界中实现串行化流程控制开始。

2.11 何时使用串行流程控制

可以使用回调让几个异步任务按顺序执行，但如果任务很多，必须组织一下，否则过多的回调嵌套会把代码搞得很乱。

下面这段代码就是用回调让任务顺序执行的。这个例子用 `setTimeout` 模拟需要花时间执行的任务：第一个任务用一秒，第二个用半秒，最后一个用十分之一秒。`setTimeout` 只是一个人工模拟，在真正的代码中可能是读取文件、发起HTTP请求等。这段代码虽然不长，但它算是比较乱的了，并且也没有程序化添加另一个任务的简单办法。

```
setTimeout(() => {
  console.log('I execute first.');
  setTimeout(() => {
    console.log('I execute next.');
    setTimeout(() => {
      console.log('I execute last.');
    }, 100);
  }, 500);
}, 1000);
```

此外，你也可以用Async这样的流程控制工具执行这些任务。Async用起来简单直接，并且它的代码量很小（经过缩小化和压缩后只有837个字节）。下面这个命令是用来安装Async的：

```
npm install async
```

下面的代码用串行化流程控制工具重新编写了前面那段代码。

代码清单 2-16　用社区贡献的工具实现串行化控制

```
const async = require('async');
async.series([                          给 Async 一个函数数组，
  callback => {                         让它一个接一个地执行
    setTimeout(() => {
      console.log('I execute first.');
      callback();
    }, 1000);
  },
  callback => {
    setTimeout(() => {
      console.log('I execute next.');
      callback();
    }, 500);
  },
  callback => {
    setTimeout(() => {
      console.log('I execute last.');
      callback();
    }, 100);
  }
]);
```

尽管这种用流程控制实现的版本代码更多，但通常可读性和可维护性更强。你一般也不会一直用流程控制，但当碰到想要躲开回调嵌套的情况时，它就会是改善代码可读性的好工具。

看过这个用特制工具实现串行化流程控制的例子之后，我们来看看如何从头开始实现它。

2.12　实现串行化流程控制

为了用串行化流程控制让几个异步任务按顺序执行，需要先把这些任务按预期的执行顺序放到一个数组中。如图 2-11 所示，这个数组将起到队列的作用：完成一个任务后按顺序从数组中取出下一个。

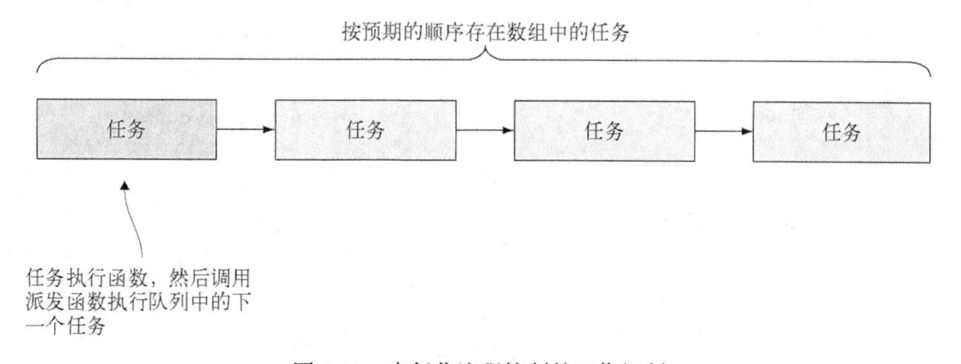

图 2-11　串行化流程控制的工作机制

数组中的每个任务都是一个函数。任务完成后应该调用一个处理器函数，告诉它错误状态和结果。在这一实现中，如果有错误，处理器函数会终止执行；如果没有错误，处理器就从队列中取出下一个任务执行它。

为了演示如何实现串行化流程控制，我们准备做个小程序，让它从一个随机选择的 RSS 预订源中获取一篇文章的标题和 URL，并显示出来。RSS 预订源列表放在一个文本文件中。这个程序的输出是像下面这样的文本：

```
Of Course ML Has Monads!
http://lambda-the-ultimate.org/node/4306
```

我们这个例子需要从 npm 存储库中下载两个辅助模块。先打开命令行，输入下面的命令给例子创建个目录，然后安装辅助模块：

```
mkdir listing_217
cd listing_217
npm init -y
npm install --save request@2.60.0
npm install --save htmlparser@1.7.7
```

`request` 模块是个经过简化的 HTTP 客户端，你可以用它获取 RSS 数据。`htmlparser` 模块能把原始的 RSS 数据转换成 JavaScript 数据结构。

接下来在新目录中创建一个包含下列代码的 index.js 文件。

代码清单 2-17　在一个简单的程序中实现串行化流程控制

```
const fs = require('fs');
const request = require('request');
const htmlparser = require('htmlparser');
const configFilename = './rss_feeds.txt';
function checkForRSSFile() {                      ◁ 任务 1：确保包含 RSS 预订源 URL 列表的文件存在
  fs.exists(configFilename, (exists) => {
    if (!exists)
      return next(new Error(`Missing RSS file: ${configFilename}`));   ◁ 只要有错误就尽早返回
    next(null, configFilename);
  });
}
function readRSSFile(configFilename) {            ◁ 任务 2：读取并解析包含预订源 URL 的文件
  fs.readFile(configFilename, (err, feedList) => {
    if (err) return next(err);
    feedList = feedList                           ◁ 将预订源 URL 列表转换成字符串，然后分隔成一个数组
      .toString()
      .replace(/^\s+|\s+$/g, '')
      .split('\n');
    const random = Math.floor(Math.random() * feedList.length);   ◁ 从预订源 URL 数组中随机选择一个预订源 URL
    next(null, feedList[random]);
  });
}
function downloadRSSFeed(feedUrl) {               ◁ 任务 3：向选定的预订源发送 HTTP 请求以获取数据
  request({ uri: feedUrl }, (err, res, body) => {
    if (err) return next(err);
    if (res.statusCode !== 200)
```

```
      return next(new Error('Abnormal response status code'));
    next(null, body);
  });
}
function parseRSSFeed(rss) {
  const handler = new htmlparser.RssHandler();
  const parser = new htmlparser.Parser(handler);
  parser.parseComplete(rss);
  if (!handler.dom.items.length)
    return next(new Error('No RSS items found'));
  const item = handler.dom.items.shift();
  console.log(item.title);
  console.log(item.link);
}
const tasks = [
  checkForRSSFile,
  readRSSFile,
  downloadRSSFeed,
  parseRSSFeed
];
function next(err, result) {
  if (err) throw err;
  const currentTask = tasks.shift();
  if (currentTask) {
    currentTask(result);
  }
}
next();
```

任务 4：将预订源数据解析到一个条目数组中

如果有数据，显示第一个预订源条目的标题和 URL

把所有要做的任务按执行顺序添加到一个数组中

负责执行任务的 next 函数

如果任务出错，则抛出异常

从任务数组中取出下个任务

执行当前任务

开始任务的串行化执行

在试用这个程序之前，先在程序脚本所在的目录下创建一个 rss_feeds.txt 文件。如果你自己没有预订源，可以试一下 Node 博客，地址是 http://blog.nodejs.org/feed/。把预订源 URL 放到这个文本文件中，每行一条。文件创建好后，打开命令行窗口输入下面的命令进入程序所在的目录并执行脚本：

```
cd listing_217
node index.js
```

如本例中的实现所示，串行化流程控制本质上是在需要时让回调进场，而不是简单地把它们嵌套起来。

你已经知道如何实现串行化流程控制了，我们接下来去看看如何让异步任务并行执行。

2.13 实现并行化流程控制

为了让异步任务并行执行，仍然是要把任务放到数组中，但任务的存放顺序无关紧要。每个任务都应该调用处理器函数增加已完成任务的计数值。当所有任务都完成后，处理器函数应该执行后续的逻辑。

我们会做一个简单的程序作为并行化流程控制的例子，它会读取几个文本文件的内容，并输出单词在整个文件中出现的次数。我们会用异步的 readFile 函数读取文本文件的内容，所以几个文件的读取可以并行执行。这个程序的工作方式如图 2-12 所示。

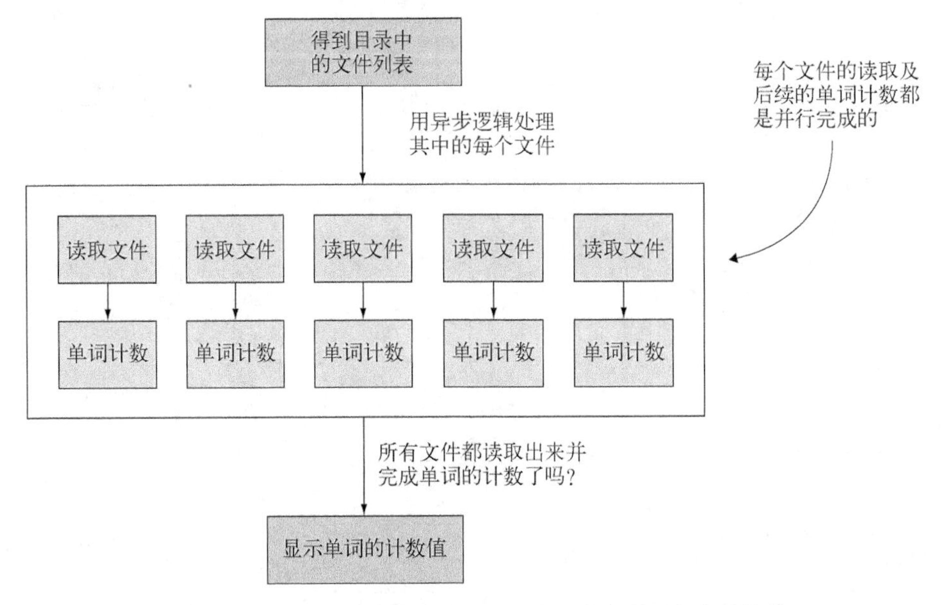

图 2-12　用并行化流程控制实现对几个文件中单词频度的计数

这个程序的输出看起来应该像下面这样（尽管实际上可能要长很多）：

```
would: 2
wrench: 3
writeable: 1
you: 24
```

打开命令行窗口，输入下面的命令创建两个目录：一个是给我们这个例子用的，另一个是用来存放要分析的文本文件的。

```
mkdir listing_218
cd listing_218
mkdir text
```

接下来在 word_count 目录下创建包含下面代码清单中代码的 word_count.js 文件。

代码清单 2-18　在一个简单的程序中实现并行化流程控制

```
const fs = require('fs');
const tasks = [];
const wordCounts = {};
const filesDir = './text';
let completedTasks = 0;

function checkIfComplete() {
  completedTasks++;
  if (completedTasks === tasks.length) {
    for (let index in wordCounts) {          <- 当所有任务全部完成后，列出
                                                文件中用到的每个单词以及
                                                用了多少次
```

```
        console.log(`${index}: ${wordCounts[index]}`);
      }
    }
  }

  function addWordCount(word) {
    wordCounts[word] = (wordCounts[word]) ? wordCounts[word] + 1 : 1;
  }

  function countWordsInText(text) {
    const words = text
      .toString()
      .toLowerCase()
      .split(/\W+/)
      .sort();

    words
      .filter(word => word)
      .forEach(word => addWordCount(word));          ◁ 对文本中出现的单词计数
  }

  fs.readdir(filesDir, (err, files) => {             ◁ 得出 text 目录中的文件列表
    if (err) throw err;
    files.forEach(file => {
      const task = (file => {                         ◁ 定义处理每个文件的任务。每个任务中都会调用一个异步读取文件的函数并对文件中使用的单词计数
        return () => {
          fs.readFile(file, (err, text) => {
            if (err) throw err;
            countWordsInText(text);
            checkIfComplete();
          });
        };
      })(`${filesDir}/${file}`);
      tasks.push(task);                               ◁ 把所有任务都添加到函数调用数组中
    });
    tasks.forEach(task => task());                    ◁ 开始并行执行所有任务
  });
```

在试用这个程序之前，先在前面创建的 text 目录中创建一些文本文件。在创建了这些文件之后，打开一个命令行窗口，输入下面的命令进入程序所在目录并执行程序脚本：

```
cd word_count
node word_count.js
```

现在你已经知道串行和并行化流程控制的底层机制了，接下来我们要看看如何用社区贡献的工具在程序中轻松实现流程控制，而不必自己亲自实现。

2.14 利用社区里的工具

社区中的很多附加模块都提供了方便好用的流程控制工具。其中比较流行的有 Async、Step 和 Seq 这三个。尽管这些都很值得一看，但下面这个例子用的还是 Async。

社区中有流程控制能力的附加模块　要了解更多与社区中有流程控制能力的附加模块相关的内容，请阅读Werner Schuster和Dio Synodinos在InfoQ上发表的文章“虚拟座谈：如何从JavaScript异步编程中活下来”。

下面这个例子是用Async实现任务序列化的一段脚本，它同时用并行化流程控制下载两个文件，然后把它们归档。

此例在微软的Windows中无法使用　因为Windows中没有`tar`和`curl`这两个命令，所以下面这个例子在Windows中无法使用。

在这个例子中，我们用串行化控制来保证在文件下载完成之前不会做归档处理。

代码清单2-19　在简单的程序中使用社区附加模块中的流程控制工具

```
const async = require('async');
const exec = require('child_process').exec;
function downloadNodeVersion(version, destination, callback) {
  const url = `http://nodejs.org/dist/v${version}/node-v${version}.tar.gz`;
  const filepath = `${destination}/${version}.tgz`;
  exec(`curl ${url} > ${filepath}`, callback);
}
async.series([
  callback => {
    async.parallel([
      callback => {
        console.log('Downloading Node v4.4.7...');
        downloadNodeVersion('4.4.7', '/tmp', callback);
      },
      callback => {
        console.log('Downloading Node v6.3.0...');
        downloadNodeVersion('6.3.0', '/tmp', callback);
      }
    ], callback);
  },
  callback => {
    console.log('Creating archive of downloaded files...');
    exec(
      'tar cvf node_distros.tar /tmp/4.4.7.tgz /tmp/6.3.0.tgz',
      err => {
        if (err) throw err;
        console.log('All done!');
        callback();
      }
    );
  },
],(err,results) => {
  if(err)throw err;
  console.log(results);
});
```

下载指定版本的Node源码

按顺序执行串行化任务

并行下载

创建归档文件

这段脚本定义了一个可以下载指定版本Node源码的辅助函数。然后串行执行了两个任务：并行下载两个版本的Node，然后将下载好的版本归档到一个新文件中。

2.15 总结

- Node 模块可以被组织成可重用的模块。
- `require` 函数是用来加载模块的。
- `module.exports` 和 `exports` 对象是用来分享模块内的函数和变量的。
- package.json 文件是用来指明依赖项的，还要指明将哪个文件作为主文件。
- 异步逻辑可以用嵌套回调、事件发射器和流程控制工具来控制。

第 3 章

Node Web 程序是什么

本章内容

- 创建一个新的 Web 程序
- 搭建 RESTful 服务
- 持久化数据
- 使用模板

本章介绍的内容全部都是关于 Node Web 程序的。看完之后，你不仅会知道 Node Web 程序看起来是什么样的，还能学会如何开始搭建这样的程序。Web 开发人员在开发程序时要做的每一件事你都会看到。

我们准备带你一起搭建一个名为 later 的 Web 程序，其创意来自 Instapaper 和 Pocket 这样的“回头再看”网站。涉及的工作包括开始一个新的 Node 项目、管理依赖项、创建 RESTful API、把数据保存到数据库中，以及用模板做一个用户界面。虽然看起来有很多内容，但不用担心，我们还会在后续章节中详细讲解这里提到的每一项工作。

图 3-1 是最终结果的样子。

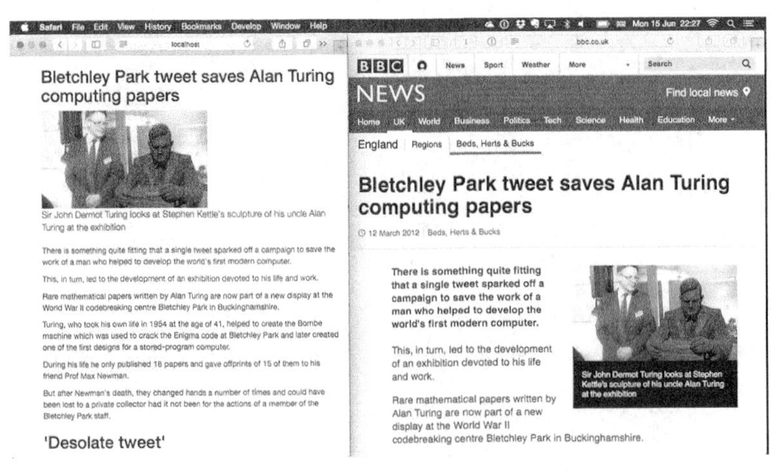

图 3-1　一个“回头再看”Web 程序

左侧的“回头再看”页面剥离了目标网站的无关元素，只留下了标题和内容主体。更重要的是这篇文章被永久存放到了数据库中，也就是说即便将来连原始文章都找不到了，你还是可以读到它。

在开始搭建 Web 程序之前，应该先创建一个新项目。接下来我们会介绍如何从头开始创建一个 Node 项目。

3.1　了解 Node Web 程序的结构

典型的 Node Web 程序是由下面几部分组成的：

- package.json—— 一个包含依赖项列表和运行这个程序的命令的文件；
- public/—— 静态资源文件夹，CSS 和客户端 JavaScript 都放在这里；
- node_modules/——项目的依赖项都会装到这里；
- 放程序代码的一个或多个 JavaScript 文件。

程序代码一般又会分成下面几块：

- app.js 或 index.js——设置程序的代码；
- models/——数据库模型；
- views/——用来渲染页面的模板；
- controllers/ 或 routes/——HTTP 请求处理器；
- middleware/——中间件组件。

如何组织程序是你的自由：大部分 Web 框架都很灵活，并且需要配置。但大多数程序都是按照上面给出的结构组织的。

最好的学习方法就是亲自动手实践，所以让我们看看老练的 Node 程序员是如何创建 Web 程序框架的。

3.1.1　开始一个新的 Web 程序

要创建一个新的 Web 程序，需要先做一个新的 Node 项目。如果你忘记怎么做了，可以回去温习一下第 2 章。其实很简单，只需要创建一个目录，然后运行 `npm init`，记得加上接受所有默认值的参数：

```
mkdir later
cd later
npm init -fy
```

有了新项目，然后呢？大多数人都会用 npm 上的模块来降低开发难度。Node 自带了一个 http 模块，它有个服务器。但使用 http 模块依然需要做很多套路化的开发工作，所以我们一般会选择使用更便捷的 Express。下面来看一下怎么安装。

1. 添加依赖项

要添加项目依赖项，可以用 `npm install`。下面这个就是安装 Express 的命令：

```
npm install --save express
```

如果现在看一下 package.json，你应该会看到 Express 已经给加上去了。也就是说 package.json 中应该会有类似于下面这样的代码：

```
"dependencies": {
  "express": "^4.14.0"
}
```

Express 模块也应该装在了这个项目的 node_modules/ 文件夹下。如果想卸载 Express，可以运行 `npm rm express --save`。这个命令会把它从 node_modules/ 中删除，还会更新 package.json 文件。

2. 一个简单的服务器

Express 以 Node 自带的 http 模块为基础，致力于在 HTTP 请求和响应上来建模 Web 程序。为了做出一个最基本的程序，我们需要用 `express()` 创建一个程序实例，添加路由处理器，然后将这个程序实例绑定到一个 TCP 端口上。下面是最基本的程序所需的全部代码：

```
const express = require('express');
const app = express();

const port = process.env.PORT || 3000;

app.get('/', (req, res) => {
  res.send('Hello World');
});

app.listen(port, () => {
  console.log(`Express web app available at localhost: ${port}`);
});
```

看起来并不像你想的那么复杂！将这段代码放到 index.js 文件中，用 `node index.js` 运行它。然后访问 http://localhost:3000 看一下结果。每个程序的运行命令可能会不太一样，记起来很麻烦，所以大部分人会用 npm 脚本解决这个问题。

3. npm 脚本

启动服务器的命令（`node index.js`）可以保存为 npm 脚本，打开 package.json 文件，在 `scripts` 里添加一个 `start` 属性：

```
"scripts": {
  "start": "node index.js",
  "test": "echo \"Error: no test specified\" && exit 1"
},
```

现在只要运行 `npm start` 就可以启动程序了。如果你看到有错误提示说端口 3000 已经被占用，那么可以运行 `PORT=3001 npm start` 使用另外一个端口。npm 脚本可以做很多事情：构建客户端包、执行测试、生成文档等。它基本上就是一个微型脚本调用工具，所以只要你喜欢，放什么都行。

3.1.2 跟其他平台比一比

如果用 PHP 实现上面那个程序，代码如下：

```
<?php echo '<p>Hello World</p>'; ?>
```

只有一行，并且一看就明白，那么这个更加复杂的 Node 示例有什么优点呢？二者是编程范式上的区别：用 PHP，程序是**页面**；用 Node，程序是服务器。这个 Node 示例可以完全控制请求和响应，不用配置服务器就可以做所有事情。如果要用 HTTP 压缩或 URL 转发，可以将这些功能作为程序的逻辑来实现。不需要把 HTTP 和程序逻辑分开，它们是程序的一部分。

与其把 HTTP 服务器的配置分离出去，不如把它们放在一起，也就是放在相同的目录下。因此 Node 程序更容易部署和管理。

npm 也让 Node 程序的部署变得更容易了。因为各自的依赖项是装在项目里的，所以同一系统上的不同项目间不会发生冲突。

3.1.3 然后呢

现在你已经掌握了用 `npm init` 创建项目和用 `npm install --save` 安装依赖项的技巧，可以快速创建新的项目了。太棒了！你能把自己的新想法变成新项目了。比如说，你对一个热门的 Web 框架感兴趣，想要尝试一下，就可以创建一个新目录，运行 `npm init`，然后用 npm 安装那个框架模块。

搞定了这些，就可以开始写代码了。到了这一步，你可以在项目里添加 JavaScript 文件，用 `require` 加载之前通过 `npm install --save` 安装的模块。现在我们的重点是大部分 Web 程序员接下来要做的事情，即添加一些 RESTful 路由。这能帮我们确定程序的 API，以及确定需要哪些数据库模型。

3.2 搭建一个 RESTful Web 服务

你的程序需要一个 RESTful Web 服务，以便像 Instapaper 和 Pocket 那样创建和保存文件。为了将杂乱的 Web 页面变成整洁的文章，这个服务需要用到一个模块，类似最早的 Readability 服务。

设计 RESTful 服务时，要想好需要哪些操作，并将它们映射到 Express 里的路由上。就此例而言，需要实现保存文章、获取文章、获取包含所有文章的列表和删除不再需要的文章这几个功能。分别对应下面这些路由：

- `POST /articles`——创建新文章；
- `GET /articles/:id`——获取指定文章；
- `GET /articles`——获取所有文章；
- `DELETE /articles/:id`——删除指定文章。

在考虑数据库和 Web 界面等问题之前，我们先重点解决如何用 Express 创建 RESTful 资源的问题。你可以用 cURL 向示例程序发起请求，然后再逐步实现数据存储等更加复杂的操作，让它越来越像一个真正的 Web 程序。

下面这个简单的 Express 程序实现了这些路由，不过现在是用 JavaScript 数组来存储文章的。

代码清单 3-1　RESTful 路由示例

```
const express = require('express');
const app = express();
const articles = [{ title: 'Example' }];

app.set('port', process.env.PORT || 3000);

app.get('/articles', (req, res, next) => {        ❶ 获取所有文章
  res.send(articles);
});

app.post('/articles', (req, res, next) => {       ❷ 创建一篇文章
  res.send('OK');
});

app.get('/articles/:id', (req, res, next) => {    ❸ 获取指定文章
  const id = req.params.id;
  console.log('Fetching:', id);
  res.send(articles[id]);
});

app.delete('/articles/:id', (req, res, next) => { ❹ 删除指定文章
  const id = req.params.id;
  console.log('Deleting:', id);
  delete articles[id];
  res.send({ message: 'Deleted' });
});

app.listen(app.get('port'), () => {
  console.log('App started on port', app.get('port'));
});

module.exports = app;
```

将这段代码保存为 index.js，然后就可以用 `node index.js` 运行了。请按下面的步骤使用这个例子：

```
mkdir listing3_1
cd listing3_1
npm init -fy
run npm install --save express@4.12.4
```

第 2 章详细介绍了如何创建新的 Node 项目。

示例代码的运行及修改

在运行这些示例代码时，每次修改之后一定要记得重启服务器。重启方法是按住 Ctrl-C 结束 Node 进程，然后再用 `node index.js` 启动它。

例子中的代码全在代码清单中，所以你应该可以按顺序把它们组合成一个可以运行的程序。如果无法运行，可以从图灵社区下载本书中的代码。

代码清单 3-1 中有一个示例数据数组，用 Express 的 `res.send` 方法发送 JSON 响应时返回的所有文章都在这个数组❶。Express 能自动将数组转换成 JSON 响应，非常适合制作 REST API。

这个例子也可以用同样的办法发送一篇文章❸。甚至可以用标准的 JavaScript `delete` 关键字和 URL 中指定的数字 ID 删除一篇文章❹。可以在路由字符串中指定参数，比如`/articles/:id`，然后用 `req.params.id` 获取 URL 中对应位置的值。

代码清单 3-1 还没实现创建文章❷的功能，因为那需要一个请求体解析器；我们下一节再讲这个。现在先看看如何用 cURL 访问这个例子。

用 `node index.js` 把这个例子跑起来之后，可以用浏览器或 cURL 向它发送请求。要获取一篇文章，可以运行下面的命令：

```
curl http://localhost:3000/articles/0
```

要获取所有文章，可以请求`/articles`：

```
curl http://localhost:3000/articles
```

甚至可以删除一篇文章：

```
curl -X DELETE http://localhost:3000/articles/0
```

但为什么说不能创建文章呢？主要是因为处理 POST 请求需要**消息体解析**。之前 Express 有个内置的消息体解析器，但因为实现方法太多，所以开发人员把它分离出来做成了一个独立的模块。

消息体解析器知道如何接收 MIME-encoded（**多用途互联网邮件扩展**）POST 请求消息的主体部分，并将其转换成代码可用的数据。一般来说，它给出的是易于处理的 JSON 数据。只要网站上有涉及提交表单的请求，服务器端就肯定会有一个消息体解析器来参与这个请求的处理。

可以运行下面的命令添加受到官方支持的消息体解析器：

```
npm install --save body-parser
```

接下来像下面的代码清单中那样，在靠近文件顶部的地方加载这个消息体解析器。如果你一直在跟着我们的进度，可以将它保存到代码清单 3-1 所在的目录（listing3_1）中，但在本书源码中我们新给它建了个目录（ch03-what-is-a-node-web-app/listing3_2）。

代码清单 3-2　添加消息体解析器

```
const express = require('express');
const app = express();
```

```
const articles = [{ title: 'Example' }];
const bodyParser = require('body-parser');

app.set('port', process.env.PORT || 3000);

app.use(bodyParser.json());                              ❶ 支持编码为 JSON 的请求消息体
app.use(bodyParser.urlencoded({ extended: true }));      ❷ 支持编码为表单的请求消息体

app.post('/articles', (req, res, next) => {
  const article = { title: req.body.title };
  articles.push(article);
  res.send(article);
});
```

这样一来程序新增了两个很实用的功能：JSON 消息体解析❶和表单编码消息体解析❷。还新增了一个非常简单的文章创建功能：如果发送一个带有 `title` 域的 POST 请求，文章数组中会增加一篇新文章。下面是发出这样请求的 cURL 命令：

```
curl --data "title=Example 2" http://localhost:3000/articles
```

恭喜你，这已经跟真正的 Web 程序差不多了！你只需要再完成两个任务就大功告成了。第一个任务是将数据永久保存在数据库里，第二个任务是为网上找到的文章生成一个可读版本。

3.3　添加数据库

就往 Node 程序中添加数据库而言，并没有一定之规，但一般会涉及下面几个步骤。

(1) 决定想要用的数据库系统。

(2) 在 npm 上看看那些实现了数据库驱动或对象–关系映射（ORM）的热门模块。

(3) 用 `npm --save` 将模块添加到项目中。

(4) 创建模型，封装数据库访问 API。

(5) 把这些模型添加到 Express 路由中。

在添加数据库之前，我们还是先在 Express 中添加第(5)步的路由处理代码。程序中的 HTTP 路由处理器会向模型发出一个简单的调用。这里有个例子：

```
app.get('/articles', (req, res, err) => {
  Article.all((err, articles) => {
    if (err) return next(err);
    res.send(articles);
  });
});
```

这个 HTTP 路由是用来获取所有文章的，所以对应的模型方法应该类似于 `Article.all`。这要取决于数据库 API，一般来说应该是 `Article.find({}, cb)`和 `Article.fetchAll().then(cb)`，其中的 `cb` 是**回调**（callback）的缩写。

数据库系统这么多，怎么决定该选哪个呢？这个例子中选了 SQLite，至于理由，且听我们慢慢道来。

选哪个数据库

在这个项目里，我们准备用 SQLite，还有热门的 sqlite3 模块。SQLite 是进程内数据库，所以很方便：你不需要在系统上安装一个后台运行的数据库。你添加的所有数据都会写到一个文件里，也就是说程序停掉后再起来时数据还在，所以非常适合入门学习时用。

3.3.1 制作自己的模型 API

文章应该能被创建、被获取、被删除，所以模型类 `Article` 应该提供下面这些方法：

- `Article.all(cb)`——返回所有文章；
- `Article.find(id, cb)` ——给定 ID，找到对应的文章；
- `Article.create({ title,content }, cb)`——创建一篇有标题和内容的文章；
- `Article.delete(id, cb)` —— 根据 ID 删除文章。

这些都可以用sqlite3模块实现。有了这个模块，我们可以用 `db.all` 获取多行数据，用 `db.get` 获取一行数据。不过先要有数据库连接。

下面的代码清单演示了如何在 Node 中使用 SQLite 实现上述功能。这段代码应该存在 db.js 中，跟代码清单 3-1 那个文件放到同一个文件夹下。

代码清单 3-3 模型类 `Article`

```
const sqlite3 = require('sqlite3').verbose();
const dbName = 'later.sqlite';
const db = new sqlite3.Database(dbName);          // ❶ 连接到一个数据库文件

db.serialize(() => {
const sql = `
  CREATE TABLE IF NOT EXISTS articles
    (id integer primary key, title, content TEXT)
  `;
  db.run(sql);                                     // ❷ 如果还没有，创建一个“articles”表
});

class Article {
  static all(cb) {
    db.all('SELECT * FROM articles', cb);          // ❸ 获取所有文章
  }

  static find(id, cb) {
    db.get('SELECT * FROM articles WHERE id = ?', id, cb);   // ❹ 选择一篇指定的文章
  }

  static create(data, cb) {
    const sql = 'INSERT INTO articles(title, content) VALUES (?, ?)';
    db.run(sql, data.title, data.content, cb);     // ❺ 问号表示参数
  }

  static delete(id, cb) {
```

```
    if (!id) return cb(new Error('Please provide an id'));
    db.run('DELETE FROM articles WHERE id = ?', id, cb);
  }
}

module.exports = db;
module.exports.Article = Article;
```

这个例子中创建了一个名为 Article 的对象，它可以用标准 SQL 和 sqlite3 模块创建、获取和删除数据。首先用 sqlite3.Database 打开一个数据库文件❶，然后创建表 articles❷。这里用到了 SQL 语法 IF NOT EXISTS，以防一不小心重新运行代码时删掉之前的表重新创建一个。

数据库和表准备好之后，这个程序就可以进行查询了。用 sqlite3 的 all 方法可以获取所有文章❸。用给带问号的查询语法提供具体值的方法可以获取指定文章❹，sqlite3 会把 ID 插入到查询语句中。最后，可以用 run 方法插入和删除数据❺。

我们还需要用 npm install --save sqlite3 安装 sqlite3，写作本书时它的版本号是 3.1.8。

基本的数据库功能已经实现了，接下来我们将它添加到代码清单 3-2 的 HTTP 路由中。

下面这段代码添加了所有方法，除了 POST。（因为需要用到 readability 模块，但你还没有装好，所以要单独处理。）

代码清单 3-4　将 Article 模块添加到 HTTP 路由中

```
const express = require('express');
const bodyParser = require('body-parser');
const app = express();
const Article = require('./db').Article;              ❶ 加载数据库模块

app.set('port', process.env.PORT || 3000);

app.use(bodyParser.json());
app.use(bodyParser.urlencoded({ extended: true }));

app.get('/articles', (req, res, next) => {
  Article.all((err, articles) => {                     ❷ 获取所有文章
    if (err) return next(err);
    res.send(articles);
  });
});

app.get('/articles/:id', (req, res, next) => {
  const id = req.params.id;
  Article.find(id, (err, article) => {                 ❸ 找到指定文章
    if (err) return next(err);
    res.send(article);
  });
});

app.delete('/articles/:id', (req, res, next) => {
  const id = req.params.id;
  Article.delete(id, (err) => {                        ❹ 删除文章
    if (err) return next(err);
```

```
    res.send({ message: 'Deleted' });
  });
});

app.listen(app.get('port'), () => {
  console.log('App started on port', app.get('port'));
});

module.exports = app;
```

代码清单 3-4 假设你已经把代码清单 3-3 存为了同一目录下的 db.js 文件。Node 会加载那个模块❶，然后用它获取所有文章❷，查找特定文章❸和删除一篇文章❹。

最后一件事情是实现创建文章的功能。因此需要下载文章，还要用神奇的 readability 算法处理它们。我们需要一个来自 npm 的模块。

3.3.2　让文章可读并把它存起来

RESTful API 已经搭建好了，数据也可以持久化到数据库中了，接下来该写代码把网页转换成简化版的“阅读视图”了。不过我们不用自己实现，因为 npm 中已经有这样的模块了。

在 npm 上搜索 readability 会找到很多模块。我们试一下 node-readability（写作本书时是 1.0.1 版）。用 `npm install node-readability --save` 安装它。这个模块提供了一个异步函数，可以下载指定 URL 的页面并将 HTML 转换成简化版。下面这段代码演示了 node-readability 的用法。如果你想试试，可以把这里的代码和代码清单 3-5 中的代码添加到 index.js 文件中：

```
const read = require('node-readability');
const url = 'http://www.manning.com/cantelon2/';
read(url, (err, result)=>  {
  // 结果有.title 和.content
});
```

还可以和数据库类结合起来，用 `Article.create` 方法保存文章：

```
read(url, (err, result) => {
  Article.create(
    { title: result.title, content: result.content },
    (err, article) => {
      // 将文章保存到数据库中
    }
  );
});
```

打开 index.js，添加新的 `app.post` 路由处理器，用上面的方法实现下载和保存文章的功能。综合我们上面学到的所有知识，即关于 Express 中的 HTTP POST 和消息体解析器，可以得出下面这段代码。

代码清单 3-5　生成可读的文章并保存

```
const read = require('node-readability');
```

```
// ……代码清单 3-4 中给出的代码

app.post('/articles', (req, res, next) => {
  const url = req.body.url;

read(url, (err, result) => {
  if (err || !result) res.status(500).send('Error downloading article');
    Article.create(
      { title: result.title, content: result.content },
      (err, article) => {
        if (err) return next(err);
        res.send('OK');
      }
    );
  });
});
```

❶ 从 POST 消息体中得到 URL

❷ 用 readability 模块获取这个 URL 指向的页面

❸ 文章保存成功后，发送状态码为 200 的响应

在这段代码中，先从 POST 消息体中得到 URL❶，然后用 node-readability 模块获取这个 URL 指向的页面❷。用模型类 `Article` 保存文章。如果有错误，将处理权交给 Express 的中间件栈❸；否则，将 JSON 格式的文章发送给客户端。

你可以用 `--data` 参数给这个例子发送一个 POST 请求：

```
curl --data "url=http://manning.com/cantelon2/" http://localhost:3000/articles
```

经过前面这些章节，我们做了很多工作：添加了一个数据库模块，创建了一个封装了数据库模块的 JavaScript API，并将它绑到了 RESTful API 上。作为服务器端开发人员，你将来会做很多这样的工作。本书后续章节还会介绍数据库 MongoDB 和 Redis 方面的知识。

我们的程序现在已经可以保存文章了，也可以获取它们。为了能够阅读这些文章，还需要添加 Web 界面。

3.4 添加用户界面

给 Express 项目添加界面需要做几件事。首先是使用模板引擎。我们会简单地介绍一下如何安装模板引擎，并用它渲染模板。程序还需要服务静态文件，比如 CSS。在渲染模板和编写 CSS 之前，你还需要了解，如何在必要时让前面例子中的路由处理器同时支持 JSON 和 HTML 响应。

3.4.1 支持多种格式

之前我们用 `res.send()` 往客户端发送 JavaScript 对象。用 cURL 发送请求时，JSON 很方便，因为在控制台里看起来很清晰。但在现实应用中，这个程序还需要支持 HTML。怎么才能同时支持这两种格式呢？

基本做法是用 Express 的 `res.format` 方法。它可以根据请求发送相应格式的响应。它的用法如下所示，提供一个包含格式及对应的响应函数的列表：

```
res.format({
  html: () => {
```

```
    res.render('articles.ejs', { articles: articles });
  },
  json: () => {
    res.send(articles);
  }
});
```

在这段代码中，`res.render` 会渲染 view 文件夹下的模板 articles.ejs。但这需要安装模板引擎并创建相应的模板。

3

3.4.2 渲染模板

模板引擎有很多，EJS（嵌入式 JavaScript）属于简单易学那种。从 npm 上安装 EJS 模块（写作本书时 EJS 的版本号是 2.3.1）：

```
npm install ejs --save
```

`res.render` 可以渲染 EJS 格式的 HTML 文件。如果你换掉代码清单 3-4 中 `app.get('/articles')` 路由处理器中的 `res.send(articles)`，在浏览器中访问 http://localhost:3000/articles 时，程序应该会尝试渲染 articles.ejs。

接下来在 view 文件夹中创建模板 articles.ejs，你可以用下面代码清单中这个完整的模板。

代码清单 3-6 `Article` 列表模板

```
<% include head %>                                    <—— ❶ 包含另一个模板
<ul>
  <% articles.forEach((article) => { %>              <—— ❷ 循环遍历每篇文章并渲染它
    <li>
      <a href="/articles/<%= article.id %>">
        <%= article.title %>                          <—— ❸ 将文章的标题作为链接文本
      </a>
    </li>
  <% }) %>
</ul>
<% include foot %>
```

文章列表模板在内部嵌入了页眉❶和页脚模板，具体代码请见下面的代码清单。这是为了避免在每个模板文件中重复这两部分代码。文章列表的循环遍历❷是用标准的 JavaScript 循环 `forEach` 实现的，文章的 ID 和标题是用 EJS 的`<%= value %>`语法❸嵌入到模板中的。

下面是页眉模板示例，保存为 views/head.ejs：

```
<html>
  <head>
    <title>Later</title>
  </head>
  <body>
    <div class="container">
```

这是对应的页脚（保存为 views/foot.ejs）：

```
    </div>
  </body>
</html>
```

res.format 也可以用来显示指定的文章。从这儿开始变得有意思了，因为按照这个程序的要求，文章看起来应该简洁易读。

3.4.3 用 npm 管理客户端依赖项

模板搞定了，接下来就该添加样式了。我们不用自己创建样式，重用已有的样式会更简单，甚至这也能用 npm 来做！热门的 Bootstrap 客户端框架也在 npm 上，把它加到项目中：

```
npm install bootstrap --save
```

如果看一下 node_modules/bootstrap/，应该会看到 Bootstrap 项目的源码。然后，在 dist/css 文件夹中有来自 Bootstrap 的 CSS 文件。要使用这些文件，需要让服务器响应静态文件请求。

1. 响应静态文件请求

Express 自带了一个名为 express.static 的中间件，可以给浏览器发送客户端 JavaScript、图片和 CSS 文件。只要将它指向包含这些文件的目录，浏览器就能访问到这些文件了。

在靠近 Express 主文件（index.js）的顶部，有加载项目所需的中间件的代码：

```
app.use(bodyParser.json());
app.use(bodyParser.urlencoded({ extended: true }));
```

要加载 Bootstrap 的 CSS，用 express.static 将文件注册到恰当的 URL 上：

```
app.use(
  '/css/bootstrap.css',
  express.static('node_modules/bootstrap/dist/css/bootstrap.css')
);
```

接下来我们把 /css/bootstrap.css 添加到模板中，来获得一些酷炫的 Bootstrap 样式。views/head.ejs 看起来应该是这样的：

```
<html>
  <head>
    <title>later;</title>
    <link rel="stylesheet" href="/css/bootstrap.css">
  </head>
  <body>
    <div class="container">
```

这只是 Bootstrap 的 CSS。它还有很多文件，包括图标、字体以及 jQuery 插件。你可以往项目里添加更多文件，或者用工具把它们打包成一个文件，让浏览器更容易加载。

2. 用 npm 和客户端开发工具做更多事情

前面那个例子很简单，只是为了说明可以通过 npm 使用浏览器端的库。 Web 开发人员一般会下载 Bootstrap 的文件，然后手动添加到项目中。那些制作简单的静态站的 Web 设计师通常都是这么做的。

但时髦的前端开发人员不仅用npm下载这些库，还会用npm在客户端JavaScript中加载它们。借助 Browserify 和 Webpack，可以释放出 npm 安装器和加载依赖项的 `require` 的全部力量。想象一下，不仅在写 Node 代码时，在做前端开发时也可以敲入 `const React = require('react')` 这样的代码！这超出了本章的范围，不过你应该感受到了吧，把源自 Node 的编程技术跟前端开发结合起来将释放出多么大的能量！

3.5　总结

3

- 用 `npm init` 和 Express 可以快速搭建出一个 Node Web 应用程序。
- `npm install` 是安装依赖项的命令。
- 可以用 Express 制作带有 RESTful API 的 Web 程序。
- 选择合适的数据库系统和数据库模块需要你根据自己的需求做一些前期调研。
- 对于小项目来说，SQLite 很好用。
- 在 Express 中用 EJS 渲染模板很容易。
- Express 支持很多种模板引擎，包括 Pug 和 Mustache。

Part 2

第二部分

Node 的 Web 开发

接下来可以更深入地学习服务器端开发了。在服务器端代码之外，Node 还开辟了一块很重要的市场：前端构建系统。在这一部分，我们将会介绍如何用 Webpack 和 Gulp 开始新项目，还会介绍几个最流行的 Web 框架，并从多个视角来对它们进行比较，以便你找出最适合自己项目的框架。

第 6 章一整章都是讲如何用 Connect 和 Express 模块搭建 Web 程序，供感兴趣的读者深入学习。另外书中还用一章集中讲了模板和数据库的使用。

为了保证 Node 全栈 Web 开发知识的完整性，本书还介绍了测试和部署，让你可以为自己的第一个 Node 程序做好准备。

第4章

前端构建系统

本章内容

- ❑ 用 npm 脚本简化复杂的命令
- ❑ 用 Gulp 管理重复性任务
- ❑ 用 Webpack 打包客户端 Web 程序

在现代 Web 开发中，用 Node 来运行工具和服务的情况越来越多。作为 Node 程序员，你可能要负责配置和维护这些工具。作为全栈开发人员，你可能想用这些工具来创建速度更快、更可靠的 Web 程序。本章将会介绍如何使用 npm 脚本、Gulp 和 Webpack 搭建易于维护的项目。

使用前端构建系统的好处非常多。它们可以帮你写出更易读懂的并具有前瞻性的代码。因为可以用 Babel 转译，所以无须担心浏览器对 ES2015 的支持。另外，因为能生成源码映射，所以你仍然可以进行基于浏览器的调试。

首先简要介绍基于 Node 的前端开发。之后我们会给出一些涉及现代前端技术的例子，比如在项目中使用 React。

4.1 了解基于 Node 的前端开发

最近这段时间，前端和后台开发已经开始融合了，他们都在用 npm 分发 JavaScript。也就是说，npm 既用于前端模块，比如 React，也用于后台代码，比如 Express。但有些模块的边界比较模糊，比如 lodash，它是一个通用库，既可以用在 Node 中，也可以用在浏览器中。经过仔细打包，一个模块可以同时用在 Node 和浏览器中，并且项目里的依赖项也可以用 npm 管理。

也有专门针对客户端开发的模块系统，比如 Bower。你可以接着用这些工具，但作为 Node 开发人员，应该优先考虑 npm。

然而前端开发人员不只是用 Node 来做包分发，那些能生成可移植的、向后兼容的 JavaScript 的工具也越来越受他们的青睐。比如像 Babel 这种能将 ES2015 转换成支持更广泛的 ES5 代码的转译器。还有像 UglifyJS 这样的缩码器，以及像 ESLint 这样的用来检验代码正确性的 Linter 等。

测试引擎也有好多是 Node 驱动的。在 Node 进程中既可以运行 UI 代码的测试，也可以用 Node 脚本驱动运行在浏览器中的测试。

开发人员通常会同时使用这些工具。在开始摆弄转译器、缩码器、Linter 和测试引擎后，你需要借助某种手段记录一下构建过程是如何进行的。有些项目用 npm 脚本，有些用 Gulp 或 Webpack。本章将逐一介绍这些方法，还会涉及一些相关的最佳实践。

4.2 用 npm 运行脚本

Node 有 npm，而 npm 能运行脚本。因此，合作者或用户要能够调用 npm start 和 npm test 之类的命令。在项目的 package.json 文件中，有个 scripts 属性，可以在那里指定自己的 npm start 命令：

```
{
  ...
  "scripts": {
    "start": "node server.js"
  },
  ...
}
```

node server.js 是默认的 start 命令，所以如果只是要做这个，从技术角度讲上面的定义是可以省略的。当然，别忘了创建 server.js 文件。我们一般都会定义 test 属性，因为可以把测试框架作为依赖项，然后用 npm test 来运行测试脚本。比如说，你选了 Mocha 来做测试，并且已经用 npm install --save-dev 装好了。如果在 package.json 中添加下面的语句，就不用全局安装 Mocha 了：

```
{
  ...
  "scripts": {
    "test": "./node_modules/.bin/mocha test/*.js"
  },
  ...
}
```

注意看一下，这个例子里的参数是传给了 Mocha。也可以在运行 npm 脚本时用两个连字符传入参数：

```
npm test -- test/*.js
```

表 4-1 给出了一些常用的 npm 命令。

表 4-1 npm 命令

命 令	package.json 属性	应用案例
start	scripts.start	启动 Web 应用服务器或 Electron 程序
stop	scripts.stop	停掉 Web 应用服务器
restart		运行 stop，然后运行 start
Install, postinstall	scripts.install, scripts.postinstall	在安装了包之后运行本地构建命令。注意，postinstall 只能通过 npm **run** postinstall 运行

还有很多可用的命令，包括在发布包之前进行清理的命令，以及用于包版本迁移时的前置/后置命令。但对于大多数 Web 开发任务来说，`start` 和 `test` 就够用了。

使用 npm 时，可能会有很多你想要定义的任务并没有恰当的命令名支持。比如说，你正在处理一个用 ES2015 写的项目，但是你想把它转译成 ES5，这时可以用 `npm run`。下一节会有个教程教你如何创建一个能够构建 ES2015 文件的新项目。

4.2.1　创建定制的 npm 脚本

`npm run` 命令等同于 `npm run-script`，用 `npm run script-name` 可以运行任何脚本。我们来看一下如何做一个用 Babel 构建客户端脚本的命令。

从创建新项目开始，然后安装必要的依赖项：

```
mkdir es2015-example
cd es2015-example
npm init -y
npm install --save-dev babel-cli babel-preset-es2015
echo '{ "presets": ["es2015"] }' > .babelrc
```

现在你应该有了一个具有基本 Babel ES2015 工具和插件的 Node 项目。接下来打开 package.json，在 `scripts` 下面添加 `babel` 属性。

它应该运行已经安装到 node_modules/.bin 文件夹下的脚本：

```
"babel": "./node_modules/.bin/babel browser.js -d build/"
```

下面是用 ES2015 语法写的代码，将它存为 browser.js 文件：

```
class Example {
  render() {
    return '<h1>Example</h1>';
  }
}

const example = new Example();
console.log(example.render());
```

运行 `npm run babel` 试一下。如果配置都没问题，应该会有一个 build 文件夹，里面有转译过的 browser.js。打开这个文件，看看里面是不是 ES5 的代码。因为太长了，我们就不放到这里来了，文件顶部应该有 `var_createClass` 这样的代码。

如果构建项目时只需要做这件事，那么可以将这个任务的名称改为 `build`。但一般会加上 UglifyJS：

```
npm i --save-dev uglify-es
```

可以用 node_modules/.bin/uglifyjs 调用 UglifyJS，在 `scripts` 下添加名为 `uglify` 的属性：

```
./node_modules/.bin/uglifyjs build/browser.js -o build/browser.min.js
```

现在应该可以运行 `npm run uglify` 命令了。这些命令可以组合到一起。在 `scripts` 下添加一个名为 `build` 的属性，让它调用这两个任务：

```
"build": "npm run babel && npm run uglify"
```

运行 `npm run build` 会执行那两个脚本。用这个简单的命令可以组合多个前端打包工具。这是因为 Babel 和 UglifyJS 都可以作为命令行脚本执行，并且都接受命令行参数，所以很容易放到一行里添加到 package.json 中。Babel 支持配置文件，我们可以在.babelrc 文件中实现更复杂的行为，你应该在之前的命令中见过这个文件了。

4.2.2 配置前端构建工具

在使用 npm 脚本时，通常有三种配置前端构建工具的方法。

- 指定命令行参数。比如 `./node_modules/.bin/ uglify --source-map`。
- 针对项目创建配置文件，将参数放在这个文件中。Babel 和 ESLint 经常这么干。
- 将配置参数添加到 package.json 中。Babel 也支持这种方式。

如果构建过程复杂，要做文件的复制、合并和转移等很多事情怎么办？可以创建一个 shell 脚本，然后用 npm 脚本调用它。但如果你用 JavaScript，还有更巧妙的办法。很多构建系统都提供了 JavaScript API，以实现自动化构建。下一节会全面介绍一个这样的方案：Gulp。

4.3 用 Gulp 实现自动化

Gulp 是基于流的构建系统。我们可以通过对这些流的引导来创建构建过程，除了转译和缩码，还能做很多事情。想象一个项目，后台管理区是用 Angular 做的，公开区域是基于 React 的。两个子项目的构建需求都是一样的。借助 Gulp，我们可以重用某些阶段的构建过程。图 4-1 给出了两个构建过程的例子，它们有共享的功能。

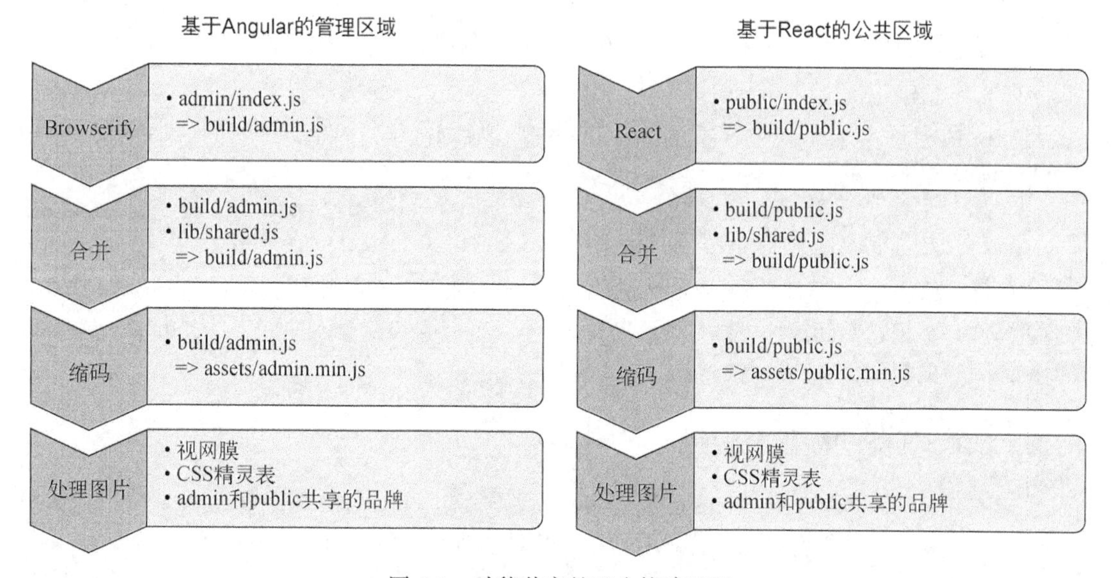

图 4-1 功能共享的两个构建过程

Gulp 之所以能实现高度重用，主要归功于两项技术：使用插件和自定义构建任务。就像图 4-1 展示的那样，构建过程是一个流，所以这些任务和插件是可以一个接一个拼在一起的。比如说，对于前面那个例子中的 React 部分，可以用 Gulp Babel 和 Gulp 自带的文件聚集方法 `gulp.src` 处理：

```
gulp.src('public/index.jsx')
  .pipe(babel({
    presets: ['es2015', 'react']
  }))
  .pipe(minify())
  .pipe(gulp.dest('build/public.js'));
```

要把文件合并阶段添加到这个链条上也十分容易。在深入探讨语法之前，我们先看看如何配置好一个小型的 Gulp 项目。

4.3.1　把 Gulp 添加到项目中

添加 Gulp 需要用 npm 安装 gulp-cli 和 gulp 两个包。很多人会把 gulp-cli 安装在全局环境中，这样只要输入 `gulp` 就可以运行 Gulp 处方了。如果你之前在全局环境中安装过 gulp，应该运行 `npm rm --global gulp` 删除它。在下面这段代码中，全局安装 gulp-cli，并创建一个带有 Gulp 开发依赖项的新 Node 项目：

```
npm i --global gulp-cli
mkdir gulp-example
cd gulp-example
npm init -y
npm i -save-dev gulp
```

接着创建 gulpfile.js：

```
touch gulpfile.js
```

打开这个文件。现在用 Gulp 构建一个小型的 React 项目。这里会用到 gulp-babel、gulp-sourcemaps 和 gulp-concat：

```
npm i --save-dev gulp-sourcemaps gulp-babel babel-preset-es2015
npm i --save-dev gulp-concat react react-dom babel-preset-react
```

往项目里添加 Gulp 插件时，记得把 npm 命令中的参数 `--save` 换成`--save-dev`。如果为了试验新插件并想把它们卸掉，可以用 `npm uninstall --save-dev` 把它们从 ./node_modules 里删掉，同时更新 package.json 文件。

4.3.2　Gulp 任务的创建及运行

创建 Gulp 任务需要在 gulpfile.js 中编写 Node 代码，调用 Gulp 的 API。Gulp 的 API 可以做很多事，比如查找文件，把对文件进行某种转换的插件拼到一起等。

你可以按这个例子试一下：打开 gulpfile.js 设置一个构建任务，用 `gulp.src` 查找 JSX 文件，用 Babel 处理 ES2015 和 React，然后把这些文件拼到一起。代码如下所示。

代码清单 4-1 用 Babel 处理 ES2015 和 React 的 gulpfile

```
const gulp = require('gulp');
const sourcemaps = require('gulp-sourcemaps');
const babel = require('gulp-babel');
const concat = require('gulp-concat');

gulp.task('default', () => {
  return gulp.src('app/*.jsx')
    .pipe(sourcemaps.init())
    .pipe(babel({
      presets: ['es2015', 'react']
    }))
    .pipe(concat('all.js'))
    .pipe(sourcemaps.write('.'))
    .pipe(gulp.dest('dist'));
});
```

像加载标准 Node 模块那样加载 Gulp 插件

用 Gulp 自带的文件聚集工具 **gulp.src** 查找所有的 React jsx 文件

开始监视源文件，为调试构建源码映射

使用 ES2015 和 React（JSX）配置 gulp-babel

把所有源码文件拼到一个 all.js 中

单独写入源码映射文件

将所有文件放到 dist/目录下

代码清单 4-1 中出现了几个用来捕获、处理和写文件的 Gulp 插件。首先是用文件聚集找到所有输入文件，然后用 gulp-sourcemaps 插件为客户端调试采集源码映射指标。注意，源码映射需要两个阶段：一个阶段是声明想要用源码映射，另一个阶段是写源码映射文件。与此同时，配置 gulp-babel 用 ES2015 和 React 处理文件。

在终端里输入 `gulp` 就可以运行这个 Gulp 任务。

在这个例子里，所有文件转换都是一个插件做的。碰巧了，Babel 既能转译 React，也能将 ES2015 转换成 ES5。转换完成后，用 gulp-concat 插件把文件合到一起。现在所有转译都做完了，可以写源码映射了。最终的构建结果可以放到 dist 文件夹下。

再创建一个名为 app/index.jsx 的文件，就可以试验一下 Gulp 了。可以用下面这段 JSX 代码：

```
import React from 'react';
import ReactDOM from 'react-dom';

ReactDOM.render(
  <h1>Hello, world!</h1>,
  document.getElementById('example')
);
```

在 Gulp 中，用 JavaScript 表示构建阶段很容易。并且我们可以用 `gulp.task()`往这个文件里添加自己的任务。这些任务通常都遵循相同的模式。

(1) 源文件——收集输入文件。

(2) 转译——让它们依次通过一个个对它们进行转换的插件。

(3) 合并——把这些文件合到一起，创建一个整体构建文件。

(4) 输出——设定文件的目标地址或移动输出文件。

在前面那个例子中，`sourcemaps` 是个特例，因为它需要两次 `pipe`：第一次是配置，最后一次是输出文件。这是因为源码映射需要把最初的代码行数映射到应该转译构建后的代码行数上。

4.3.3 监测变化

前端开发人员想要的最后一个东西是构建/刷新循环。精简构建过程最简单的办法就是用 Gulp 插件监测文件系统的变化。但也有备选方案。有些库跟热重载配合得很好，并且更通用的 DOM 和基于 CSS 的项目也很适合 LiveReload 项目。

作为示例，你可以把 gulp-watch 添加到代码清单 4-1 中给出的项目里。将这个包添加到项目中：

```
npm i --save-dev gulp-watch
```

别忘了在 gulpfile.js 中加载它：

```
const watch = require('gulp-watch');
```

添加监测任务，让它调用前面那个例子中的默认任务：

```
gulp.task('watch', () => {
  watch('app/**.jsx', () => gulp.start('default'));
});
```

这段代码定义了一个名为 `watch` 的任务，然后用 `watch()` 监测 React JSX 文件的变化。只要有文件发生了变化，默认的构建任务就会运行。只需稍稍修改，这个处方就可以用来构建 SASS 文件、优化图片，以及做需要在前端项目上做的很多事情。

4.3.4 在大项目中把任务分散到不同文件中

项目规模变大后，一般会需要更多的 Gulp 任务。最终会出现一个大到难以理解的长文件，如果把代码分解成不同的模块，就可以解决这个问题。

你已经看到了，Gulp 是用 Node 的模块系统来加载插件的。没有特殊的插件加载系统，就是标准模块。我们也可以用 Node 的模块系统分割超长的 gulpfile 文件，以便于维护。可以按如下步骤来使用分散的文件。

(1) 创建一个名为 gulp 的文件夹以及一个名为 tasks 的子目录。

(2) 在各个文件中用 `gulp.task()` 语法定义任务，最好是每个任务放一个文件。

(3) 创建一个名为 gulp/index.js 的文件，在其中加载所有的 Gulp 任务文件。

(4) 在 gulpfile.js 中引入这个 gulp/index.js 文件。

目录结构看起来应该类似这样：

```
gulpfile.js
gulp/
gulp/index.js
gulp/tasks/development-build.js
gulp/tasks/production-build.js
```

我们可以用这个办法组织复杂的构建任务，还可以跟 gulp-help 模块搭配起来用。gulp-help 模块可以生成任务文档，运行 `gulp help` 可以显示每个任务的帮助信息。在你需要团队协作时，或者要在很多使用 Gulp 的项目中切换时，就能体会到这个插件的价值了。图 4-2 是 `gulp help` 输出的样子。

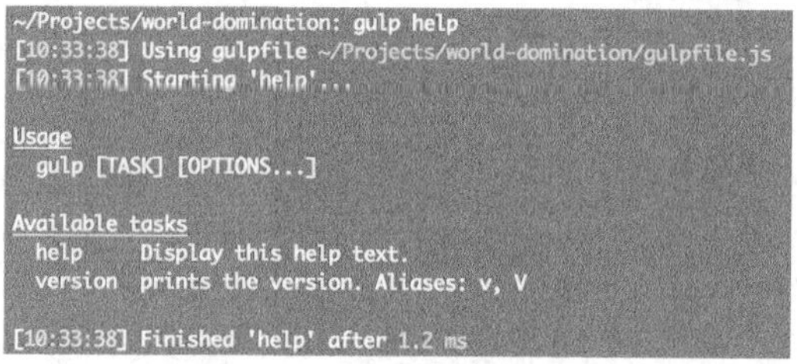

```
~/Projects/world-domination: gulp help
[10:33:38] Using gulpfile ~/Projects/world-domination/gulpfile.js
[10:33:38] Starting 'help'...

Usage
  gulp [TASK] [OPTIONS...]

Available tasks
  help      Display this help text.
  version   prints the version. Aliases: v, V

[10:33:38] Finished 'help' after 1.2 ms
```

图 4-2　gulp-help 输出样例

Gulp 是一个通用的项目自动化工具。它适合管理项目里的跨平台清理脚本，比如运行复杂的客户端测试或者为数据库提供固定的测试环境。尽管它也可以构建客户端资产，但不如专门做这些事情的工具，也就是说相较之下，Gulp 需要更多的代码和配置来定义那些任务。Webpack 就是这样的工具，专注于打包 JavaScript 和 CSS 模块。下一节会介绍如何用 Webpack 构建 React 项目。

4.4　用 Webpack 构建 Web 程序

Webpack 是专门用来构建 Web 程序的。比如说，你要跟一位设计师合作，他已经给一个单页 Web 程序创建了静态站，而你要改写它，构建更高效的 CSS 和 ES2015 JavaScript 代码。用 Gulp 时，写 JavaScript 代码是为了驱动构建系统，所以会涉及写 gulpfile 和构建任务。而用 Webpack 时，写的是配置文件，用插件和加载器添加新功能。有时候不需要额外的配置：在命令行里输入 `webpack`，将源文件的路径作为参数，它就能构建项目。4.4.4 节中有一个这样的例子。

Webpack 的优势之一是更容易快速搭建出一个支持增量式构建的构建系统。如果配置成文件发生变化时自动构建，Webpack 不会因为一个文件发生变化而重新构建整个项目。所以它的构建更快，也更好理解。

本节将会演示如何用 Webpack 构建一个小型的 React 项目。我们先来定义 Webpack 所用的术语。

4.4.1　使用打包器和插件

在创建 Webpack 项目之前，先来明确一些术语。Webpack 插件是用来改变构建过程的行为的。这些行为包括自动将静态资源上传到 Amazon S3 或去掉输出中重复的文件等。

与插件相反，加载器是用来转换资源文件的。比如将 SASS 转换为 CSS，或者将 ES2015 转换为 ES5。**加载器**是函数，负责将输入的源文本转换为特定的文本输出。它们既可以是异步的，也可以是同步的。插件是可以挂接到 Webpack 更底层 API 的类的实例。

如果需要转换 React 代码、CoffeeScript、SASS 或其他转译语言，就用**加载器**。如果需要调整 JavaScript，或用某种方式处理文件，就用**插件**。

下一节会介绍如何用Babel加载器将一个React ES2015项目转换成对浏览器友好的包。

4.4.2 配置和运行Webpack

我们要重新创建代码清单4-1中的那个例子，不过这次改用Webpack。首先要安装React：

```
mkdir webpack-example
npm init -y
npm install --save react react-dom
npm install --save-dev webpack babel-loader babel-core
npm install --save-dev babel-preset-es2015 babel-preset-react
```

最后一条命令安装了Babel的ES2015插件和用于Babel的React转换器。接下来需要创建webpack.config.js，我们要在这个文件里告诉Webpack去哪里找输入文件，把输出写到哪里，以及用哪些加载器。我们要对React使用babel-loader，还要对它做些额外的配置，代码如下所示。

代码清单4-2　一个webpack.config.js文件

```
const path = require('path');
const webpack = require('webpack');

module.exports = {
  entry: './app/index.jsx',                                          ← 输入文件
  output: { path: __dirname, filename: 'dist/bundle.js' },           ← 输出文件
  module: {
    loaders: [
      {
        test: /.jsx?$/,                  ← 匹配所有的JSX文件
        loader: 'babel-loader',
        exclude: /node_modules/,
        query: {
          presets: ['es2015', 'react']   ← 使用Babel ES2015和React插件
        }
      }
    ]
  },
};
```

这个配置文件包含了成功构建一个以ES2015写的React程序所需的一切。里面的配置都很直白：定义一个`entry`，同时加载程序的主文件。然后指定输出应该写到哪里。如果这个文件不存在，Webpack会创建它。接着定义一个加载器，并用`test`把它关联到一个文件聚集搜索上。最后，设定加载器的选项。在这个例子中，这些选项加载了ES2015和React Babel插件。

我们还需要一个React JSX文件app/index.jsx，可以用4.3.2节中的代码。现在运行./node_modules/.bin/webpack，就会得到一个带着React依赖项的ES5版文件。

4.4.3 用Webpack开发服务器

如果不想在React文件发生变化后自己手动重新构建项目，可以用Webpack开发服务器。请在本书源码中找到webpack-hotload-example（ch04-front-end/webpack-hotload-example）。这个小

Express 服务器会在文件发生变化后运行 Webpack，然后将变化后的资源文件提供给浏览器。为了不跟主服务器冲突，你应该把它跑在另外一个端口上，也就是说在开发过程中，`script` 标签要指向这个开发服务器提供的 URL 上。这个服务器会构建资源文件，但输出会放在内存里，而不是 Webpack 的输出文件夹里。webpack-dev-server 也可以用来做模块热加载，这与 LiveReload 服务器的用法类似。

按下面的步骤把 webpack-dev-server 添加到项目中。

(1) 用 `npm i --save-dev webpack-dev-server@ 1.14.1` 安装 webpack-dev-server。

(2) 在 webpack.config.js 的 `output` 属性中添加一个 `publicPath` 选项。

(3) 在构建目录下添加 index.html 文件，在这个文件中加载打包后的 JavaScript 和 CSS 文件，注意 URL 中的端口是下一步中指定的那个端口。

(4) 带着你想要用的选项运行服务器。比如 `webpack-dev-server --hot --inline--content -base dist/ --port 3001`。

(5) 访问 http://localhost:3001/ 加载这个程序。

打开代码清单 4-2 中的那个 webpack.config.js，修改 `output` 属性，加一个 `publicPath`：

```
output: {
  path: path.resolve(__dirname, 'dist'),
  filename: 'bundle.js',
  publicPath: '/assets/'
},
```

创建文件 dist/index.html，代码如下所示。

代码清单 4-3　用于 React Web 程序的 HTML 模板示例

```
<!DOCTYPE html>
<html lang="en">
<head>
  <meta charset="UTF-8">
  <title>Warning: Dev server only</title>
</head>
<body>
  <div id="example"></div>
  <script src="/assets/bundle.js"></script>    <-- webpack-built 打包文件的路径
</body>
</html>
```

接着打开 package.json，在 `scripts` 下添加运行 Webpack 服务器的命令：

```
"scripts": {
  "server:dev": "webpack-dev-server --hot -inline
     --content-base dist/ --port 3001"
 },
```

选项 `--hot` 是指服务器 dev 要用模块热重载。也就是说只要修改了 React 文件 app/index.js，浏览器就会刷新。`--inline` 选项就是用来指定刷新机制的。内嵌刷新（inline refresh）是指服务器 dev 会在打包文件中嵌入代码来管理刷新。另外还有一种是把整个页面放到 iframe 中的 ifram 选项。

运行服务器 dev：

```
npm run server:dev
```

运行 Webpack 开发服务器会触发构建过程，并启动一个监听端口 3001 的服务器。可以在浏览器中访问 http://localhost:3001 测试一下。

热　重　载

基于 React，以及包含 AngularJS 在内的其他框架，都有相应的热重载项目。一些框架还考虑到了数据流，比如 Redux 和 Relay，也就是说在代码被刷新后状态还能保留下来。这是代码重载的理想方式，因为你不用为了重现 UI 的状态而把之前的步骤再做一遍。

不过我们给的这个例子不是专门针对 React 的，只是为了让你对 Webpack 开发服务器有个认识。请通过实验自行找出最适合你的项目的配置。

4.4.4　加载 CommonJS 模块和静态资源

介绍完在 React 和 Babel 项目上的用法，下面再来讲讲在更加普通的 CommonJS 项目上使用 Webpack 的情况。无须 CommonJS 浏览器垫片，Webpack 就能提供我们需要的一切。它甚至能加载 CSS 文件。

1. Webpack 和 CommonJS

在 Webpack 中使用 CommonJS 模块语法不需要做任何配置。比如说，有个文件用了 `require`：

```
const hello = require('./hello');

hello();
```

而另一个定义了 `hello` 函数：

```
module.exports = function() {
  return 'hello';
};
```

然后只需要一个 Webpack 配置文件来定义入口（第一段代码）和构建目标路径：

```
const path = require('path');
const webpack = require('webpack');

module.exports = {
  entry: './app/index.js',
  output: { path: __dirname, filename: 'dist/bundle.js' },
};
```

从这个文件里就能看出 Gulp 和 Webpack 的差别来了。Webpack 的重点完全放在构建打包文件上，所以生成带有 CommonJS 垫片的打包文件也在它的能力范围之内。打开 dist/bundle.js，应该可以看到文件顶部的 `webpackBootstrap` 垫片，然后从源文件结构中过来的每个文件都被封装在了闭包内模拟模块系统中。下面是从打包文件中截取的代码：

```
function(module, exports, __webpack_require__) {

  const hello = __webpack_require__(1);

  hello();


  /***/ },
  /* 1 */
  /***/ function(module, exports) {

  module.exports = function() {
    return 'hello';
  };
```


代码中的注释表明了模块是在哪里定义的，这些文档将 `module` 和 `exports` 对象作为参数，可以访问它们的闭包来模拟 CommonJS 模块 API。

2. 在 Webpack 中使用 npm 包

我们还可以更进一步，引入从 npm 上下载下来的包。比如说你想用 jQuery。除了在页面里用 `script` 标签指向它，还有另一种办法。用 `npm i --save-dev jquery` 安装它，然后像加载 Node 模块那样加载它：

```
const jquery = require('jquery');
```

也就是说 Webpack 把 CommonJS 模块给了我们，无须任何额外的配置，就可以使用来自 npm 的模块。

> **寻找加载器和插件**
>
> Webpack 网站上有加载器和插件列表。npm 上也有 Webpack 工具，可以从关键字 `webpack` 开始。

4.5 总结

- npm 脚本是实现简单任务自动化和脚本调用的最佳选择。
- Gulp 可以用 JavaScript 编写更加复杂的任务，并且它是跨平台的。
- 如果 gulpfiles 变得太长了，可以把代码分解到多个文件中。
- Webpack 可以用来生成客户端打包文件。
- 如果只需要构建客户端打包文件，用 Webpack 可能比用 Gulp 更省事儿。
- Webpack 支持热重载，也就是说刷新浏览器就能看出代码的变化。

第 5 章

服务器端框架

本章内容

- ❑ 使用热门的 Node Web 框架
- ❑ 选择合适的框架
- ❑ 用 Web 框架搭建 Web 程序

本章介绍服务器端 Web 框架。要回答的问题是：如何为给定项目选择最好的框架，每个框架的优缺点是什么。

选择正确的框架很难，因为很难在一个公平的环境里进行比较。大多数人都没时间把所有框架了解清楚，所以我们一般会草率地决定就用之前用过的。有时可能要同时用不同的框架。比如在一个大型程序中，先用了 Express，为了支持微服务，又引入了 hapi。

比如说，你要给一家研究机构搭建一个内容管理系统，用来管理他们收集的法律文件。这个系统要能输出 PDF，有电子商务组件。这样的系统可能会用到下面几个框架：

- ❑ 文件上传、下载、阅读——Express；
- ❑ 生成 PDF 的微服务——hapi；
- ❑ 电子商务组件——Sails.js。

选用最合适的框架，既要看项目需要什么，也要看开发项目的团队。本章会用用户画像法（假想的人物）来讨论各个框架适合哪类项目。通过这些假想中的程序员，你会接触到 Koa、hapi、Sail.js、DerbyJS、Flatiron 和 LoopBack。下面先来定义这些用户。

5.1 用户画像

我们不想让你在每个项目上都用同一个框架。能够做到兼收并蓄、针对每个问题组合使用合适的工具则更好。用用户画像考虑设计问题是通用做法，因为这在某种程度上能让设计师跟用户产生共鸣。

为了让你从第三人视角考虑这些框架，明白如何为不同类型的项目找到不同的解决方案，本章就用了用户画像法。这些用户是用专业情况和开发工具来定义的。你至少应该能认出下面定义的三种用户中的一种。

5.1.1 菲尔：代理开发者

菲尔已经做了三年的全栈开发了。他写过 Ruby、Python 和客户端 JavaScript。

- 职业情况——雇员，全栈开发。
- 工作类型——前端工程、后台开发。
- 电脑——MacBook Pro。
- 工具——Sublime Text、Dash、xScope、Pixelmator、Sketch、GitHub。
- 教育背景——高中毕业，从业余爱好者开始，最终变成了职业程序员。

菲尔通常是跟设计师和用户体验专家一起，用敏捷的方式开发或评审新功能，同时也要承担维护和错误修订工作。

5.1.2 纳迪娜：开源开发者

纳迪娜之前是一名企业 Web 开发人员，做得挺成功，后来开始自己接活了。

- 职业情况——自由职业，JavaScript 专家。
- 工作类型——后台开发，偶尔用 Go 和 Erlang 做高性能程序。还写了一个开源的电影目录 Web 程序。
- 电脑——高端 PC，Linux。
- 工具——Vim、tmux、Mercurial 以及 shell 里的所有工具。
- 教育背景——计算机科学专业毕业。

纳迪娜每天都要给她的两个主要客户和自己的开源项目协调出足够的时间。她给客户做的项目是测试驱动的，但她的开源项目更偏向于功能驱动。

5.1.3 爱丽丝：产品开发者

爱丽丝在做一个成功的 iOS app，也在帮忙做公司的 Web API。

- 职业情况——雇员，程序员。
- 工作类型——iOS 开发，同时负责 Web 程序和 Web 服务。
- 电脑——MacBook Pro，iPad Pro。
- 工具——Xcode、Atom、Babel、Perforce。
- 教育背景——理科毕业，现在任职的这家创业公司的前五名员工之一。

爱丽丝用 Xcode 写 Objective-C 和 Swift，但有些勉强，其实她更喜欢 JavaScript，ES2015 和 Babel 让她觉得很兴奋！开发新的 Web 服务支持公司的 iOS 和桌面程序对她来说只是开胃小菜，爱丽丝希望能经常做基于 React 的 Web 程序。

用户定义好了，接下来定义术语**框架**。

5.2 框架是什么

从技术角度来看，本章介绍的一些服务器端框架根本不是框架。关于**框架**这个词，不同的程序员对它有不同的理解。在 Node 社区，这些项目大部分都应该叫**模块**，但更细微的定义有助于我们对这一族的库进行比较。

LoopBack 项目用了如下定义。

- API 框架——用于搭建 Web API 的库，有协助组织程序结构的框架支持。LoopBack 将自己定义为这类框架。
- HTTP 服务器库——所有基于 Express 的项目都可以归为这一类，包括 Koa 和 Kraken.js。这些库帮我们围绕 HTTP 动词和路由搭建程序。
- HTTP 服务器框架——用来搭建模块化 HTTP 服务器的框架。hapi 就是这种框架。
- Web MVC 框架——模型–视图–控制器框架，Sail.js 就是这种框架。
- 全栈框架——这些框架在服务器端和浏览器上用的都是 JavaScript，并且两端可以共享代码。这被称为**同构代码**。DerbyJS 是个全栈 MVC 框架。

大多数 Node 开发人员都把框架理解为第二种：HTTP 服务器库。下一节介绍的 Koa 就是一个服务器库，它独辟蹊径，用 ES2015 语法中新创的**生成器**来定义 HTTP 中间件。

5.3 Koa

Koa 是以 Express 为基础开发的，但它用 ES2015 中的生成器语法来定义中间件。也就是说我们几乎可以编写异步的中间件。这在某种程度上解决了中间件重度依赖回调的问题。在 Koa 中可以用 `yield` 退出和重入中间件。表 5-1 是 Koa 的主要特点。

表 5-1　Koa 的主要特点

库类型	HTTP 服务器库
功能特性	基于生成器的中间件，请求/响应模型
建议应用	轻型 Web 程序、不严格的 HTTP API、单页 Web 程序
插件架构	中间件
文档	http://koajs.com/
热门程度	GitHub 10 000 颗星
授权许可	MIT

下面这段代码演示了在 Koa 中如何用 `yield` 转到下一个中间件组件，等它执行完后再回来继续执行调用者中间件的逻辑。

代码清单 5-1　Koa 的中间件顺序

```
const koa = require('koa');
const app = koa();
```

```
app.use(function*(next) {
  const start = new Date;
  yield next;
  const ms = new Date - start;
  console.log('%s %s - %s', this.method, this.url, ms);
});

app.use(function*() {
  this.body = 'Hello World';
});

app.listen(3000);
```

❶ 在中间件函数上使用生成器语法

❷ yield 以运行下一个中间件组件

❸ 回到当初 yield 的位置继续执行

代码清单 5-1 用生成器❶在两个中间件的上下文中切换。注意关键字 function *，这里是不可能用箭头函数的。用 yield 关键字❷将执行步骤转到中间件的栈中去，然后在下一个中间件返回后再回来❸。使用生成器函数带来的额外好处是只要设定 this.body 就好了。Express 则需要用函数来发送响应：res.send(response)。在 Koa 中间件中，this 就是上下文。每个请求都有对应的上下文，用来封装 Node 的 HTTP request 和 response 对象。在需要访问请求里的东西时，比如 GET 参数或 cookie，可以通过这个请求上下文来访问。响应也是如此，就像代码清单 5-1 里所展示的，设定 this.body 里的值就可以控制送什么给浏览器。

如果你之前用过 Express 中间件和生成器语法，学会 Koa 应该并不难。否则可能不太容易搞懂，至少不明白 Koa 这种方式有什么好处。关于 yield 是如何在中间件组件间进行切换的，图 5-1 给出了更多细节。

图 5-1 中的每个阶段都是跟代码清单 5-1 中的数字对应的。首先，在第一个中间件组件里创建计时器❶，然后执行跳转到第二个中间件组件里去渲染 body❷。在响应发送出去后，回到第一个中间件组件继续执行，计算出时间❸。用 console.log 在终端里输出，请求完成❹。注意，阶段❹在代码清单 5-1 中看不出来，它是由 Koa 和 Node 的 HTTP 服务器处理的。

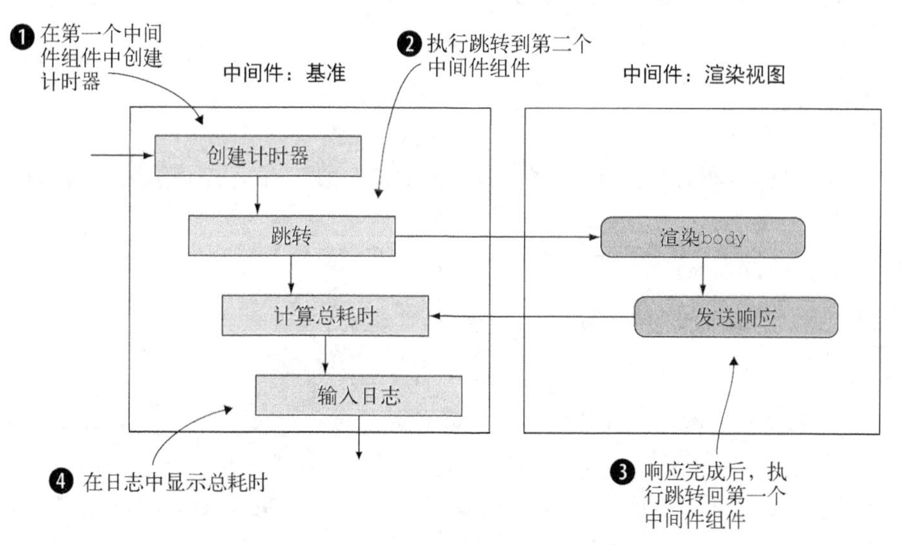

图 5-1 Koa 中间件的执行顺序

5.3.1 设置

Koa项目的设置工作包括安装模块和定义中间件。如果需要更多功能，比如要通过路由API定义和响应各种HTTP请求，则需要安装路由中间件。也就是说典型的工作流程需要事先规划好项目要用到的中间件，所以我们先要研究一下有哪些流行的模块。

点　评

爱丽丝："作为产品开发人员，我喜欢Koa的最小功能集，因为我们的项目需求独特，我们非常想根据需求来框定整个技术栈。"

菲尔："作为代理开发人员，我发现中间件搜索阶段的处理太麻烦了。我希望框架能帮我处理好，并且因为我经手的很多项目需求都差不多，所以不想总是安装相同的模块来做这些基础性工作。"

下一节会介绍一个第三方模块，它为Koa提供了一个强大的路由库。

5.3.2 定义路由

koa-router是一个流行的路由器中间件组件。它也是基于HTTP动词的，这点跟Express一样，不同之处是它的链式API。下面这段代码演示了它的路由定义：

```
router
  .post('/pages', function*(next) {
    // 创建页面
  })
  .get('/pages/:id', function*(next) {
    // 渲染页面
  })
  .put('pages-update', '/pages/:id', function*(next) {
    // 更新页面
  });
```

可以提供额外的参数给路由命名。这可以用来生成URL，并不是所有Node Web框架都支持这一功能。这里有个例子：

```
router.url('pages-update', '99');
```

这个模块融合了Express和其他Web框架的功能。

点　评

菲尔："这个路由库让我想起了RoR上的一些功能，我喜欢它，所以Koa能赢得我的青睐。"

纳迪娜："我发现可以用Koa对我已有的项目做些模块化处理，并跟社区分享这些代码。"

5.3.3 REST API

Koa没有提供实现RESTful API所必需的工具，只能借助某种路由处理中间件。前面那个例子可以扩展一下，在Koa中实现RESTful API。

5.3.4 优点

以前可以说Koa在采用生成器语法上有先发优势，但随着ES2015在Node社区中的普及，这已经算不上是Koa的优势了。Koa现在的主要优势是它很精简，还有一些非常棒的第三方模块，Koa的维基百科上有更详细的介绍。因为语法优雅，能根据项目的具体需求量身定制，所以Koa深受开发人员喜爱。

5.3.5 弱点

Koa的可配置水平让一些开发人员望而却步。除非有现成的代码共享策略，否则用Koa创建太多小项目会导致低下的代码复用率。

5.4 Kraken

Kraken是基于Express的，又通过Paypal开发的一些定制模块添了些新功能。为程序提供安全层的Lusca是其中特别实用的一个模块。虽然Lusca可以独立于Kraken使用，但Kraken还有一个好处是它预定义的项目结构。Express和Koa程序对项目结构没有任何要求，相较之下，Kraken在创建新项目上提供了更多帮助。表5-2中是Kraken的主要特性。

表5-2 Kraken的主要特性

库类型	HTTP服务器库
功能特性	对象项目结构要求严格、模型、模板（Dust）、安全强化（Lusca）、配置管理、国际化
建议应用	企业Web程序
插件架构	Express中间件
文档	https://www.kraken.com/help/api
热门程度	GitHub 4000颗星
授权许可	Apache 2.0

5.4.1 设置

可以将Kraken作为中间件组件添加到Express项目中：

```
const express = require('express'),
const kraken = require('kraken-js');
```

```
const app = express();
app.use(kraken());
app.listen(3000);
```

也可以用 Kraken 的 Yeoman 生成器创建一个新项目。Yeoman 是用来生成新项目的工具，我们可以用它的生成器生成各种框架的初始项目。下面是用 Yeoman 创建 Kraken 项目所需的步骤，这里使用了 Kraken 偏好的文件系统结构：

```
$ npm install -g yo generator-kraken bower grunt-cli
$ yo kraken

      ,'""`.
hh   / _  _ \
     |(@)(@)|  Release the Kraken!
     )  __  (
    /,')) ((`.\
   (( ((  )) ))
    `\ `)(' /'
Tell me a bit about your application:

[?] Name: kraken-test
[?] Description: A Kraken application
[?] Author: Alex R. Young
...
```

生成器会创建新的目录，不用我们自己动手。在生成器完成了自己的工作后，你可以启动服务器，然后访问 http://localhost:8000 看看它生成了什么。

5.4.2 定义路由

在 Kraken 中，路由被定义为跟**控制器**在一起。这跟 Express 把路由定义和路由处理器分开的做法不同，Kraken 采用了 MVC 的方式，由于 ES6 箭头函数的使用，这样更轻便：

```
module.exports = (router) => {
  router.get('/', (req, res) => {
    res.render('index');
  });
};
```

路由器可以在 URL 中放置参数：

```
module.exports = (router) => {
  router.get('/people/:id', (req, res) => {
    const people = { alex: { name: 'Alex' } };
    res.render('people/edit', people[req.param.id]);
  });
};
```

Kraken 的路由 API 是 express-enrouten，并且它会根据文件所在的目录推断路由。比如说，如果有下面这样的目录结构：

```
controllers
 |-user
     |-create.js
     |-list.js
```

那么 Kraken 会生成路由 /user/create 和 /user/list。

5.4.3 REST API

Kraken 可以做 REST API，但没有什么特别的支持。express-enrouten 可以跟解析 JSON 的中间件相结合，所以能实现 REST API。

Kraken 的路由器支持 DELETE、GET、POST、PUT 等 HTTP 动词，在实现 REST 时跟 Express 类似。

5.4.4 优点

由于生成器的原因，Kraken 项目从大体上来看都差不多。虽然 Express 项目的目录结构可以随心所欲，但 Kraken 项目一般不会改变文件和目录的位置。

因为模板库（Dust）和国际化库（Makara）都是 Kraken 自带的，所以它们两个可以无缝集成。在编写支持国际化的 Dust 模板时，需要指定键：

```
<h1>{@pre type="content" key="greeting"/}</h1>
```

还要添加名称符合 locales/language-code/view-name.properties 模式的属性文件。这些属性文件中只是简单的键/值对，比如说，如果之前那个例子中的视图文件是 public/templates/profile.dust，那么对应的属性文件应该是 locales/US/en/profile.properties。

点　评

菲尔：“Kraken 的文件结构和用控制器处理路由这两点非常对我的胃口。我们团队里有人会 Django 和 RoR，让他们换成 Kraken 应该不会太难。Kraken 的文档看起来也很棒，博客上有很多干货。”

爱丽丝：“我喜欢用 Lusca 增加程序安全性这个想法，但 Kraken 中也有我不需要的东西。我准备抛开 Kraken，单独试试 Lusca。”

5.4.5 弱点

Kraken 比 Koa 或 Express 难学。一些在 Express 中可以通过编程完成的任务，在 Kraken 中要通过 JSON 配置文件来做，并且有时候很难确定到底要用哪些 JSON 属性才能得到预期结果。

5.5 hapi

hapi 是个服务器框架，它的重点是 Web API 的开发。hapi 有自己的插件 API，完全没有客户端支持，也没有数据模型层。hapi 有路由 API 和它自己的 HTTP 服务器封装。在 hapi 中设计 API，要把服务器当作主抽象。从 DevOps 的观点来看，hapi 自带的连接和日志功能使得它易于扩展和管理。表 5-3 中是 hapi 的主要特性。

表 5-3　hapi 的主要特性

库类型	HTTP 服务器库
功能特性	高层服务器容器抽象，安全的头部信息
建议应用	单页 Web 程序、HTTP API
插件架构	hapi 插件
文档	http://hapijs.com/api
热门程度	GitHub 6000 颗星
授权许可	BSD 3 条款

5.5.1　设置

首先创建一个新的 Node 项目，安装 hapi：

```
mkdir listing5_2
cd listing5_2
npm init -y
npm install --save hapi
```

然后创建文件 server.js，将下面的代码加入其中。

代码清单 5-2　基本的 hapi 服务器

```
const Hapi = require('hapi');
const server = new Hapi.Server();

server.connection({
  host: 'localhost',
  port: 8000
});

server.start((err) => {
  if (err) {
    throw err;
  }
  console.log('Server running at:', server.info.uri);
});
```

这样已经可以运行了，但如果没有路由，它也做不了什么。接下来我们讲 hapi 怎么处理路由。

5.5.2　定义路由

hapi 有创建路由的 API。要创建路由，必须提供一个包含请求方法、URL 和回调函数的对象，其中的回调函数就是**路由处理器**。下面是带处理器方法的路由定义示例。

代码清单 5-3 hapi 的入门服务器

```
const Hapi = require('hapi');
const server = new Hapi.Server();

server.connection({
  host: 'localhost',
  port: 8000
});

server.route({
  method: 'GET',
  path:'/hello',
  handler: (request, reply) => {
    return reply('hello world');
  }
});

server.start((err) => {
  if (err) {
    throw err;
  }
  console.log('Server running at:', server.info.uri);
});
```

这段代码定义了一个路由，以及将文本 hello world 作为了响应的处理器。把它添加到 server.js 中。执行 `npm start` 命令运行这个服务器，然后打开 http://localhost:8000/hello 看看响应结果。

hapi 没有预定义的目录结构或任何 MVC 特性，它完全是基于服务器的。从这点来看，hapi 跟 Express 很像。然而 hapi 的 `request` 和 `reply` 路由处理器签名跟 Express 的 `req` 和 `res` 不同。hapi 的请求和响应对象也不同于 Express 中的对等对象：必须调用 `reply`，而不是操作 Express 的 `res` 对象。Express 更像 Node 自带的 HTTP 服务器。

更加复杂的功能，比如提供静态文件，需要靠插件来完成。

5.5.3 插件

hapi 有自己的插件架构，并且大部分项目都需要靠插件完成认证和输入校验等功能。inert 是大多数项目都需要的简单插件，它提供了静态文件和目录处理器。

要将 inert 添加到 hapi 项目中，需要先用 `server.register` 方法注册这个插件。由此添加发送单个文件的 `reply.file` 方法和一个目录处理器。下面来看一下目录处理器。

首先确保你已经创建了基于代码清单 5-2 的项目。然后，安装 inert：

```
npm install --save inert
```

现在可以加载和注册插件了。打开 server.js，添加下面的代码。

代码清单 5-4　用 hapi 添加插件

```
const Inert = require('inert');

server.register(Inert, () => {});

server.route({
  method: 'GET',
  path: '/{param*}',
  handler: {
    directory: {
      path: '.',
      redirectToSlash: true,
      index: true
    }
  }
});
```

除了函数，hapi 路由还可以接受插件的配置对象。在这段代码中，directory 对象中就是 inert 的配置参数，其含义是提供当前目录中的静态文件，并显示该目录下文件的索引。这跟 Express 的中间件不同。从这个例子可以看出，在 hapi 程序中，插件是如何扩展服务器的行为的。

5.5.4　REST API

hapi 支持 HTTP 动词和 URL 参数化，允许用标准的 hapi 路由 API 实现 REST API。下面这段代码是一个普通的删除方法的路由：

```
server.route({
  method: 'DELETE',
  path: '/items/{id}',
  handler: (req, reply) => {
    // 基于 req.params.id 删除 "item"
    reply(true);
  }
});
```

另外，有些插件让创建 RESTful API 变得容易了。比如说，hapi-sequelize-crud 可以基于 Sequelize 模型自动生成 RESTful API。

点　评

菲尔："我一定要试试 hapi-sequelize-crud，因为我们已经有程序在用 PostgreSQL 和 MySQL 了，所以 Sequelize 应该会合适。但 hapi 自己没有提供这样的功能，如果将来这个插件没人支持就麻烦了，所以我不太确定 hapi 是否适合代理场景。"

爱丽丝："作为产品开发人员，我对 hapi 很感兴趣，因为它像 Express 一样，坚持走极简路线，另外插件 API 也更加正式，富有表现力。"

纳迪娜："我觉得可以给 hapi 做几个开源插件，并且现有插件写得都不错。看起来 hapi 的受众在技术上没问题，这也是它能吸引我的原因之一。"

5.5.5 优点

hapi的插件API是它最大的优势。插件不仅能扩展hapi的服务器，还可以添加各种各样的功能，比如数据校验和模板等。另外，由于hapi是基于HTTP服务器的，所以适合用在某些部署场景中。如果要部署很多相互连接的服务器，或者需要做负载均衡时，hapi基于服务器的API可能比Express或Koa好用。

5.5.6 弱点

hapi的弱点跟Express一样：极简，所以对项目结构没有把控。我们永远也不知道哪个插件的开发会停下来，所以过于依赖插件可能会造成将来难以维护。

5.6 Sails.js

我们之前介绍的都是极简的服务器库。接下来要讲的Sails跟它们有本质上的区别，这是一个模型–视图–控制器框架。Sails有一个跟数据库协同作用的对象关系映射（ORM）库，还能自动生成REST API。它支持WebSocket等现代化的功能。如果你喜欢用React或Angular，应该会很高兴它是前端无关的：Sails不是全栈框架，所以可以跟任何前端库或框架配合使用。表5-4是Sails的主要特性。

表5-4 Sails的主要特性

库类型	MVC框架
功能特性	有支持数据库的ORM，生成REST API，WebSocket
建议应用	Rails风格的MVC程序
插件架构	Express中间件
文档	http://sailsjs.org/documentation/concepts
热门程度	GitHub 6000颗星
授权许可	BSD 3条款

点　评

菲尔："听起来就是我想要的，它的缺点是什么？"

爱丽丝："我觉得这可能不适合我，因为我们已经把时间用在开发React程序上了，但既然它主要是用来做服务器的，可能会适合我们的产品。"

5.6.1 设置

Sails有项目生成器，所以最好是全局安装，这样创建新项目会更轻松。用npm安装，然后用`sails new`创建项目：

```
npm install -g sails
sails new example-project
```

之后会出现一个新创建的目录，其中有 package.json 和基本的 Sails 依赖项。这个新项目包含了 Sails 本身、EJS 和 Grunt。运行 `npm start` 或 `sails lift` 都可以启动服务器。服务器跑起来后，访问 http://localhost:1337 可以看到自带的初始页。

5.6.2 定义路由

Sails 中将路由称为**定制路由**，打开 config/routes.js，在输出的路由中添加新的属性即可添加路由。属性的格式是 HTTP 动词加上部分 URL。比如像下面这样：

```
module.exports.routes = {
  'get /example': { view: 'example' },
  'post /items': 'ItemController.create
};
```

第一个路由需要文件 view/example.ejs。第二个路由需要有 `create` 方法的 api/controllers/ItemController。运行命令 `sails generate controller item create` 可以生成带有 `create` 方法的控制器。也可以用类似的命令生成 RESTful API。

5.6.3 REST API

Sails 将数据库模型和控制器结合进了 API 中，可以用命令 `sails generate api resource-name` 生成 RESTful API。要使用数据库，首先需要安装数据库适配器。找到 Waterline MySQL 包的名字，然后把它添加到项目中：

```
npm install --save waterline sails-mysql
```

接下来，打开 config/connections.js，将 MySQL 服务器的连接信息填好。Sails 模型文件中可以指定数据库连接，所以不同的模型可以使用不同的数据库。也就是说可以把用户会话数据放在 Redis 之类的数据库中，而把需要持久保存的数据放到 MySQL 这样的关系型数据库中。

Waterline 是 Sails 的数据库系统库，除了支持多个数据库，它还能定义表和列名，以支持遗留的数据库模式。另外，它的查询 API 支持 promise，因此查询看起来很像现代化的 JavaScript。

点　评

菲尔：“听起来非常适合我们，首先是可以轻松创建 API，其次是 Waterline 模型能支持已有的数据库模式。我们想把一些客户缓慢地从 MySQL 迁移到 PostgreSQL，Waterline 能满足这个要求。我们的一些开发人员和设计师用过 RoR，所以我觉得他们马上就能掌握 Sails。”

爱丽丝：“这个框架里有我们的产品不需要的东西。我觉得 Koa 或 hapi 可能更合适。”

5.6.4　优点

自带的项目创建和 API 生成意味着可以快速设置项目，快速添加典型的 REST API。因为 Sails 项目的文件系统结构都是一样的，所以也有利于创建新项目和相互协作。Sails 的创建者 Mike McNeil 和 Irl Nathan 共同写了本书，叫 *Sails in Action*，书中阐述了 Sails 对 Node 新手是多么友好。

5.6.5　弱点

Sails 的弱点跟其他服务器端 MVC 框架一样：路由 API 意味着我们在设计程序时必须考虑到 Sails 的路由特性，并且由于 Waterline 的处理方式，可能很难将数据库模式调整为符合它的要求的样子。

5.7　DerbyJS

DerbyJS 是全栈框架，支持数据同步和视图的服务器端渲染。它用到了 MongoDB 和 Redis，数据同步层是由 ShareJS 提供的，支持冲突的自动解析。表 5-5 中是 DerbyJS 的主要特性。

表 5-5　DerbyJS 的主要特性

库类型	全栈框架
功能特性	有支持数据库的 ORM（Racer），同构
建议应用	有服务器端支持的单页 Web 程序
插件架构	DerbyJS 插件
文档	http://derbyjs.com/docs/derby-0.6
热门程度	GitHub 4000 颗星
授权许可	MIT

5.7.1　设置

运行 DerbyJS 的例子需要安装 MongoDB 和 Redis。DerbyJS 的文档里有 Mac OS、Linux 和 Windows 上的安装指南。

要快速创建新的 DerbyJS 项目，需要安装 derby 和 derby-starter。derby-starter 包是用来引导 Derby 程序的：

```
mkdir example-derby-app
cd example-derby-app
npm init -f
npm install --save derby derby-starter derby-debug
```

Derby 程序分为几个小程序。创建新的 app 目录，在其中创建三个文件：index.js、server.js 和 index.html。下面这个简单的 Derby 程序演示了如何渲染模板。

代码清单 5-5　Derby app/index.js 文件

```
const app = module.exports = require('derby')
  .createApp('hello', __filename);
app.loadViews(__dirname);

app.get('/', (page, model) => {
  const message = model.at('hello.message');
  message.subscribe(err => {
    if (err) return next(err);
    message.createNull('');
    page.render();
  });
});
```

文件 app/server.js 只需要加载 derby-starter 模块，代码如下所示：

```
require('derby-starter').run(__dirname, { port: 8005 });
```

文件 app/index.html 渲染了一个输入域以及用户输入的消息：

```
<Body:>
  Holler: <input value="{{hello.message}}">
  <h2>{{hello.message}}</h2>
```

在 example-derby-app 目录下运行 `node derby/server.js` 应该就能运行这个程序。在它运行起来之后，只要修改 app/index.html，程序就会重启，也就是说编辑代码和模板时程序会自动实时更新。

5.7.2　定义路由

DerbyJS 中的路由是用 derby-router 实现的。因为是基于 Express 的，所以 DerbyJS 的路由 API 跟服务器端路由类似，浏览器中用的也是这个路由模块。在 DerbyJS 程序中点击链接时，它会试着在客户端渲染响应。

因为 DerbyJS 是全栈框架，所以它添加路由的方式跟本章中讲到的其他框架不太一样。对于基本的路由而言，最理想的添加方式是添加一个视图。打开 apps/app/index.js，用 `app.get` 添加一个路由：

```
app.get('hello', '/hello');
```

然后打开 apps/app/views/hello.pug，添加一个简单的 Pug 模板：

```
index:
  h2 Hello
  p Hello world
```

打开 apps/app/views/index.pug，导入这个模板：

```
import:(src= "./hello")
```

如果你之前运行过 `npm start`，这个程序应该会不断更新，所以打开 http://localhost:3000/hello 会显示新的视图。

模板中的 `index:`那行是视图的**命名空间**。在 DerbyJS 中，视图的名称有用冒号分隔的命名空间，所以刚刚创建的是 `hello:index`。这样做的出发点是为了将视图封起来，以免在大型项目中出现冲突。

5.7.3 REST API

在 DerbyJS 中创建 RESTful API 需要用 Express 添加路由和路由处理器。DerbyJS 项目中有个 server.js 文件，可以用 Express 创建服务器。打开 server/routes.js，你会发现一个路由的例子，是用标准的 Express 路由 API 定义的。

在服务器路由文件中，可以用 `app.use` 装载另一个 Express 程序，所以可以将 REST API 作为一个完全独立的 Express 程序，然后让作为主程序的 DerbyJS 程序装载它。

5.7.4 优点

DerbyJS 有数据库模型 API 和数据同步 API。你可以用它搭建单页 Web 程序和现代化的实时程序。因为它自带对 WebSocket 和同步的支持，所以不用我们费心去选择 WebSocket 库，或者如何在服务器端和客户端之间同步数据。

点　评

菲尔："我们有个客户想要做一个实时的数据可视化项目，所以我觉得用 DerbyJS 应该不错。但 DerbyJS 看起来似乎不太好掌握，所以我担心开发人员可能不太愿意接受它。"

爱丽丝："作为产品开发者，我几乎找不出让产品需求跟 DerbyJS 架构相匹配的办法，所以我觉得它不适合我们的项目。"

5.7.5 弱点

几乎很难说服有服务器端或客户端库使用经验的人使用 DerbyJS。比如说，那些喜欢 React 的客户端开发人员通常都不想用 DerbyJS。那些熟悉 WebSocket，喜欢做 REST API 或 MVC 项目的服务器端开发人员也没有学习 DerbyJS 的动力。

5.8 Flatiron.js

Flatiron 是 Web 框架，有 URL 路由、数据管理、中间件、插件和日志功能。跟大多数 Web 框架不同，Flatiron 的模块在设计时就考虑了耦合性，所以可以分开使用。你甚至可以在自己的项目中使用其中一个或多个模块。比如说，如果你喜欢日志模块，可以把它放到一个 Express 项目中。Flatiron 的 URL 路由和中间件层不是用 Express 或 Connect 写的，但它的中间件能跟 Connect 兼容。表 5-6 中是 Flatiron 的特性。

表 5-6　Flatiron 的特性

库类型	模块化 MVC 框架
功能特性	数据库管理层（Resourceful），解耦的可重用模块
建议应用	轻量的 MVC 程序，在其他框架中使用 Flatiron 模块
插件架构	Broadway 插件 API
文档	https://github.com/flatiron
热门程度	GitHub 1500 颗星
授权许可	MIT

5.8.1　设置

我们需要全局安装 Flatiron 命令行工具来创建新的 Flatiron 项目：

```
npm install -g flatiron
flatiron create example-flatiron-app
```

后面这条命令会创建一个新目录，其中有 package.json 和必要的依赖项。运行 `npm install` 安装依赖项，然后用 `npm start` 启动这个程序。

主文件 app.js 看起来跟典型的 Express 程序差不多：

```
const flatiron = require('flatiron');
const path = require('path');
const app = flatiron.app;

app.config.file({ file: path.join(__dirname, 'config', 'config.json') });

app.use(flatiron.plugins.http);

app.router.get('/', () => {
  this.res.json({ 'hello': 'world' })
});

app.start(3000);
```

然而它的路由器既不同于 Express，也不同于 Koa。它用 `this.res` 返回响应，而不是给应答器回调的参数。我们来仔细看看 Flatiron 的路由。

5.8.2　定义路由

Flatiron 的路由库叫 Director。它既能用于服务器端路由，也支持浏览器中的路由，所以可以用来制作单页程序。Director 使用 Express 风格的 HTTP 动词路由：

```
router.get('/example', example);
router.post('/example', examplePost);
```

路由可以有参数，并且参数可以用正则表达式定义：

```
router.param('id', /([\\w\\-]+)/);
router.on('/pages/:id', pageId => {});
```

要生成响应，用 res.writeHead 发送响应头部，用 res.end 发送响应的主体部分：

```
router.get('/', () => {
  this.res.writeHead(200, { 'content-type': 'text/plain' });
  this.res.end('Hello, World');
});
```

也可以定义一个路由表对象，把路由 API 当作类来用。这种用法需要初始化一个新的路由器，然后用 dispatch 方法来处理 HTTP 请求：

```
const http = require('http');
const director = require('director');
const router = new director.http.Router({
  '/example': {
    get: () => {
      this.res.writeHead(200, { 'Content-Type': 'text/plain' })
      this.res.end('hello world');
    }
  }
});
const server = http.createServer((req, res) =>
  router.dispatch(req, res);
});
```

把路由 API 当作类还有一个好处，这样可以接入流 API。也就是说能用更加快速便捷的方式处理比较大的请求，比如在需要解析上传数据并提前退出时，这种方式更好：

```
const director = require('director');
const router = new director.http.Router();

router.get('/', { stream: true }, () => {
  this.req.on('data', (chunk) => {
    console.log(chunk);
  });
});
```

Director 有一个带作用域的路由 API，很适合用来创建 REST API。

5.8.3 REST API

在 Flatiron 中，可以用 Express 风格的标准 HTTP 动词方法创建 REST API，或者用 Director 的作用域路由功能。这个功能可以基于 URL 的组成和 URL 的参数对路由分组：

```
router.path(/\/users\/(\w+)/, () => {
  this.get((id) => {});
  this.delete((id) => {});
  this.put((id) => {});
});
```

Flatiron 还有一个高层的 REST 封装器 Resourceful，支持 CouchDB、MongoDB、Socket.IO 和数据校验。

5.8.4　优点

框架想得到注意是很难的，所以 Flatiron 的解耦设计是它最大的优点。你可以脱离整个框架使用其中的模块。比如说，很多项目都在用 Winston 日志模块，但没用 Flatiron 的其他部分。这意味着 Flatiron 的某些部分会得到开源社区的良好贡献。

Director URL 路由 API 是同构的，客户端和服务器端开发中都可以用。Director 的 API 跟 Express 风格的路由 API 也不同：Director 有经过简化的流 API，路由对象会在路由执行前后发出事件。

不同于大多数 Node Web 框架，Flatiron 有个插件管理器。因此在 Flatiron 项目中使用社区支持的插件更容易。

点　评

纳迪娜："我喜欢 Flatiron 的模块设计，插件管理器也很棒。我已经想到要做哪些插件了。"

爱丽丝："我不喜欢全都是 Flatiron 的模块那种感觉，所以我想试试其他的 ORM 和模板库。"

5.8.5　弱点

在大型 MVC 项目中，Flatiron 不像其他框架那么好用。比如在设置上，Sails 就比它更容易。如果要做几个中等规模的传统 Web 程序，Flatiron 应该很好用。Flatiron 的配置能力是加分项，但一定要先评估一下其他选项。

LoopBack 是个强大的竞争对手，也是本章介绍的最后一个框架。

5.9　LoopBack

LoopBack①是 StrongLoop 创建的，这家公司为 Node Web 程序的开发提供了一些商业支持服务。LoopBack 是个 API 框架，但它的功能特性很适合跟数据库配合，也很适合跟 MVC 程序配合。它甚至还有个浏览和管理 REST API 的 Web 界面。如果你要给移动端和桌面端程序找个创建 Web API 的框架，那就是 LoopBack 了。请查看表 5-7 了解 LoopBack 的详情。

表 5-7　LoopBack 的特性

库类型	API 框架
功能特性	ORM、API 用户界面、WebSocket、客户端 SDK（包括 iOS）
建议应用	支持多客户端的 API（移动端、桌面端、Web）
插件架构	Express 中间件
文档	http://loopback.io/doc/
热门程度	GitHub 6500 颗星
授权许可	双许可：MIT 和 StrongLoop 认购协议

① 本节内容基于 Loopback 3.0 之前的版本，用 npm i -g loopback-cli 安装 3.0 之后的版本，替代 slc 的工具为 lb。

LoopBack是开源的，自从StrongLoop被IBM收购后，这个框架已经得到了主流商业认可，这让它在Node社区里脱颖而出。LoopBack有个Yeoman生成器，可以快速搭建起程序脚手架。下一节将介绍如何创建一个全新的LoopBack程序。

5.9.1 设置

创建新的LoopBack项目需要用到StrongLoop的命令行工具。全局安装strongloop包，以便可以通过`slc`命令使用命令行工具。这个包里有进程管理功能，但我们对LoopBack项目生成器更感兴趣：

```
npm install -g strongloop
slc loopback
```

StrongLoop 命令行工具会带着你一步步完成新项目的创建。输入项目的名字，然后选择api-server 程序框架。生成器装好项目的依赖项后，会显示一些提示，告诉你如何开始新项目。看起来应该是图 5-2 的样子。

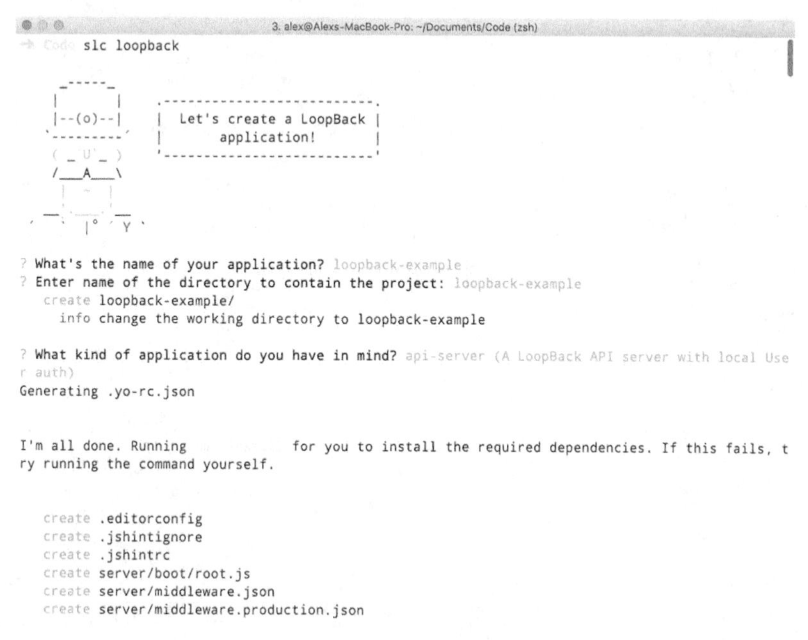

图 5-2 LoopBack的项目生成器

输入`node .`运行这个项目，用`slc loopback:model`创建模型。在设置新的LoopBack项目时，会经常用到`slc`命令。

在项目运行时，你应该可以在http://0.0.0.0:3000/explorer/访问到API管理界面。点击User展开用户端点，会有一个列表显示所有可用的API方法，包括`PUT /Users`和`DELETE /Users/{id}`等标准的RESTful路由，如图5-3所示。

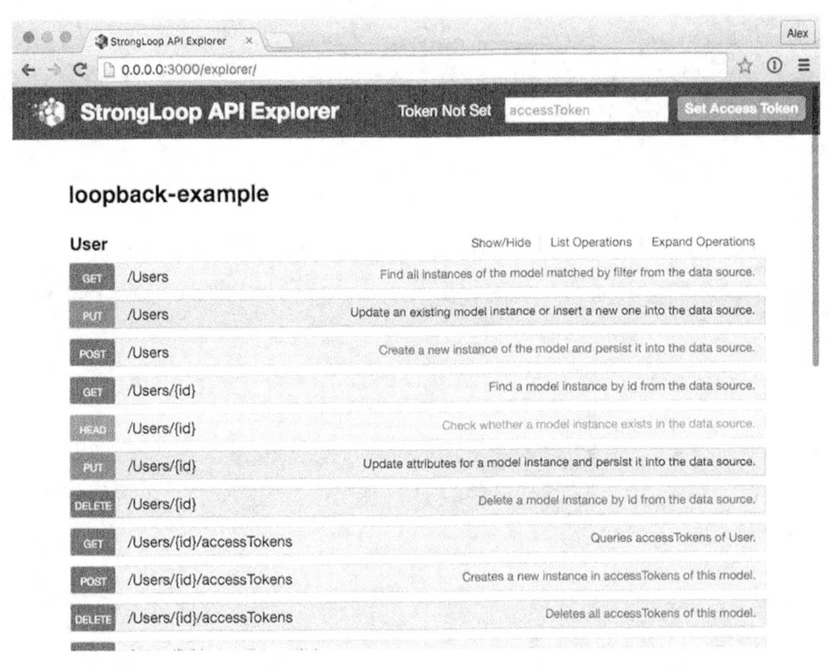

图 5-3　显示 User 路由的 StrongLoop API 管理界面

5.9.2　定义路由

LoopBack 中的路由可以在 Express 这个层面添加。创建 server/boot/routes.js，通过 LoopBack 路由器实例添加一个新路由：

```
module.exports = (app) => {
  const router = app.loopback.Router();
  router.get('/hello', (req, res) => {
    res.send('Hello, world');
  });
  app.use(router);
};
```

访问 http://localhost:3000/hello 会看到响应消息 Hello,world。不过在 LoopBack 项目中，一般不用这样添加路由。只有需要特殊的 API 端点时才需要这样，一般的路由都是在生成模型时自动添加的。

5.9.3　REST API

在 LoopBack 项目中，用模型生成器是创建 REST API 最轻松的办法。`slc` 命令有这个功能。比如说，如果要用 `slc loopback:model` 添加名为 product 的新模型，则运行：

```
slc loopback:model product
```

slc 命令会带着你一步步创建，让你选择这个模型是否只用在服务器端，并设置一些属性和校验器。创建好后，你可以看一下对应的 JSON 文件。用这样的 JSON 文件来定义模型的行为更轻便，其中包括了你之前指定的所有属性。

如果还需要添加更多的属性，可以用 `slc loopback:property`，随时添加都行。

> **点　评**
>
> 菲尔："我们喜欢 LoopBack，因为它可以快速添加 RESTful 资源，并且它还有 API 管理界面。但就我个人而言，是因为它看起来很灵活，能支持我们之前做的 MVC Web 程序。我们可以把之前的数据库挂上，把那些项目迁移到 Node 上来。"
>
> 爱丽丝："这是唯一一个真正面向 iOS、Android 和富 Web 客户端的框架。LoopBack 有 iOS 和 Android 的客户端库，对于我们这些依靠移动端程序的产品开发人员来说，这很重要。"

5.9.4 优点

即便是这样简短的介绍，也能清楚地表明 LoopBack 帮我们免除了繁琐的套路化代码。它的命令行工具几乎可以生成一个完整的 RESTful Web API 程序，甚至包括数据库模型和校验。同时，LoopBack 对前端代码没有太多限制。它还让你考虑哪个模型可以通过浏览器访问，哪个只能在服务器端使用。有些框架在这个问题上犯了错误，把所有事情都推给了浏览器。

如果有需要跟 Web API 通话的移动端程序，可以看看 LoopBack 的客户端 SDK。它支持 API 集成，可以给 iOS 和 Android 推送消息。

5.9.5 弱点

LoopBack 基于 JSON 的模型 API 跟大部分 JavaScript 数据库 API 都不同。所以可能要花些时间才能搞懂如何将它映射到已有的数据库模式上。另外，因为 HTTP 层是基于 Express 的，所以在某种程度上会受限于 Express 所支持的功能。尽管 Express 是个很好的 HTTP 服务器库，但还有支持更现代化的 API 的新库。LoopBack 没有特定的插件 API，虽然可以用 Express 中间件，但毕竟不如 Flatiron 或 hapi 的插件 API 方便。

这是本章介绍的最后一个框架。在开始下一章之前，我们先做个简单的比较，以便帮你为下一个项目选出正确的框架。

5.10 比较

如果你一直在看本章中的点评，可能已经决定要用哪个框架了。如果还没决定，本章后续内容会对这些框架的好处做个比较。如果你还是搞不清楚，可以根据图 5-4 中提出的问题找到答案。

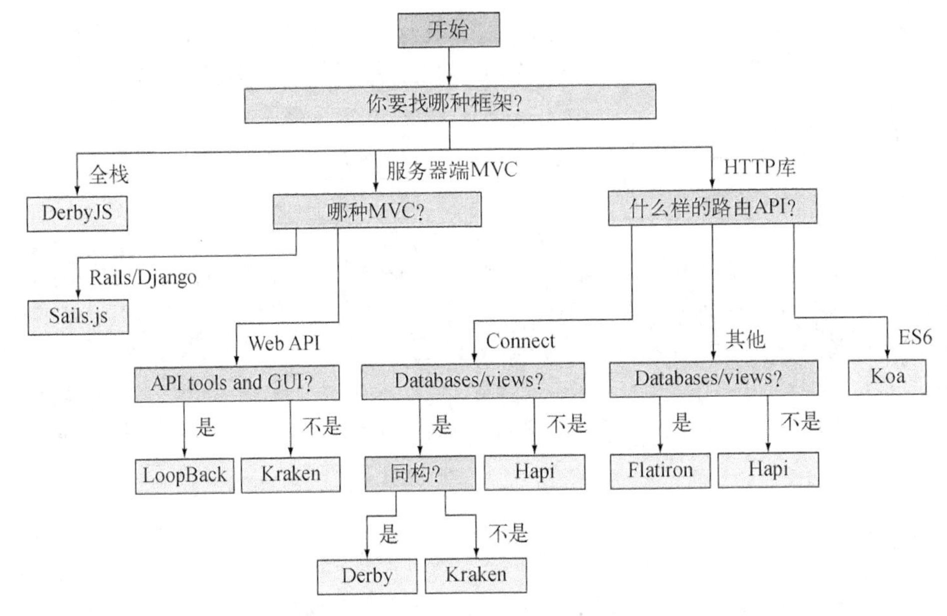

图 5-4　选择 Node 框架

乍一看，那些热门的 Node 服务器端框架都差不多。他们提供了轻便的 HTTP API，使用了服务器端模型，而不是 PHP 那种页面模型。但它们在设计上的差别对项目的影响很大，所以要做个比较的话，应从 HTTP 层开始。

HTTP 服务器和路由

大多数 Node 框架都是基于 Connect 或 Express 的。本章有三个完全不依赖 Express，提出了自己的 HTTP API 方案的框架：Koa、hapi 和 Flatiron。

Koa 也是写 Express 的那个作者写的，但其用更加现代化的 JavaScript 特性实现了全新的工作方式。如果你喜欢 Express，也喜欢用 ES2015 生成器语法，可以试试 Koa。

hapi 的服务器和路由 API 是高度模块化的，感觉跟 Express 那一类不一样。如果你觉得 Express 的语法比较尴尬，可以试试 hapi。hapi 让 HTTP 服务器变得更容易处理，如果你想把服务器连起来，或者要做服务器集群，hapi 比 Express 及其后裔们好用。

Flatiron 的路由器能跟 Express 兼容，不过功能更多。跟 Express 风格的中间件栈不同，Flatiron 的路由器用了路由表，还会发出事件。我们可以给 Flatiron 的路由器传递一个对象常量。这个路由器还能用在浏览器中，如果你的服务器端开发人员还要做现代化的客户端开发，那跟 React 路由器之类的技术比起来，Flatiron 路由器会让他们觉得更舒服。

5.11 编写模块化代码

在本章介绍的框架中，有些不是直接支持插件的，但都可以通过某种方式进行扩展。基于Express的框架可以用Connect中间件，但hapi和Flatiron有它们自己的插件API。定义良好的插件API非常实用，因为它们能让新用户更轻松地对框架进行扩展。

如果是Sails.js或LoopBack这样的大型MVC框架，插件API会让创建新项目变得容易得多。LoopBack提供了一个强力的项目管理工具，弱化了对插件API的依赖程度。在npm的StrongLoop主页上，有很多与LoopBack相关的项目为Angular和数据库等产品提供支持。

5.12 用户选择

我们已经为本章中定义的用户提供了足够的背景知识，他们可以为自己的下一个项目选出合适的框架了。

菲尔："最后我选了LoopBack。这是个艰难的决定，因为Sails和Kraken都有我们团队喜欢的点，但我们觉得LoopBack有更强的长期支持，而且可以省掉大量的服务器端开发工作。"

纳迪娜："作为一名开源开发人员，我把票投给了Flatiron。它可以适应我在做的各种项目。比如说，有些项目只要用Winston和Director就好，其他的则会用整个Flatiron。"

爱丽丝："我选的是hapi。它是极简风格的，我能根据项目的需求对它进行调整。hapi大部分都是Node代码，并且不依赖特定的框架，所以我觉得它合适。"

5.13 总结

- Koa轻便、极简，在中间件中使用ES2015生成器语法。适合依赖外部Web API的单页Web程序。
- hapi的重点是HTTP服务器和路由。适合由很多小服务器组成的轻便后台。
- Flatiron是一组解耦的模块，既可以当作Web MVC框架来用，也可以当作更轻便的Express库。Flatiron跟Connect中间件是兼容的。
- Kraken是基于Express的，添加了安全特性。可以用于MVC。
- Sails.js是Rails/Django风格的MVC框架。有ORM和模板系统。
- DerbyJS是个同构框架，适合实时程序。
- LoopBack帮我们省掉了写套路化代码的工作。它可以快速生成带有数据库支持的REST API，并有个API管理界面。

第 6 章

深入了解 Connect 和 Express

本章内容

- 了解 Connect 和 Express 是用来做什么的
- 中间件的使用及创建
- Express 程序的创建及配置
- 用 Express 中的关键技术处理错误、渲染视图和表单
- 用 Express 的架构化技术实现路由、REST API 和用户认证

本书在第 3 章中搭建了一个简单的 Express 程序。本章会进一步深入研究 Express 和 Connect。很多 Web 开发人员都在用这两个热门的 Node 模块。本章会介绍如何用最常用的模式搭建 Web 程序和 REST API。

Connect 和 Express

下面一节将要讨论的概念可以直接套用到 Express 框架上，因为 Express 就是在 Connect 的基础上，通过添加高层糖衣扩展和搭建出来的。看完这一节，你会对 Connect 中间件的工作机制，以及如何通过组装这些组件来创建一个程序有个确切的认识。其他 Node Web 框架的工作机制也差不多，弄明白 Connect 后，将来学习新框架会更容易入门。

我们先来看一下如何创建一个基本的 Connect 程序，然后再介绍如何用更流行的 Express 搭建稍复杂一些的 Express 程序。

6.1 Connect

本节要讲 Connect。内容包括如何用中间件搭建简单的 Web 程序，以及中间件的顺序的重要性。在将来搭建更加模块化的 Express 程序时，你仍然会用到这些知识。

6.1.1 创建 Connect 程序

Connect 以前是 Express 的基础，但实际上只用 Connect 也能做出完整的 Web 程序。用下面的命令下载并安装 Connect：

```
$ npm install connect@3.4.0
```

最简单的 Connect 程序应该是这样的：

```
const app = require('connect')();
app.use((req, res, next) => {
, res.end('Hello, world!');
});
app.listen(3000);
```

这个程序（代码在 ch06-connect-and-express/hello-world 里）会用 Hello,World! 给出响应。传给 `app.use` 的函数是个中间件，它以文本 Hello,World! 作为响应结束了请求处理过程。中间件是所有 Connect 和 Express 程序的基础。下面来看一下细节。

6.1.2 了解 Connect 中间件的工作机制

Connect 中间件就是 JavaScript 函数。这个函数一般会有三个参数：请求对象、响应对象，以及一个名为 `next` 的回调函数。一个中间件完成自己的工作，要执行后续的中间件时，可以调用这个回调函数。

在中间件运行之前，Connect 会用分派器接管请求对象，然后交给程序中的第一个中间件。图 6-1 是一个典型的 Connect 程序的示意图，由分派器和一组中间件组成，这些中间件包括日志记录、消息体解析器、静态文件服务器和定制中间件。

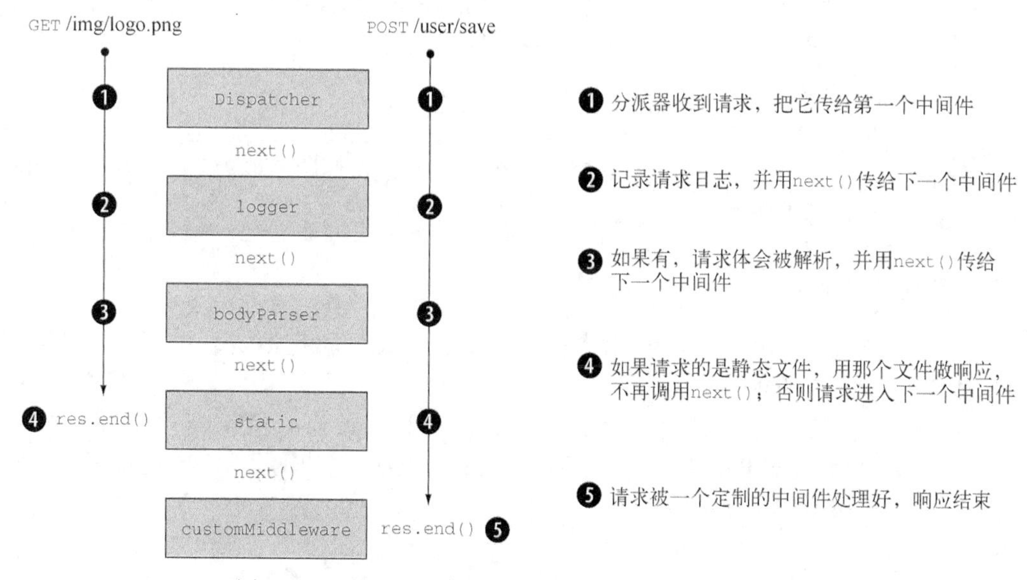

图 6-1 两个 HTTP 请求穿过 Connect 服务器的生命周期

由此可见，借助中间件 API，可以把一些小的构件块组合到一起，实现复杂的处理逻辑。你会在下一节看到如何进行这种组合。

6.1.3 组合中间件

Connect 中的 use 方法就是用来组合中间件的。我们先来定义两个中间件函数，然后把它们都添加到程序中。其中一个是之前那个例子里的 hello 函数，另外一个是 logger。

代码清单 6-1　使用多个 Connect 中间件

```
const connect = require('connect');
function logger(req, res, next) {
  console.log('%s %s', req.method, req.url);
  next();
}
function hello(req, res) {
  res.setHeader('Content-Type', 'text/plain');
  res.end('hello world');
}
connect()
  .use(logger)
  .use(hello)
  .listen(3000);
```

输出 HTTP 请求的方法和 URL 并调用 next()

用“hello world”响应 HTTP 请求

这两个中间件的名称签名不一样：一个有 next，一个没有。因为后面这个中间件完成了 HTTP 响应，再也不需要把控制权交还给分派器了。

如前所示，use()函数返回的是 Connect 程序的实例，支持方法链。不过并不一定要把.use()链起来，像下面这样也可以：

```
const app = connect();
app.use(logger);
app.use(hello);
app.listen(3000);
```

有了这个简单的入门程序，我们来看看为什么.use()的调用顺序很重要，以及如何策略地用这个顺序调整程序的工作方式。

6.1.4 中间件的顺序

中间件的顺序会对程序的行为产生显著影响。漏掉 next()能停止执行，也可以通过组合中间件实现用户认证之类的功能。

中间件不调用 next 会怎么样？在之前那个入门程序中，logger 是第一个中间件，然后是 hello。Connect 将日志输出到控制台，然后返回 HTTP 响应。如果像下面这样把顺序倒过来会怎么样？

代码清单 6-2 错误：hello 中间件组件在 logger 组件前面

```
const connect = require('connect');
function logger(req, res, next) {
  console.log('%s %s', req.method, req.url);
  next();
}
function hello(req, res) {
  res.setHeader('Content-Type', 'text/plain');
  res.end('hello world');
}
const app = connect()
  .use(hello)
  .use(logger)
  .listen(3000);
```

总是调用 next()，所以后续中间件总会被调用

不会调用 next()，因为组件响应了请求

因为 hello 不调用 next()，所以 logger 永远不会被调用

这个例子是先调用 hello，程序如期返回响应结果。但 logger 永远也不会执行，因为 hello 没有调用 next()，所以控制权没有交回给分派器，它也不能调用下一个中间件。也就是说，如果某个中间件不调用 next()，那链在它后面的中间件就不会被调用。

图 6-2 给出了这个例子是如何跳过 logger 的，以及如何改正。

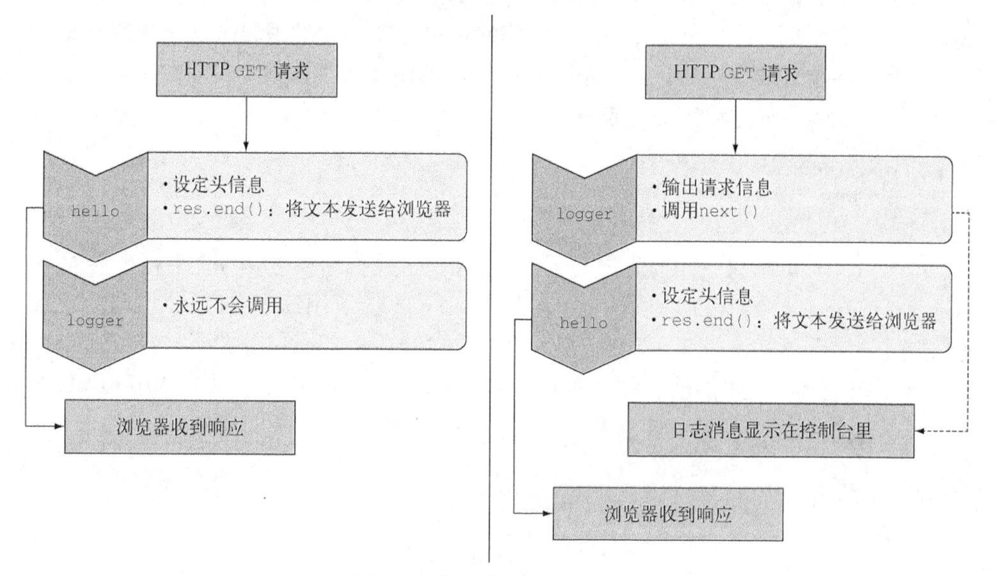

图 6-2 中间件的顺序很重要

正如你所看到的，像这样把 hello 放到 logger 前面并没什么用，但只要运用得当，排序是可以带来好处的。

6.1.5 创建可配置的中间件

介绍完中间件的基础知识，可以深入研究一些细节了。接下来先看看如何创建更通用的可重用中间件。

为了做到可配置，中间件一般会遵循一个简单的惯例：用一个函数返回另一个函数（闭包）。这种可配置中间件的基本结构如下所示：

```
function setup(options) {
  // 设置逻辑
                                          在这里做中间
                                          件的初始化
  return function(req, res, next) {
    // 中间件逻辑
                                  即使被外部函数返回了，
  }                               仍然可以访问 options
}
```

这种中间件的用法如下：

```
app.use(setup({some: 'options' }));
```

注意 app.use 中的 setup 函数，之前放的是对中间件函数的引用。

本节会用这项技术构建一个可重用、可配置的中间件：数据格式可配置的 logger。

前面创建的 logger 中间件不可配置。要输出请求的 req.method 和 req.url 是写死在代码里的。如果将来想改变 logger 输出的信息该怎么办?

在实际工作中，可配置的中间件跟之前创建的不可配置中间件用起来是一样的，只是可以向其中传入额外的参数来改变它的行为。可配置中间件的使用和下面这个例子差不多，logger 能接收一个字符串参数，描述输出的日志格式:

```
const app = connect()
  .use(logger(':method :url'))
  .use(hello);
```

为了让 logger 可配置，需要先定义一个 setup 函数，它能接受一个字符串参数（此例中名为 format）。setup 的返回结果是一个函数，即 Connect 所用的中间件。即便被 setup 返回后，这个中间件函数仍能访问 format，因为它们是在同一个 JavaScript 闭包内定义的。logger 会将 format 中的标记替换为 req 对象中的相应属性，输出到控制台，然后调用 next()。代码如下所示。

代码清单 6-3　可配置的 Connect 中间件 logger

```
                                            setup 函数可以用不
                                            同的配置调用多次
function setup(format) {
  const regexp = /:(\w+)/g;                        logger 组件用正则
                                                   表达式匹配请求属性

  return function createLogger(req, res, next) {          Connect 使用的真
    const str = format.replace(regexp, (match, property) => {   实 logger 组件
      return req[property];                     用正则表达式格式化
    });                                         请求的日志条目
    console.log(str);                           将日志条目输出到
    next();              将控制权交给下          控制台
  }                      一个中间件组件
```

```
}
module.exports = setup;
```

直接导出 logger 的 setup 函数

现在这个 logger 成了可配置的中间件，所以，可以在同一程序中给.use()传入不同配置的 logger，或者在将来开发的程序中重用这段代码。整个 Connect 社区都在用这种可配置中间件的概念，并且为了保持一致性，所有 Connect 核心中间件都是可配置的。

要使用代码清单 6-3 中的中间件 logger，需要给它传一个字符串，指明请求对象中的属性。比如.use(setup(':method :url'))会输出所有请求的 HTTP 方法（GET、POST 等）和 URL。

在转战 Express 之前，先看看 Connect 对错误处理的支持。

6.1.6 使用错误处理中间件

所有程序都有错误。不管是在系统层面还是在用户层面，面对错误，甚至是无法预料的错误，做到未雨绸缪才是明智之举。Connect 中有一种用来处理错误的中间件变体，跟常规的中间件相比，除了请求、响应对象外，错误处理中间件的参数中还多了一个错误对象。

Connect 刻意将错误处理做到极简，让开发人员指明应该如何处理错误。比如说，可以只让系统和程序级错误（比如“undefined 的变量 foo”）通过中间件，或者只让用户错误（“密码无效”）通过，或者让两者的组合通过。Connect 让你自己选择最佳的处理策略。

接下来会介绍错误处理中间件的工作机制以及一些实用的模式：

- 用 Connect 的默认错误处理器；
- 自行处理。

我们先看看不进行任何配置时 Connect 是如何处理错误的。

1. 用 Connect 的默认错误处理器

因为函数 foo()没有定义，所以下面这个中间件会抛出错误 ReferenceError：

```
const connect = require('connect')
connect()
  .use((req, res) => {
    foo();
    res.setHeader('Content-Type', 'text/plain');
    res.end('hello world');
  })
.listen(3000)
```

Connect 默认的处理是返回响应状态码 500，响应主体是文本 Internal Server Error 和错误的详细信息。这无可厚非，但在真正的程序中，一般还会对这些错误做些特殊处理，比如将它们发送给一个日志守护进程。

2. 自行处理程序错误

Connect 也支持用错误处理中间件自行处理错误。比如说，为了在开发时看到简单快捷的错误报告，你可能想用 JSON 格式发送错误信息；而在生产环境中，为了不把敏感的内部信息（比如栈跟踪、文件名和行号等）暴露给潜在的攻击者，你可能只想发送一个简单的**服务器错误**响应。

错误处理中间件函数必须有四个参数：err、req、res 和 next，如代码清单 6-4 所示，而常规的中间件只有 req、res 和 next 三个参数。下面这个错误处理中间件的完整代码（带服务器部分）在 ch06-connect-and-express/listing6_4 中。

代码清单 6-4　Connect 中的错误处理中间件

```
const env = process.env.NODE_ENV || 'development';

function errorHandler(err, req, res, next) {        ◁ 错误处理中间件定义四个参数
      res.statusCode = 500;
      switch (env) {                                 ◁ errorHandler 中间件组件根据 NODE_ENV 的值执行不同的操作
        case 'development':
          console.error('Error:');
          console.error(err);
          res.setHeader('Content-Type', 'application/json');
          res.end(JSON.stringify(err));
          break;
        default:
          res.end('Server error');
      }
}

module.exports = errorHandler;
```

用 NODE_ENV 设定程序的模式　Connect 一般会根据环境变量 NODE_ENV(process.env.NODE_ENV)来切换不同服务器环境（比如生产环境和开发环境）下的行为。

当 Connect 遇到错误时，它会切换，只去调用错误处理中间件，如图 6-3 所示。

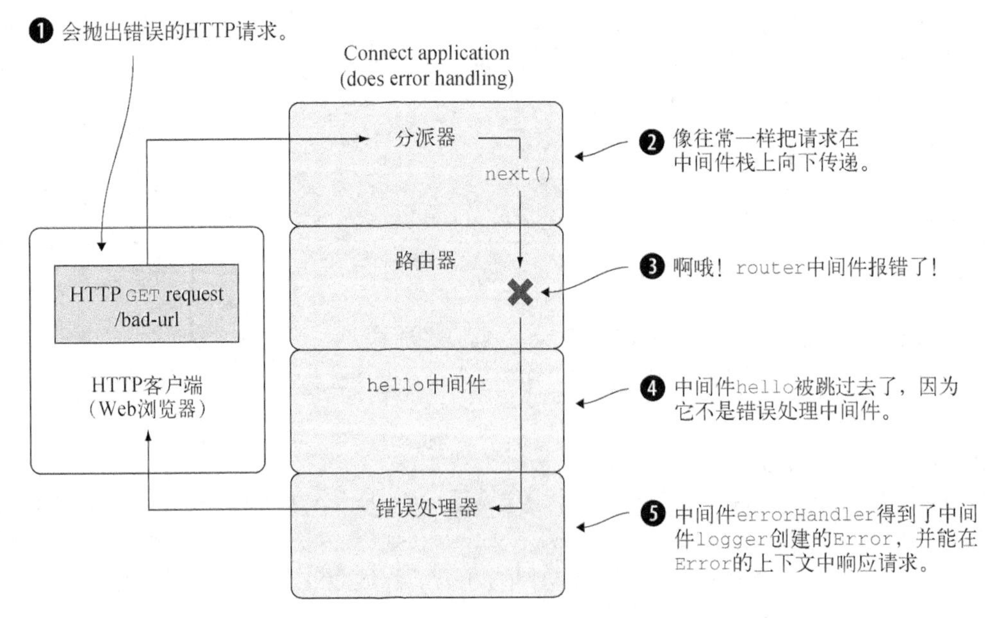

图 6-3　引发了错误的 HTTP 请求在 Connect 服务器中的生命周期

假设有一个允许用户登录到管理区域的博客程序。如果负责用户路由的中间件引发了一个错误，则中间件 blog 和 admin 都会被跳过，因为它们不是错误处理中间件（只有三个参数）。然后 Connect 看到接受错误参数的 errorHandler，就会调用它。中间件看起来像下面这样：

```
connect()
  .use(router(require('./routes/user')))
  .use(router(require('./routes/blog'))) // 跳过
  .use(router(require('./routes/admin'))) // 跳过
  .use(errorHandler);
```

基于中间件的执行顺序短路某些功能是组织 Express 程序的基本概念。对 Connect 有了基本的了解后，该去看看 Express 了。

6.2 Express

Express 是非常流行的 Web 框架，以前是在 Connect 的基础上搭建的。尽管提供了一些基本的功能，比如静态文件服务、URL 路由和程序配置等，但它依然是极简的 Web 框架。Express 提供的结构足以让我们把可重用的代码组装起来，但又不会限制开发实践。

接下来，我们要用 Express 框架程序生成器创建一个新的 Express 程序。后续几节内容会比第 3 章更细致地介绍整个过程，所以看完本章内容后，你应该可以用自己掌握的知识创建 Express Web 程序和 RESTful API 了。随着内容向前推进，程序的功能也会慢慢增加，到最后变成一个完整的程序。

6.2.1 生成程序框架

Express 对程序结构不作要求，路由可以放在多个文件中，公共资源文件也可以放到任何目录下。最简单的 Express 程序可能像下面这样，但它仍然是一个功能完备的 HTTP 服务器。

代码清单 6-5 极简的 Express 程序

```
const express = require('express');
const app = express();

app.get('/', (req, res) => {          ← 响应对/的请求
  res.send('Hello');                  ← 发送“Hello”作为响应文本
});

app.listen(3000);                     ← 监听端口 3000
```

express-generator 包里有创建程序框架的命令行工具 express(1)。如果你刚开始接触 Express，可以用它生成的程序作为起点。这个生成的程序中有模板、公共资源文件、配置等很多东西。

express(1)生成的程序框架中只有几个目录和一些文件，如图 6-4 所示。设计成这样的结构，是为了让开发者能在几秒钟之内把 Express 跑起来，但你完全可以决定用什么样的程序结构。

```
alex@locohost: ~/Documents/Code/nodeinaction/ch07-connect-and-express/li...
.
├── app.js
├── bin
│   └── www
├── package.json
├── public
│   ├── images
│   ├── javascripts
│   └── stylesheets
│       └── style.css
├── routes
│   ├── index.js
│   └── users.js
└── views
    ├── error.ejs
    ├── index.ejs
    └── layout.ejs

7 directories, 9 files
```

图 6-4　使用 EJS 模板的默认程序框架结构

本章示例中所用的模板是 EJS，其结构跟 HTML 很像。EJS 在 HTML 文档中嵌入服务器端 JavaScript，并在发送到客户端之前执行，所以说它跟 PHP、JSP（在 Java 中用）和 ERB（在 Ruby 中用）类似。第 7 章会详细介绍 EJS。

本节会带你完成如下任务：

- 用 npm 全局安装 Express；
- 生成程序；
- 探索生成的程序，安装依赖项。

下面开始吧！

1. 安装 Express 的可执行程序

首先要用 npm 全局安装 express-generator：

```
$ npm install -g express-generator
```

装好之后，可以用 `--help` 选项看看可用的选项，如图 6-5 所示。

```
alex@locohost: ~/Documents/Code/nodeinaction/ch07-connect-and-express/li...
❯ express --help

  Usage: express [options] [dir]

  Options:

    -h, --help          output usage information
    -V, --version       output the version number
    -e, --ejs           add ejs engine support (defaults to jade)
        --hbs           add handlebars engine support
    -H, --hogan         add hogan.js engine support
    -c, --css <engine>  add stylesheet <engine> support (less|stylus
|compass|sass) (defaults to plain css)
        --git           add .gitignore
    -f, --force         force on non-empty directory
```

图 6-5　Express 帮助

其中一些选项用来生成程序中的某些部分。比如说，你可以指定模板引擎，让它生成选定模板引擎的空文件。同样，如果用 `--css` 指定了 CSS 预处理器，它会生成该 CSS 预处理器的虚拟模板文件。

可执行程序装好了，接下来我们要生成最终会变成在线留言板的程序框架。

2. 生成程序

用-e（或--ejs）指定要使用的模板引擎是 EJS，执行 express -e shoutbox。如果你想跟我们在 GitHub 库上的代码保持一致，那就执行 express -e listing6_6。

一个功能完备的程序会出现在 shoutbox 目录中。其中会有描述项目和依赖项的 package.json 文件、程序主文件、public 目录，以及一个放路由处理器的目录。

3. 探索程序

仔细看一下它生成了什么。在编辑器中打开 package.json 文件，看看程序的依赖项，如图 6-6 所示。Express 猜不出你要用依赖项的哪个版本，所以你最好给出模块的主要、次要及修订版本号，以免引起意想不到的 bug。比如明确给出"express":"~4.13.1"，那么 npm 每次都会安装相同的代码。

```
1  {
2    "name": "listing6_6",
3    "version": "0.0.0",
4    "private": true,
5    "scripts": {
6      "start": "node ./bin/www"
7    },
8    "dependencies": {
9      "body-parser": "~1.13.2",
10     "cookie-parser": "~1.3.5",
11     "debug": "~2.2.0",
12     "express": "~4.13.1",
13     "pug": "1.0.0",
14     "morgan": "~1.6.1",
15     "serve-favicon": "~2.3.0"
16   }
17 }
```

图 6-6 生成的 package.json

现在看一下 express(1)生成的程序主文件，如下面的代码清单所示。暂时先不要动它。其中有前面介绍过的中间件，但默认的中间件配置什么样还是值得一看的。

代码清单 6-6 生成的 Express 程序框架

```
var express = require('express');
var path = require('path');
var favicon = require('serve-favicon');          <-- 提供默认的 favicon
var logger = require('morgan');
var cookieParser = require('cookie-parser');
var bodyParser = require('body-parser');
var routes = require('./routes/index');
var users = require('./routes/users');
var app = express();

app.set('views', path.join(__dirname, 'views'));
```

```
app.set('view engine', 'ejs');

app.use(logger('dev'));
app.use(bodyParser.json());
app.use(bodyParser.urlencoded({ extended: false }));
app.use(cookieParser());
app.use(express.static(path.join(__dirname, 'public')));

app.use('/', routes);
app.use('/users', users);

app.use(function(req, res, next) {
  let err = new Error('Not Found');
  err.status = 404;
  next(err);
});

if (app.get('env') === 'development') {
  app.use(function(err, req, res, next) {
    res.status(err.status || 500);
    res.render('error', {
      message: err.message,
      error: err
    });
  });
}

app.use(function(err, req, res, next) {
  res.status(err.status || 500);
  res.render('error', {
    message: err.message,
    error: {}
  });
});

module.exports = app;
```

输出有颜色区分的日志，以便于开发调试

解析请求主体

提供./public 下的静态文件

指定程序路由

在开发时显示样式化的 HTML 错误页面

虽然有了 package.json 和 app.js 文件，但程序还跑不起来，因为依赖项还没装。不管 express(1) 什么时候生成 package.json，都要安装依赖项。执行 npm install，然后执行 npm start 启动程序。

在浏览器中访问 http://localhost:3000，默认程序看起来如图 6-7 所示。

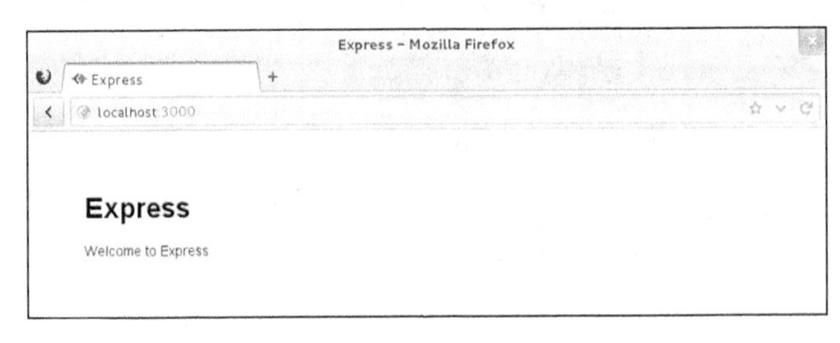

图 6-7　默认的 Express 程序

看过了生成的程序框架，可以开始搭建真正的 Express 程序了。我们要做一个允许用户发消息的在线留言板。在做这样的程序时，大多数有经验的 Express 开发人员都会从规划 API 开始，然后由此推导出所需的路由和资源。

4. 在线留言板程序的规划

下面是这个在线留言板程序的需求。

(1) 用户应该可以注册、登录、退出。

(2) 用户应该可以发消息（条目）。

(3) 站点的访问者可以分页浏览条目。

(4) 应该有个支持认证的简单的 REST API。

针对这些需求，我们要存储数据和处理用户认证，还需要对用户的输入进行校验。必要的路由应该有以下两种。

- API 路由。
  - GET /api/entries：获取条目列表。
  - GET /api/entries/page：获取单页条目。
  - POST /api/entry：创建新的留言条目。
- Web UI 路由。
  - GET /post：显示创建新条目的表单。
  - POST /post：提交新条目。
  - GET /register：显示注册表单。
  - POST /register：创建新的用户账号。
  - GET /login：显示登录表单。
  - POST /login：登录。
  - GET /logout：退出。

这个布局跟大多数 Web 程序一样。希望将来你能以此为模板搭建自己的程序。

你可能已经注意到上一个代码清单中的 `app.set` 了：

```
app.set('views', path.join(__dirname, 'views'));
app.set('view engine', 'ejs');
```

这就是 Express 程序的配置方式，接下来我们要详细讲解 Express 的配置。

6.2.2 Express 和程序的配置

程序运行的环境发生变化时，需求也会发生变化。比如说，产品在开发环境中运行时，你可能想要看到尽可能详尽的日志；但在生产环境中，你可能想让日志尽量精简，可能还要用 gzip 进行压缩。除了配置特定环境下的功能，还要定义一些程序层面的配置项，以便让 Express 知道你用的是什么模板引擎，到哪里去找模板。Express 还支持自定义的配置项键/值对。

设置环境变量

要在 UNIX 系统中设置环境变量，可以用这个命令：

```
$ NODE_ENV=production node app
```

在 Windows 中用这个：

```
$ set NODE_ENV=production
$ node app
```

这些环境变量会出现在程序里的 process.env 对象中。

Express 有一个极简的环境驱动配置系统，这个系统由几个方法组成，全部由环境变量 NODE_ENV 驱动：

- app.set()
- app.get()
- app.enable()
- app.disable()
- app.enabled()
- app.disabled()

在本节中，你将会看到如何用配置系统定制 Express 的行为，以及在开发时如何让它如你所愿。

我们先来探讨一下**基于环境的配置**是什么意思。环境变量 NODE_ENV 源于 Express，后来很多 Node 框架照搬了这一做法，用它告知 Node 程序运行在哪个环境中，其默认是开发环境。

app.configure()方法有一个可选的字符串参数，用来指定运行环境；还有一个参数是函数。如果有这个字符串，则在运行环境与字符串相同时才会调用那个函数；如果没有，则在所有环境中都会调用那个函数。这些环境的名称完全是随意的。比如说，可以用 development、stage、test 和 production，或简写为 prod：

```
if (app.get('env') === 'development') {
  app.use(express.errorHandler());
}
```

为了实现可定制的行为，Express 在其内部使用了配置系统，我们也可以在自己的程序中使用这个系统。

Express 还为布尔类型的配置项提供了 app.set()和 app.get()的变体。比如说，app.enable(setting)等同于 app.set(setting, true)，而 app.enabled(setting)可以用来检查该值是否被启用了。app.disable(setting)和 app.disabled(setting)是对它们的补充。

Express 为开发 API 提供了一个配置项，即 json spaces。如果把它加到 app.js 中，程序输出 JSON 的格式会变得更易读：

```
app.set('json spaces', 2);
```

介绍完如何使用配置系统，接下来该讲讲 Express 中的视图渲染了。

6.2.3 渲染视图

尽管前面说过，Express 几乎支持所有 Node 社区中的模板引擎，但本章的程序用的是 EJS 模板。不熟悉 EJS 也不用担心，它很像其他 Web 开发平台（PHP、JSP、ERB）中的模板语言。本章只会涉及 EJS 的一些基础知识，但第 7 章会详细介绍 EJS 和其他几个模板引擎。

不管是渲染整个 HTML 页面、一个 HTML 片段，还是一个 RSS 预订源，对几乎所有程序来说，视图渲染都非常重要。其概念很简单：把数据传给**视图**，然后视图对数据进行转换，对 Web 程序来说，通常是转换成 HTML。你对视图应该不会觉得陌生，因为大多数框架都有类似的功能。图 6-8 阐明了视图如何形成新的数据表示。

```
{ name: 'Tobi', species: 'ferret', age: 2 }

                    ↓

<h1>Tobi</h1>
<p>Tobi is a 2 year old ferret.</p>
```

图 6-8 HTML 模板 + 数据 = 数据的 HTML 视图

图 6-8 对应的模板如下所示：

```
<h1><%= name %></h1>
<p><%= name %> is a 2 year old <%= species %>.</p>
```

Express 中有两种渲染视图的办法：程序层面用 `app.render()`，在请求或响应层面用 `res.render()`，Express 内部用的是前一种。本章只用 `res.render()`。如果你看一下./routes/index.js，会看到一个调用 `res.render('index')`的函数，渲染的是./views/index.ejs 模板，代码如下所示（参见 listing6_8）：

```
router.get('/', (req, res, next) => {
  res.render('index', { title: 'Express' });
});
```

在研究 `res.render()`之前，先来看看如何配置视图系统。

1. 配置视图系统

Express 视图系统的配置很简单。即便 `express(1)`已经生成好了，你还是应该了解一下这些配置的底层机制，以便在需要时进行修改。我们会重点介绍三个领域：

- 调整视图的查找；
- 配置默认的模板引擎；
- 启用视图缓存，减少文件 I/O。

首先是设定 `views`。

- **改变查找目录**

下面的代码片段是 Express 的可执行程序创建的 views 设定：

```
app.set('views', __dirname + '/views');
```

这个配置项指明了 Express 查找视图的目录。这里的 __dirname 用得好，这样程序就不用把当前工作目录当作程序根目录了。

> **__dirname**
>
> Node 中的 __dirname（前面有两个下划线）是个全局变量，表示当前运行的文件所在的目录。在开发时，这个目录通常就是当前工作目录（CWD），但在生产环境中，这个文件可能运行在其他目录中。__dirname 有助于保持路径在各种环境中的一致性。

下一个配置项是 view engine。

- **使用默认的模板引擎**

用 express(1)生成程序时，我们在命令行中用 -e 指定模板引擎 EJS，所以 view engine 被设为 ejs。Express 要靠扩展名确定用哪个模板引擎渲染文件，但有了这个配置项，我们可以用 index 指定要渲染的文件，而不需要用 index.ejs。

你可能会想，Express 为什么还要考虑扩展名。因为如果使用带扩展名的模板文件，就可以在同一个 Express 程序中使用多个模板引擎。同时这样又能提供一个清晰的 API，因为大多数程序都是只用一个模板引擎。

比如说，你发现用另一种模板引擎写 RSS 预订源更容易，或者正要换一个模板引擎用。你可能将 Pug 作为默认引擎，用 EJS 渲染 /feed 路由的响应结果，就像下面的代码一样指明 .ejs 扩展名。

```
app.set('view engine', 'pug');
app.get('/', function(){
  res.render('index');
 });
app.get('/feed', function(){
  res.render('rss.ejs');
});
```

> **保持 package.json 同步**　记住，所有要用到的模板引擎都应该添加到 package.json 的依赖项对象中。用 npm install --save package-name 安装，用 npm uninstall --save package-name 从 node_modules 和 package.json 中删除。在你还不知道该用哪个模板引擎时，你的试验会轻松一些。

2. 视图缓存

在生产环境中，view cache 是默认开启的，以防止后续的 render()从硬盘中读取模板文件。因为模板文件中的内容会被放到内存中，所以性能会得到显著提升。但启用这个配置项后，只有重启服务器才能让模板文件的编辑生效，所以在开发时会禁用它。如果在分级（staging）环境中运行，很可能要启用这个配置项。

如图 6-9 所示，`view cache` 被禁用时，每次请求都会从硬盘上读取模板。这样无须重启程序来让模板的修改生效。启用 `view cache` 后，每个模板只需要读取一次硬盘。

你已经知道视图缓存机制是如何提升非开发环境中的程序性能了。接下来我们看看 Express 如何定位视图来渲染它们。

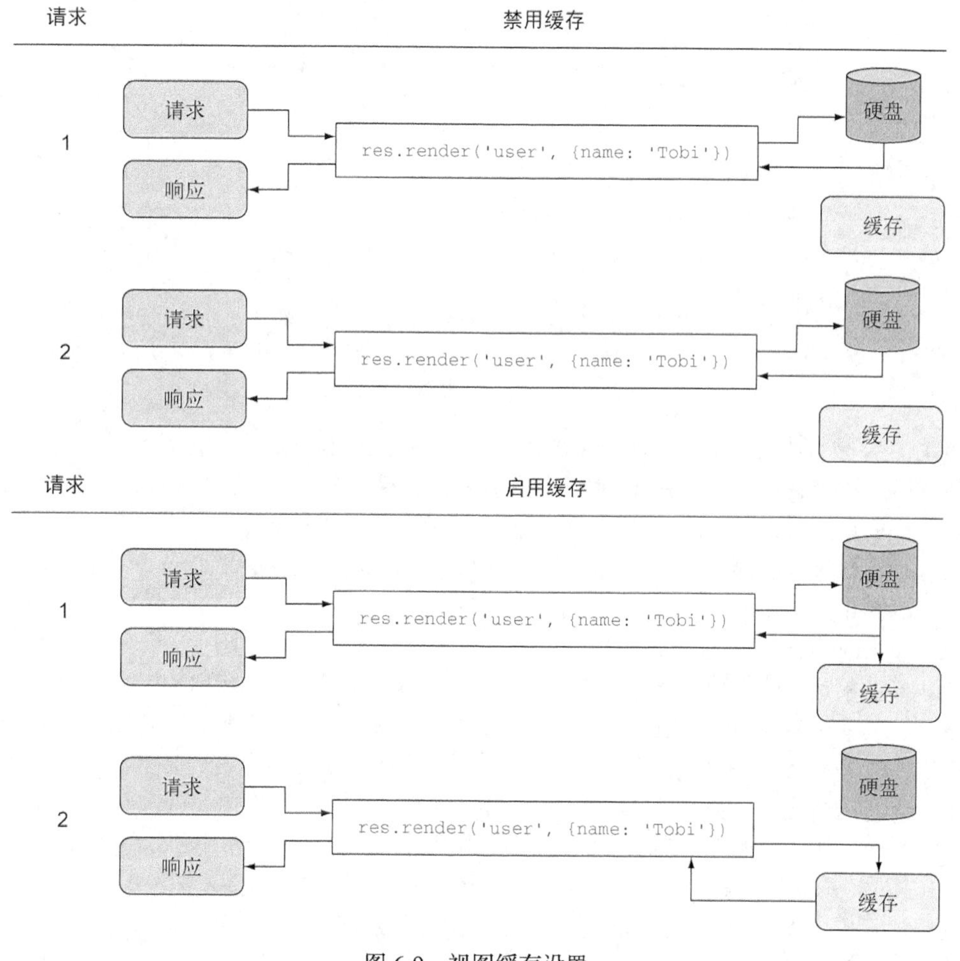

图 6-9　视图缓存设置

3. 视图查找

查找视图的过程跟 `require()` 查找模块的过程差不多。在程序中调用了 `res.render()` 或 `app.render()` 后，Express 会先检查有没有这样的绝对路径，接着找视图目录的相对路径。最后会尝试找目录中的 index 文件。整个过程如图 6-10 所示。

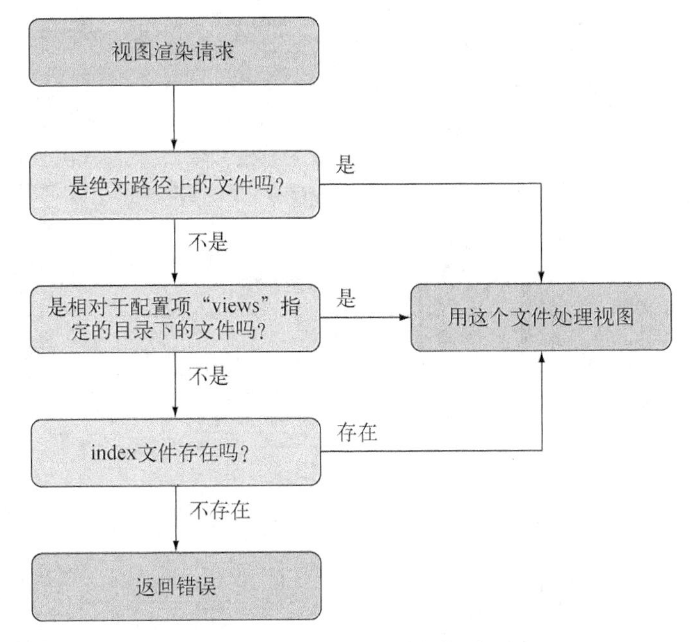

图 6-10　Express 视图查找过程

因为 `ejs` 被设为默认引擎，所以无须在 `render` 中指明模板文件的扩展名.ejs。

随着开发进展，程序中的视图会越来越多，并且有时一个资源会有几个视图。`view lookup` 可以帮我们组织这些视图，比如说把视图文件放在跟资源相连的子目录中。

用添加子目录的办法可以去掉模板文件名称中的冗余部分，比如 edit-entry.ejs 和 show-entry.ejs。Express 会添加跟 `view engine` 匹配的扩展名，根据 `res.render('entries/edit')` 定位到 ./views/entries/edit.ejs。

Express 会检查 views 的子目录中是否有名为 index 的文件。当文件的名称为复数时，比如 entries，通常表示这是一个资源列表。也就是说 `res.render('entries')` 一般会渲染文件 views/entries/index.ejs。

4. 将数据传递给视图的办法

在 Express 中，要给被渲染的视图传递数据有几种办法，其中最常用的是将要传递的数据作为 `res.render()` 的参数。此外，还可以在路由处理器之前的中间件中设定一些变量，比如用 `app.locals` 传递程序层面的数据，用 `res.locals` 传递请求层面的数据。

将变量直接作为 `res.render()` 的参数优先级最高，要高于在 `res.locals` 和 `app.locals` 中设定的变量值，如图 6-11 所示。

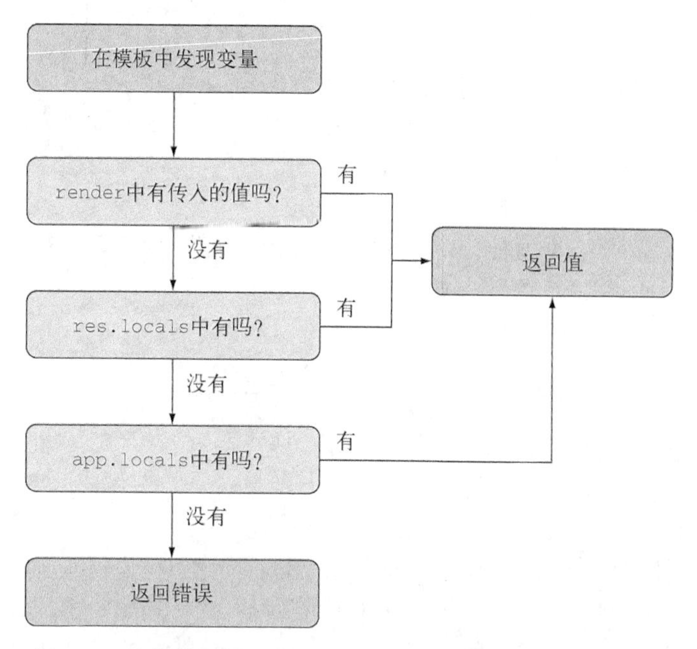

图 6-11 渲染模板时，直接传给 render 函数的值优先级最高

6

默认情况下，Express 只会向视图中传递一个程序级变量——settings，这个对象中包含所有用 app.set()设定的值。比如 app.set('title', 'My Application')会把 settings.title 输出到模板中，请看下面的 EJS 代码片段：

```
<html>
  <head>
     <title><%= settings.title %></title>
  </head>
  <body>
    <h1><%= settings.title %></h1>
    <p>Welcome to <%= settings.title %>.</p>
  </body>
```

实际上，Express 是像下面这样输出这个对象的：

```
app.locals.settings = app.settings;
```

这就是关于数据传递的全部知识！在了解了如何渲染视图以及如何传递数据给它们之后，该去看看怎么给我们的在线留言板程序定义路由和路由处理器了。另外还要创建数据库模型来做数据的持久化。

6.2.4 Express 路由入门

Express 路由的主要任务是将特定模式的 URL 匹配到响应逻辑上。但也可以将 URL 模式匹配到中间件上，以便用中间件实现某些路由上的可重用功能。

本节要：

- 用特定路由的中间件校验用户提交的内容；
- 实现特定路由的校验。

先看看特定路由中间件有哪些用法。

1. 校验用户内容提交

为了介绍校验的做法，我们要给这个程序加上消息提交功能。 实现这个功能需要完成下面几项工作：

- 创建消息模型；
- 添加与消息相关的路由；
- 创建消息表单；
- 添加业务逻辑，用提交上来的表单数据创建消息。

下面先来创建消息模型。

- **创建消息模型**

在创建模型之前，需要先安装 Node redis 模块。执行命令 `npm install --save redis`。如果你的机器上没装 Redis，请访问其官网了解如何安装；如果你用的是 macOS，可以用 Homebrew 安装，Windows 有 Redis Chocolatey 包。

这里用 Redis 是想偷点儿懒：借助 Redis 和 ES6 的特性，我们不需要用复杂的数据库就能轻松创建出轻便的模型。如果你想自己试试其他的数据库，可以参考第 8 章介绍的知识。

接下来可以看看如何创建保存在线留言板消息条目的模型了。创建 models/entry.js 文件，将下面的代码放到这个文件中。这是个简单的 ES6 类，它会把数据存到 Redis 列表中。

代码清单 6-7　消息条目模型

```
const redis = require('redis');
const db = redis.createClient();          // 创建 Redis 客户端实例

class Entry {
  constructor(obj) {
    for (let key in obj) {                // 循环遍历传入对象中的键
      this[key] = obj[key];               // 合并值
    }
  }

  save(cb) {
    const entryJSON = JSON.stringify(this);   // 将保存的消息转换成 JSON 字符串
    db.lpush(                                 // 将 JSON 字符串保存到 Redis 列表中
      'entries',
      entryJSON,
      (err) => {
        if (err) return cb(err);
        cb();
      }
    );
  }
```

```
}

module.exports = Entry;
```

基本模型有了，现在要添加获取消息用的 `getRange` 函数，代码如下所示。你可以用这个函数获取消息。

代码清单 6-8 获取一部分消息的逻辑

```
class Entry {
  static getRange(from, to, cb) {
    db.lrange('entries', from, to, (err, items) => {    <-- 用来获取消息记录的 Redis lrange 函数
      if (err) return cb(err);
      let entries = [];
      items.forEach((item) => {
        entries.push(JSON.parse(item));    <-- 解码之前保存为 JSON 的消息记录
      });
      cb(null, entries);
    });
  }
  ...
}
```

创建好模型，现在你可以添加路由来创建消息和获取消息列表了。

● **创建消息表单**

接下来添加创建消息的功能，先把下面的代码添加到 app.js 的路由部分：

```
app.get('/post', entries.form);
app.post('/post', entries.submit);
```

接着把下面的代码添加到 routes/entries.js 中。这个路由逻辑会渲染一个包含表单的模板：

```
exports.form = (req, res) => {
  res.render('post', { title: 'Post' });
};
```

然后用下面的 EJS 代码创建表单模板 views/post.ejs。

代码清单 6-9 用于输入消息数据的表单

```
<!DOCTYPE html>
<html>
  <head>
    <title><%= title %></title>
    <link rel='stylesheet' href='/stylesheets/style.css' />
  </head>
  <body>
    <% include menu %>
    <h1><%= title %></h1>
    <p>Fill in the form below to add a new post.</p>
    <form action='/post' method='post'>
      <p>
        <input type='text' name='entry[title]' placeholder='Title' />    <-- 消息标题
      </p>
```

```
      <p>
        <textarea name='entry[body]' placeholder='Body'></textarea>   <-- 消息主体
      </p>
      <p>
        <input type='submit' value='Post' />
      </p>
    </form>
  </body>
</html>
```

这个表单用了形如 entry[title]之类的输入控件名称，需要用扩展的消息体解析器来解析。打开 app.js，找到

```
app.use(bodyParser.urlencoded({ extended: false }));
```

改成：

```
app.use(bodyParser.urlencoded({ extended: true }));
```

显示表单的页面做好了，接下来我们要用表单提交上来的数据创建消息。

- **实现消息的创建**

把下面的代码添加到文件 routes/entries.js 中，实现用表单提交上来的数据创建消息。

代码清单 6-10　用表单提交的数据创建消息

```
exports.submit = (req, res, next) => {
  const data = req.body.entry;          <-- 来自表单中名为“entry[...]”的控件
  const user = res.locals.user;         <-- 加载用户数据的中间件在代码清单 6-28 中
  const username = user ? user.name : null;
  const entry = new Entry({
    username: username,
    title: data.title,
    body: data.body
  });
  entry.save((err) => {
    if (err) return next(err);
    res.redirect('/');
  });
};
```

现在用浏览器访问 /post 后应该可以添加消息了。到代码清单 6-21 时才会要求用户先登录。处理好消息创建的功能，该实现渲染消息列表的功能了。

- **添加显示消息的首页**

先创建 routes/entries.js，然后把下面的代码放到里面。引入消息模型，输出渲染消息列表的函数。

代码清单 6-11　消息列表

```
const Entry = require('../models/entry');
exports.list = (req, res, next) => {
  Entry.getRange(0, -1, (err, entries) => {    <-- 获取消息
```

```
    if (err) return next(err);
    res.render('entries', {          <— 渲染 HTTP 响应
      title: 'Entries',
      entries: entries,
    });
  });
};
```

这个路由的业务逻辑定义好之后，还需要添加 EJS 模板来显示这些消息。在 views 目录下创建 entries.ejs 文件，并加入下面的 EJS 代码。

代码清单 6-12　视图 entries.ejs

```
<!DOCTYPE html>
<html>
  <head>
    <title><%= title %></title>
    <link rel='stylesheet' href='/stylesheets/style.css' />
  </head>
  <body>
    <% include menu %>
    <% entries.forEach((entry) => { %>
      <div class='entry'>
        <h3><%= entry.title %></h3>
        <p><%= entry.body %></p>
        <p>Posted by <%= entry.username %></p>
      </div>
    <% }) %>
  </body>
</html>
```

在运行程序之前，先用 `touch views/menu.ejs` 创建菜单模板文件，后面再添加具体代码。视图和路由准备好后，需要告诉程序到哪里去找这些路由。

- **添加与消息相关的路由**

在把与消息相关的路由添加到程序中之前，需要调整一下 app.js。先把下面这个 `require` 语句放在 app.js 文件的顶端：

```
const entries = require('./routes/entries');
```

接下来，还是在 app.js 中，修改包含 `app.get('/'` 的那行代码，改成下面这样，让发给 / 的请求返回消息列表：

```
app.get('/', entries.list);
```

现在运行这个程序，首页会显示消息列表。既然消息创建和显示列表都做好了，那么接下来该看看如何用特定路由中间件校验表单数据了。

- **使用特定路由中间件**

假定你想将表单中的消息文本域设为必填项。能想到的第一种方式可能是像下面的代码那样把它直接加在路由回调函数中。然而这种方式并不理想，因为校验逻辑是绑死在这个表单上

的。而在大多数情况下，校验逻辑都能被提炼到可重用的组件中，让开发更容易、更快、更具声明性：

```
...
exports.submit = (req, res, next) => {
  let data = req.body.entry;
  if (!data.title) {
    res.error('Title is required.');
    res.redirect('back');
    return;
  }
  if (data.title.length < 4) {
    res.error('Title must be longer than 4 characters.');
    res.redirect('back');
    return;
  }
...
```

Express 路由可以有自己的中间件，其被放在路由回调函数之前，只有跟这个路由匹配时才会调用。本章所用的路由回调并没有做特殊处理。这些中间件跟其他中间件一样，甚至你即将创建的校验中间件也一样。

接下来我们要用特定路由中间件来做校验，先来看一种虽然简单但不太灵活的实现方式。

2. 用特定路由中间件实现表单校验

第一种方式是写几个简单但特定的中间件组件来执行校验。带有此类中间件的 `POST/post` 路由看起来应该像下面这样：

```
app.post('/post',
  requireEntryTitle,
  requireEntryTitleLengthAbove(4),
  entries.submit
);
```

一般的路由定义只有两个参数：路径和路由处理函数，而这个路由定义中又额外地增加了两个参数，这两个参数就是校验中间件。

在下面的代码中，我们把原来的校验逻辑剥离出来做成了两个中间件。但它们的模块化程度还不高，只能用在输入域 `entry[title]`上。

代码清单 6-13 两个更有潜力但仍不完美的校验中间件

```
function requireEntryTitle(req, res, next) {
  const title = req.body.entry.title;
  if (title) {
    next();
  } else {
    res.error('Title is required.');
    res.redirect('back');
  }
}
function requireEntryTitleLengthAbove(len) {
  return (req, res, next) => {
```

```
    const title = req.body.entry.title;
    if (title.length > len) {
      next();
    } else {
      res.error(`Title must be longer than ${len}.`);
      res.redirect('back');
    }
  };
}
```

实际工作中更常用的方案是进一步抽象，剥离成更灵活的校验器，以目标输入域的名称为参数进行校验。下面来看一下这种实现方式。

● ***构建灵活的校验中间件***

如果能重用校验逻辑，可以像下面这样传入输入域名称，那我们的工作量会进一步降低。

```
app.post('/post',
         validate.required('entry[title]'),
         validate.lengthAbove('entry[title]', 4),
         entries.submit);
```

打开 app.js，把路由部分的`app.post('/post', entries.submit);`换成上面这段代码。这里有必要提一下，Express 社区已经创建了很多类似的公用库，但掌握校验中间件的工作机制以及如何编写中间件仍然很有必要。

开始动手写代码吧。用代码清单 6-14 中的代码创建 ./middleware/validate.js 文件。validate.js 会输出`validate.required()`和`validate.lengthAbove()`两个中间件。这里的实现细节并不重要，关键是通过这个例子学习如何提炼出程序中的通用代码，用少量的工作成果发挥大作用。

代码清单 6-14　校验中间件的实现

```
function parseField(field) {                         // 解析 entry[name]符号
  return field
    .split(/\[|\]/)
    .filter((s) => s);
}
function getField(req, field) {                      // 基于 parseField()的结果查找属性
  let val = req.body;
  field.forEach((prop) => {
    val = val[prop];
  });
  return val;
}
exports.required = (field) => {
  field = parseField(field);                         // 解析输入域一次
  return (req, res, next) => {
    if (getField(req, field)) {                      // 每次收到请求都检查输入域是否有值
      next();                                        // 如果有，则进入下一个中间件
    } else {
      res.error(`${field.join(' ')} is required`);   // 如果没有，显示错误
      res.redirect('back');
    }
```

```
  };
};
exports.lengthAbove = (field, len) => {
  field = parseField(field);
  return (req, res, next) => {
    if (getField(req, field).length > len) {
      next();
    } else {
      const fields = field.join(' ');
      res.error(`${fields} must have more than ${len} characters`);
      res.redirect('back');
    }
  };
};
```

为了让程序能访问到这个中间件，需要把下面这行代码放到 app.js 中：

```
const validate = require('./middleware/validate');
```

现在再试，应该发现校验已经生效了。这个校验 API 还可以进一步优化，你可以把这个当作练习自己研究一下。

6.2.5　用户认证

本节会带你从头开始为我们的程序创建一个认证系统。你要实现下面这些功能：

- 存储和认证已注册用户；
- 注册功能；
- 登录功能；
- 加载用户信息的中间件。

我们还是用 Redis 作为用户账号的存储。接下来先创建 User 模型，看看如何让 Redis 用起来更容易。

1. 保存和加载用户记录

本节要实现用户加载、保存和认证。任务清单是：

- 用 package.json 定义程序的依赖项；
- 创建用户模型；
- 用 Redis 加载和保存用户信息；
- 用 bcrypt 增强用户密码的安全性；
- 实现用户认证。

Bcrypt 是一个加盐的哈希函数，可作为第三方模块专门对密码做哈希处理。Bcrypt 特别适合处理密码，因为计算机越来越快，而 bcrypt 能让破解变慢，从而有效对抗暴力攻击。

先用 `npm install --save redis bcrypt` 安装这些依赖项。

2. 创建用户模型

在 models/ 目录下创建 user.js。

代码清单 6-15 中是用户模型的代码。这段代码引入了依赖项 `redis` 和 `bcrypt`，然后用 `redis.createClient()` 打开 Redis 连接。函数 `User` 可以合并传入的参数对象。比如说，`new User({ name: 'Tobi' })` 会创建一个对象，并将对象的属性 `name` 设为 `Tobi`。

代码清单 6-15 开始创建用户模型

```
const redis = require('redis');
const bcrypt = require('bcrypt');
const db = redis.createClient();          ◁ 创建到 Redis 的长连接

class User {
  constructor(obj) {
    for (let key in obj) {                ◁ 循环遍历传入的对象
      this[key] = obj[key];               ◁ 设定当前类的所有属性
    }
  }
}

module.exports = User;                    ◁ 输出 User 类
```

现在这个用户模型只是个架子，还需要添加创建和更新记录的方法。

3. 把用户保存到 Redis 中

接下来要实现的功能是保存用户，把数据存到 Redis 中。代码清单 6-16 中的 `save` 方法会先检查用户是否有 ID，如果有就调用 `update` 方法，用名称索引用户 ID，并用对象的属性组装出 Redis 哈希表中的记录。如果没有 ID，则认为这是一个新用户，增加 `user:ids` 的值，给用户一个唯一 ID，然后对密码做哈希处理，用之前提到的那个 `update` 方法把用户数据存到 Redis 中。

把下面的代码加到 models/user.js 中。

代码清单 6-16 更新用户记录

```
class User {
  // ...
  save(cb) {
    if (this.id) {                        ◁ 如果设置了 ID，则用户已经存在
      this.update(cb);
    } else {
      db.incr('user:ids', (err, id) => {  ◁ 创建唯一 ID
        if (err) return cb(err);
        this.id = id;                     ◁ 设定 ID，以便保存
        this.hashPassword((err) => {      ◁ 密码哈希
          if (err) return cb(err);
          this.update(cb);                ◁ 保存用户属性
        });
      });
    }
  }

  update(cb) {
    const id = this.id;
    db.set(`user:id:${this.name}`, id, (err) => {   ◁ 用名称索引用户 ID
```

```
    if (err) return cb(err);
    db.hmset(`user:${id}`, this, (err) => {     <-- 用 Redis 存储当前类的属性
      cb(err);
    });
  });
}
```

4. 增强用户密码的安全性

刚创建用户时，需要将`.pass`属性设为用户的密码。然后用户保存逻辑会将`.pass`属性换作经过哈希处理的密码。

这个哈希会**加盐**。每个用户用的盐不一样，加盐可以使他们有效对抗彩虹表攻击：对哈希机制来说，盐就像私钥一样。可以用 bcrypt 的`genSalt()`为哈希生成 12 个字符的盐。

> **彩虹表攻击**　彩虹表攻击用预先计算好的表破解经过哈希处理的密码。维基百科上有更详细的介绍。

盐生成好之后，调用`bcrypt.hash()`对`.pass`属性和盐做哈希处理。在`.update()`把数据存到 Redis 之前，`.pass`属性的值会换成最终的哈希值，保证不会保存密码的明文，只保存它的哈希结果。

下面代码中定义的函数会创建加盐的哈希，并把结果存到用户的属性`.pass`中。把它加到 models/user.js 中。

代码清单 6-17　在用户模型中添加 bcrypt 加密函数

```
class User {
  // ...

  hashPassword(cb) {
    bcrypt.genSalt(12, (err, salt) => {        <-- 生成有 12 个字符的盐
      if (err) return cb(err);
      this.salt = salt;                          <-- 设定盐以便保存
      bcrypt.hash(this.pass, salt, (err, hash) => {   <-- 生成哈希
        if (err) return cb(err);
        this.pass = hash;                        <-- 设定哈希以便保存
        cb();
      });
    });
  }
}
```

已经完成了。

5. 测试用户保存逻辑

我们来试一下，在控制台中输入命令`redis-server`启动 Redis 服务器。把下面的代码加到 models/user.js 的最下面，创建示例用户。然后运行`node models/user.js`执行示例用户的创建。

代码清单 6-18　测试用户模型

```
const User = require('./models/user');
const user = new User({ name: 'Example', pass: 'test' });   <-- 创建新用户
```

```
user.save((err) => {
  if (err) console.error(err);
  console.log('user id %d', user.id);
});
```

保存用户

应该能看到表明用户创建成功的输出，比如：`user id 1`。测试完成后，从 models/user.js 中去掉刚才添加的示例用户创建代码。

在使用 Redis 中的工具 redis-cli 时，可以用 `HGETALL` 命令取出哈希表中的所有键和值，如下所示。

代码清单 6-19　使用 Redis 命令行工具进行查询

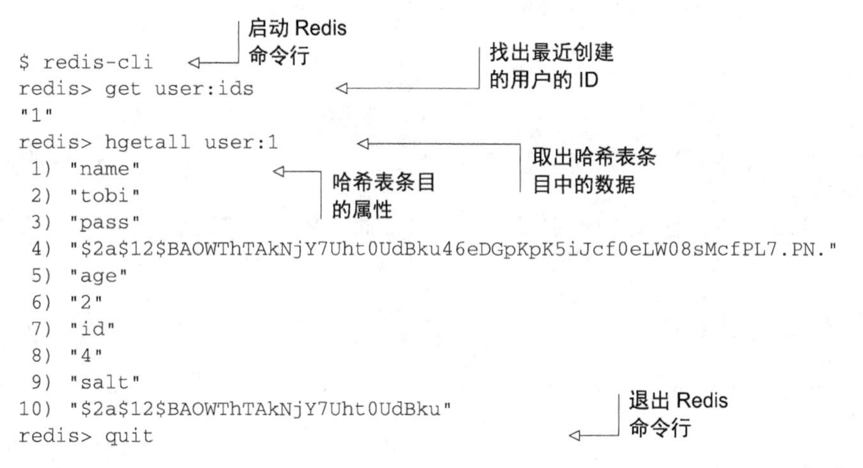

```
$ redis-cli
redis> get user:ids
"1"
redis> hgetall user:1
 1) "name"
 2) "tobi"
 3) "pass"
 4) "$2a$12$BAOWThTAkNjY7Uht0UdBku46eDGpKpK5iJcf0eLW08sMcfPL7.PN."
 5) "age"
 6) "2"
 7) "id"
 8) "4"
 9) "salt"
10) "$2a$12$BAOWThTAkNjY7Uht0UdBku"
redis> quit
```


用户保存的功能做好了，该添加获取用户信息的功能了。

其他的 REDIS-CLI 命令　*Redis 命令参考手册中有更多介绍 Redis 命令的内容。*

6. 获取用户数据

在 Web 程序中，用户登录通常是在表单中输入用户名和密码，然后把这些数据提交给后台进行认证。在得到登录表单提交的数据后，需要一个能通过用户名获取用户信息的方法。

下面代码中的 `User.getByName()` 就是这样的方法。这个函数先用 `User.getId()` 查找用户 ID，然后把 ID 传给 `User.get()`，由它负责取得 Redis 哈希表中的用户数据。把下面的方法加到 models/user.js 中。

代码清单 6-20　从 Redis 中取得用户数据

```
class User {
  // ...
  static getByName(name, cb) {
    User.getId(name, (err, id) => {
      if (err) return cb(err);
      User.get(id, cb);
    });
  }
```

根据名称查找用户 ID

用 ID 抓取用户

```
  static getId(name, cb) {
    db.get(`user:id:${name}`, cb);          <-- 取得由名称索引的 ID
  }

  static get(id, cb) {
    db.hgetall(`user:${id}`, (err, user) => {    <-- 获取普通对象哈希
      if (err) return cb(err);
      cb(null, new User(user));     <-- 将普通对象转换成新的 User 对象
    });
  }
}
```

如果想试一下，可以用下面这样的代码：

```
User.getByName('tobi', (err, user) => {
  console.log(user);
});
```

现在已经可以获取经过哈希的密码了，我们继续实现用户认证功能。

7. 用户登录认证

用户认证所需的最后一个方法在下面的代码清单中，前面定义的用户数据获取函数派上用场了。把它添加到 models/user.js 中。

代码清单 6-21　用户名和密码认证

```
  static authenticate(name, pass, cb) {
    User.getByName(name, (err, user) => {         <-- 通过用户名查找用户
      if (err) return cb(err);
      if (!user.id) return cb();                  <-- 用户不存在
对给出的密码做哈希处理 --> bcrypt.hash(pass, user.salt, (err, hash) => {
        if (err) return cb(err);
        if (hash == user.pass) return cb(null, user);   <-- 匹配发现项
        cb();                                       <-- 密码无效
      });
    });
  }
```

认证功能一开始先用用户名查找用户记录。如果没找到，马上调用回调函数。反之把保存在用户对象中的盐和提交上来的密码做哈希处理，产生的结果应该跟 `user.pass` 的哈希值相同。如果两个哈希值不匹配，说明用户输入的凭证是无效的。当查找不存在的键时，Redis 会返回一个空的哈希值，所以这里的检查办法是`!user.id`，而不是`!user`。

现在用户认证做好了，该实现用户注册功能了。

6.2.6　注册新用户

为了让用户创建新账号后登录，需要提供注册和登录功能。

本节需要完成下面的任务实现注册：

- 将注册和登录路由映射到 URL 路径上；

- 添加显示注册表单的注册路由处理器；
- 实现用户数据存储功能，存储从表单提交上来的用户数据。

表单如图 6-12 所示。

图 6-12　用户注册表单

这个表单是在浏览器访问 /register 时显示的。稍后还要创建一个类似的登录表单。

1. 添加注册路由

要显示注册表单，首先要创建一个路由渲染这个表单，然后把它返回给用户的浏览器显示出来。

参照代码清单 6-22 修改 app.js，这段代码用 Node 的模块系统从 routes 目录中引入定义注册路由行为的模块，并将 HTTP 方法及 URL 路径关联到路由函数上。由此构成一个“前端控制器”。如你所见，这里既有 `GET` 注册路由，也有 `POST` 注册路由。

代码清单 6-22　添加注册路由

```
...
const register = require('./routes/register');      <-- 引入路由逻辑
...
app.get('/register', register.form);       <-- 添加路由
app.post('/register', register.submit);
```

接下来定义路由逻辑，先在 routes 目录下创建 register.js 文件。把下面的代码添加到 routes/register.js 中，输出渲染注册模板的路由：

```
exports.form = (req, res) => {
  res.render('register', { title: 'Register' });
};
```

这个路由用到了一个 EJS 模板，我们接下来创建用于定义注册表单的 HTML 的模板。

2. 创建注册表单

为了定义注册表单的 HTML，需要在 views 目录下创建 register.ejs 文件。可以用下面这个代码清单中的 HTML/EJS。

代码清单 6-23　注册表单的视图模板

```
<!DOCTYPE html>
<html>
  <head>
    <title><%= title %></title>
    <link rel='stylesheet' href='/stylesheets/style.css' />
  </head>
  <body>
    <% include menu %>                          导航链接稍后添加
    <h1><%= title %></h1>
    <p>Fill in the form below to sign up!</p>   稍后添加的提示消息
    <% include messages %>
    <form action='/register' method='post'>
      <p>
        <input type='text' name='user[name]' placeholder='Username' />   用户名是必填项
      </p>
      <p>
        <input type='password' name='user[pass]'
➥ placeholder='Password' />                    密码是必填项
      </p>
      <p>
        <input type='submit' value='Sign Up' />
      </p>
    </form>
  </body>
</html>
```

注意上面的 `include messages`，它嵌入了另一个模板 messages.ejs。我们接下来就定义这个用来跟用户沟通的模板。

3. 把反馈消息传达给用户

在用户注册过程中，以及在大多数应用场景中，将反馈消息传达给用户都是必须要做的工作。比如说，用户注册时所选的用户名可能已经被占用了。这时要提示用户用其他用户名注册。

这个程序里的 messages.ejs 模板是用来显示错误的。它会嵌入到很多模板中。

在 views 目录下创建一个名为 messages.ejs 的文件，把下面的代码放到这个文件里。这段代码会检查是否有变量 `locals.messages`，如果有，模板会循环遍历这个变量以显示消息对象。每个消息对象都有 `type` 属性（如果需要，可以用消息做非错误通知）和 `string` 属性（消息文本）。我们可以把要显示的错误添加到 `res.locals.messages` 数组中形成队列。消息显示之后，调用 `removeMessages` 清空消息队列：

```
<% if (locals.messages) { %>
  <% messages.forEach((message) => { %>
    <p class='<%= message.type %>'><%= message.string %></p>
  <% }) %>
  <% removeMessages() %>
<% } %>
```

图 6-13 是显示错误报告时的注册表单。

图 6-13 显示错误报告时的注册表单

向 res.locals.messages 中添加消息是一种简单的用户沟通方式，但在重定向后 res.locals 会丢失，所以如果要跨越请求传递消息，那么需要用到会话。

4. 在会话中存放临时的消息

Post/Redirect/Get（PRG）是一种常用的 Web 程序设计模式。这种模式是指，用户请求表单，表单数据作为 HTTP POST 请求被提交，然后用户被重定向到另外一个 Web 页面上。用户被重定向到哪里取决于表单数据是否有效。如果表单数据无效，程序会让用户回到表单页面。如果表单数据有效，程序会让用户到新的 Web 页面中。PRG 模式主要是为了防止表单的重复提交。

在 Express 中，用户被重定向后，res.locals 中的内容会被重置。如果把发给用户的消息存在 res.locals 中，这些消息在显示之前就已经丢了。把消息存在会话变量中可以解决这个问题。确保消息在重定向后的页面上仍然能够显示。

我们要添加一个模块，让它在一个会话变量中维护用户消息队列。创建文件./middleware/messages.js，加入下面这些代码：

```
const express = require('express');

function message(req) {
  return (msg, type) => {
    type = type || 'info';
    let sess = req.session;
    sess.messages = sess.messages || [];
    sess.messages.push({ type: type, string: msg });
  };
};
```

res.message 函数可以把消息添加到来自任何 Express 请求的会话变量中。express.response 对象是 Express 给响应对象用的原型。所有中间件和路由都能访问到添加到这个对象中的属性。在前面的代码中，express.response 被赋值给了一个名为 res 的变量，这样添加属性更容易，可读性也提高了。

这个功能需要会话支持，为此我们需要一个跟 Express 兼容的中间件模块，官方支持的包是 express-session。用 npm install --save express-session 安装，然后把它添加到 app.js 中：

```
const session = require('express-session');
...
app.use(session({
  secret: 'secret',
  resave: false, saveUninitialized: true
}));
```

这个中间件最好放在 cookie 后面（26 行附近）。

为了让添加消息变得更容易，再加上下面这段代码。用 `res.error` 函数可以轻松地将类型为 `error` 的消息添加到消息队列中。它用到了在前面那个模块中定义的 `res.message` 函数：

```
res.error =  msg => this.message(msg, 'error');
```

最后一步是把这些消息输出到模板中显示。如果不做这一步，就只能把 `req.session.messages` 传给每个 `res.render()` 调用，这很不明智。

为了解决这个问题，我们要创建一个中间件，在每个请求上用 `res.session.messages` 上的内容组装出 `res.locals.messages`，这样可以更高效地把消息输出到所有要渲染的模板上。到目前为 止，./middleware/messages.js 只是扩展了响应的原型，还没输出任何东西。把下面的代码加到这个文件中，输出我们需要的中间件：

```
module.exports = (req, res, next) => {
  res.message = message(req);
  res.error = (msg) => {
    return res.message(msg, 'error');
  };
  res.locals.messages = req.session.messages || [];
  res.locals.removeMessages = () => {
    req.session.messages = [];
  };
  next();
};
```

它首先定义了一个模板变量 `messages`，用来存放会话中的消息；这是一个数组，在上一个请求中可能存在，也可能不存在（这些是存在会话里的消息）。接下来，还需要一个把消息从会话中移除的办法，否则它们会因为没人清理而越积越多。

现在只要在 app.js 中 `require()`这个文件就可以集成这个新功能了。这个中间件应该放在中间件 session 下面，因为它要依赖 `req.session`。注意一下，因为这个中间件既不接受选项，也不返回第二个函数，所以可以调用 `app.use(messages)`，而无须调用 `app.use(messages())`。为将来考虑，不管是否接受选项，第三方中间件最好用 `app.use(messages())`：

```
...
const register = require('./routes/register');
const messages = require('./middleware/messages');
...
app.use(express.methodOverride());
app.use(express.cookieParser());
   app.use(session({
     secret: 'secret',
     resave: false,
```

```
    saveUninitialized: true
  }));
app.use(messages);
...
```

这样任何视图中都可以访问到 messages 和 removeMessages()了，所以，不管出现在哪个模板中，messages.ejs 应该都可以圆满完成任务。

注册表单的显示做好了，还解决了向用户传达反馈信息的问题。接下来继续前进，去处理注册表单的提交吧。

5. 实现用户注册

我们需要一个路由函数来处理提交到 /register 上的 HTTP POST 请求。可以将这个函数命名为 submit。

当表单数据提交上来时，中间件 bodyParser()会用这些数据组装 req.body。注册表单使用了对象表示法 user[name]，经过解析后会变成 req.body.user.name。同样，req.body.user.pass 表示密码输入域。

表单提交路由处理器中的代码很少，我们只需要处理校验，比如确保用户名未被占用；还有保存新用户，如代码清单 6-24 所示。

注册一完成，就会把 user.id 赋值给会话变量，稍后还要通过检查它是否存在来判断用户是否通过了认证。如果校验失败，消息会作为 messages 变量通过 res.locals.messages 输出到模板中，并且用户会被重定向回注册表单。

请把下面的代码添加到 routes/register.js 中实现这一功能。

代码清单 6-24　用提交的数据创建用户

```
const User = require('../models/user');
...
exports.submit = (req, res, next) => {
  const data = req.body.user;
  User.getByName(data.name, (err, user) => {      ← 检查用户名是否唯一
    if (err) return next(err);                    ← 顺延传递数据库连接错误和其他错误
    // redis will default it
    if (user.id) {                                ← 用户名已经被占用
      res.error('Username already taken!');
      res.redirect('back');
    } else {
      user = new User({                           ← 用 POST 数据创建用户
        name: data.name,
        pass: data.pass
      });
      user.save((err) => {                        ← 保存新用户
        if (err) return next(err);
        req.session.uid = user.id;                ← 为认证保存 uid
        res.redirect('/');                        ← 重定向到记录的列表页
      });
    }
  });
};
```

现在启动程序，访问 /register 注册一个用户。接下来我们要让已注册的用户通过 /login 表单进行认证。

6.2.7　已注册用户登录

实现登录功能比注册简单，因为之前定义的通用认证方法 `User.authenticate()`里已经有了登录所需的大部分代码 。本节将添加：

- ❑ 显示登录表单的路由逻辑；
- ❑ 认证从表单提交的用户数据的逻辑。

这个表单看起来应该如图 6-14 所示。

图 6-14　用户登录表单

先从修改 app.js 入手，引入登录路由并确立路由路径：

```
...
const login = require('./routes/login');
...
app.get('/login', login.form);
app.post('/login', login.submit);
app.get('/logout', login.logout);
...
```

接下来添加显示登录表单的功能。

1. 显示登录表单

实现登录表单的第一步是为与登录和退出相关的路由创建一个文件：routes/login.js。显示登录表单的路由逻辑几乎跟之前实现那个显示注册表单的逻辑一模一样，唯一的区别是模板名称和页面标题不同：

```
exports.form = (req, res) => {
  res.render('login', { title: 'Login' });
};
```

定义登录表单的 ./views/login.ejs 跟 register.ejs 也极其相似，只有说明文本和表单提交的目标路由不同。代码如下所示。

代码清单 6-25 登录表单的视图模板

```
<!DOCTYPE html>
<html>
  <head>
    <title><%= title %></title>
    <link rel='stylesheet' href='/stylesheets/style.css' />
  </head>
  <body>
    <% include menu %>
    <h1><%= title %></h1>
    <p>Fill in the form below to sign in!</p>
    <% include messages %>
    <form action='/login' method='post'>
      <p>
        <input type='text' name='user[name]' placeholder='Username' />   <— 用户名是必填项
      </p>
      <p>
        <input type='password' name='user[pass]'
        ➥ placeholder='Password' />   <— 密码是必填项
      </p>
      <p>
        <input type='submit' value='Login' />
      </p>
    </form>
  </body>
</html>
```


做好显示登录表单所需的路由和模板后，接下来要添加处理登录请求的逻辑。

2. 登录认证

处理登录请求需要添加路由逻辑，对用户提交的用户名和密码进行检查，如果正确，将用户ID 设为会话变量，并把用户重定向到首页上。下面的代码包含了这种逻辑，将它们添加到 routes/login.js 中。

代码清单 6-26 处理登录的路由

```
const User = require('../models/user');
...
exports.submit = (req, res, next) => {
  const data = req.body.user;
  User.authenticate(data.name, data.pass, (err, user) => {   <— 检查凭证
    if (err) return next(err);   <— 错误传递
    if (user) {   <— 处理凭证有效的用户
      req.session.uid = user.id;   <— 为认证存储 uid
      res.redirect('/');   <— 重定向到记录列表页
    } else {
      res.error('Sorry! invalid credentials. ');   <— 输出错误消息
      res.redirect('back');   <— 重定向回登录表单
    }
  });
};
```

如果用户是使用 `User.authenticate()`认证，`req.session.uid` 就会像在 `POST/register` 路由中一样赋值：这个值会保存在会话中，可以用它获取 `User` 或其他与用户相关的数据。如果找不到匹配的记录，会设定一个错误，并重新显示登录表单。

用户可能还希望有主动退出功能，所以应该在程序中提供一个退出链接。在 app.js 中创建这个路由：

```
const login = require('./routes/login');
...
app.get('/logout', login.logout)
```

然后在 ./routes/login.js 中，下面的这个函数会移除会话，这将被 `session()`中间件检测到，其会为后续请求赋予新的会话：

```
exports.logout = (req, res) => {
  req.session.destroy((err) => {
    if (err) throw err;
    res.redirect('/');
  })
};
```

注册和登录页面都创建好了，接下来需要添加一个菜单，让用户可以进入这两个页面。 来看一下如何创建。

3. 为已认证的和匿名的用户创建菜单

本节会为匿名的和已认证的用户创建一个菜单，让他们可以登录、注册、提交消息以及退出。图 6-15 是为匿名用户创建的菜单。

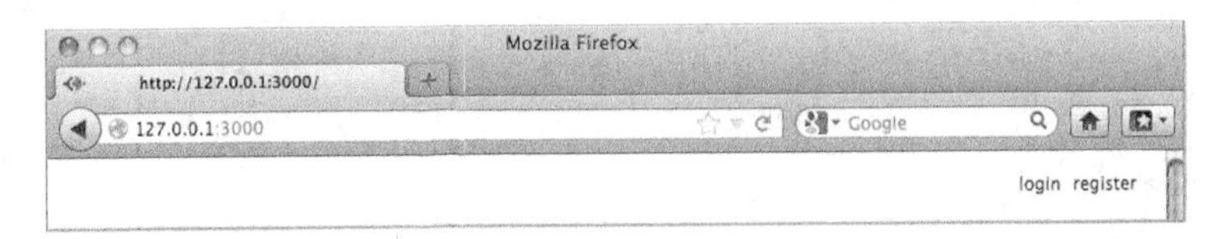

图 6-15　用户登录和注册菜单，用来访问你创建的表单

用户通过认证后将会显示另外一个菜单，来表明其用户名以及发消息页面的链接和退出链接。如图 6-16 所示。

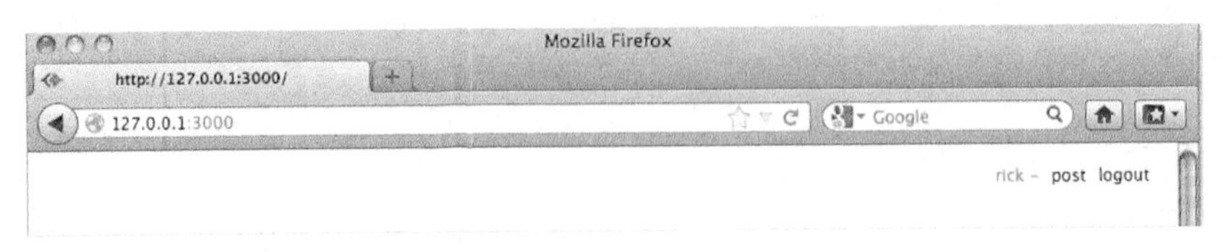

图 6-16　用户通过认证后的菜单

在所有程序页面的 EJS 模板中，标签`<body>`之后都有这样一段代码：`<% include menu %>`。这是要嵌入模板 ./views/menu.ejs，接下来马上创建。

代码清单 6-27 匿名和已认证用户的菜单

```
<% if (locals.user) { %>
  <div id='menu'>                                          给已登录用
    <span class='name'><%= user.name %></span>             户的菜单
    <a href='/post'>post</a>
    <a href='/logout'>logout</a>
  </div>
<% } else { %>
  <div id='menu'>                                          给匿名用户
    <a href='/login'>login</a>                             的菜单
    <a href='/register'>register</a>
  </div>
<% } %>
```

在这个程序中，你可以假定如果有 `user` 变量输出到了模板中，那么这个用户就已经通过认证了，否则不会输出这个变量。也就是说当这个变量出现时，可以显示用户名、消息提交和退出链接。当访问者是匿名用户时，显示网站登录和注册链接。

你可能在想本地变量 `user` 是从哪来的。其实代码还没写呢。接下来我们要写一些代码为每个请求加载已登录用户的数据，并让模板可以得到这些数据。

6.2.8 用户加载中间件

在做 Web 程序时，一般都需要从数据库中加载用户信息。通常会表示为 JavaScript 对象。为了使其与用户交互更简单，要保证这项数据可持续访问。在本章的程序里，要用中间件为每个请求加载用户数据。

中间件脚本会放在 ./middleware/user.js 中，它会从上层目录（../models）中引入 `User` 模型。先是输出中间件函数，然后检查会话查看用户 ID。当用户 ID 出现时，表明用户已经通过认证了，所以从 Redis 中取出用户数据是安全的。

Node 是单线程的，没有线程本地存储。对于 HTTP 服务器而言，请求和响应变量是唯一的上下文对象。构建在 Node 之上的高层框架可能会提供额外的对象存放已认证用户之类的数据，但 Express 坚持使用 Node 提供的原始对象。因此，上下文数据一般保存在请求对象上，比如在代码清单 6-28 中，用户被存储为 `req.user`，后续的中间件和路由可以用这个属性访问它。

你可能想知道给 `res.locals.user` 的任务是什么。`res.locals` 是 Express 提供的请求层对象，可以将数据输出给模板，很像 `app.locals`。它还是能合并已有对象的函数。

代码清单 6-28 加载已登录用户数据的中间件

```
const User = require('../models/user');
module.exports = (req, res, next) => {
  const uid = req.session.uid;                 从会话中取出已登录用户的 ID
  if (!uid) return next();
  User.get(uid, (err, user) => {               从 Redis 中取出已登录用户的数据
    if (err) return next(err);
    req.user = res.locals.user = user;         将用户数据输出到响应对象中
    next();
```

```
  });
};
```

要使用这个新中间件，首先要删掉 app.js 中所有包含文本 `user` 的代码。然后像往常那样引入模块，把它传给 `app.use()`。在这个程序中，`user` 出现在路由器上面，所以只有路由和在 `user` 下面的中间件能访问 `req.user`。如果你正在使用加载数据的中间件，就像这个中间件一样，可能要把 `express.static` 放到它上面。否则每次返回静态文件时，都会浪费时间到数据库中取用户数据。

下面是在 app.js 中启用这个中间件的代码。

代码清单 6-29　启用用户加载中间件

```
const user = require('./middleware/user');
...
app.use(express.session());
app.use(express.static(__dirname + '/public'));
app.use(user);                                    <- 将中间件添加到程序中
app.use(messages);
app.use(app.router);
...
```

如果再次启动程序，不管是访问/login 还是/register，应该都可以看到菜单。如果想给菜单增加样式，可以把下面的 CSS 加到 public/stylesheets/style.css 中。

代码清单 6-30　可以加到 style.css 中给菜单添加样式的 CSS

```
#menu {
  position: absolute;
  top: 15px;
  right: 20px;
  font-size: 12px;
  color: #888;
}
#menu .name:after {
  content: ' -';
}
#menu a {
  text-decoration: none;
  margin-left: 5px;
  color: black;
}
```

菜单到位了，你应该可以自己注册个用户了。注册成功后就可以看到带有 Post 链接的已认证用户菜单。

下一节将要介绍如何给程序添加 REST API。

6.2.9　创建 REST API

本节会创建一个 RESTful API，让第三方程序可以跟我们的在线留言板程序互动，进行公开数据的访问和添加。按照 REST 的思想，程序数据是可以用谓词和名词（即 HTTP 方法和 URL）

访问和修改的。通过 REST 请求得到的数据一般是机器可读的格式，比如 JSON 或 XML。

实现 API 需要完成下面这些任务：

- 设计一个让用户显示、列表、移除和提交消息的 API；
- 添加基本认证；
- 实现路由；
- 提供 JSON 和 XML 响应。

能对 API 请求进行认证和签名的技术有很多种，但本书不准备展开讨论比较复杂的方案。仅以 basic-auth 包为例介绍如何集成认证功能。

1. 设计 API

在动手写代码之前最好先想清楚会涉及哪些路由。我们会在 RESTful API 的路径前加上/api，但你可以根据自己的喜好决定怎么实现。比如用 http://api.myapplication.com 这样的子域名也可以。

从下面的代码来看，与其将回调函数放在 app.VERB()调用里，不如把它做成单独的 Node 模块。保持路由列表的清爽简洁，可以让你对你们团队在做什么，以及这些回调在哪里实现一目了然：

```
app.get('/api/user/:id', api.user);
app.get('/api/entries/:page?', api.entries);
app.post('/api/entry', api.add);
```

2. 添加基本的认证

之前说过，很多保证 API 安全和限制 API 访问的办法都不在本书的讨论范围之内。但认证过程还是要介绍一下的，简单起见，这里以基本认证为例。

我们将用中间件 api.auth 实现这一过程，具体实现会放在 ./routes/api.js 模块里。app.use()方法可以接受路径参数，这在 Express 中被称为**挂载点**。不管是什么 HTTP 谓词，只要请求的路径以挂载点开头，就会触发这个中间件。

下面这段代码中的 app.use('/api', api.auth)应该放在加载用户数据的中间件前面。这样可以稍后再修改用户加载中间件，为已认证的 API 用户加载数据：

```
...
const api = require('./routes/api');
...
app.use('/api', api.auth);
app.use(user);
...
```

要执行基本认证，先要安装 basic-auth 模块：npm install --save basic-auth。接着创建./routes/api.js，引入 Express 和用户模型。可以用 basic-auth 从请求中获取基本认证凭证，然后交给 User.authenticate 进行认证：

```
const auth = require('basic-auth');
const express = require('express');
const User = require('../models/user');
```

```
exports.auth = (req, res, next) => {
  const { name, pass } = auth(req);
  User.authenticate(name, pass, (err, user) => {
    if (user) req.remoteUser = user;
    next(err);
  });
};
```

认证已经准备好了，接下来我们去实现 API 的路由。

3. 实现路由

第一个要实现的路由是 `GET /api/user/:id`。先根据 ID 取得用户数据，如果用户不存在，则返回 404 Not Found 的响应状态码。如果用户存在，则将用户数据传给 `res.json()` 做串行化处理，并以 JSON 格式返回该数据。将下面的代码加到 routes/api.js 中：

```
exports.user = (req, res, next) => {
  User.get(req.params.id, (err, user) => {
    if (err) return next(err);
    if (!user.id) return res.sendStatus(404);
    res.json(user);
  });
};
```

然后将这个路由加到 app.js 中：

```
app.get('/api/user/:id', api.user);
```

接下来可以测试一下。

4. 测试用户数据获取

启动程序，然后用命令行工具 cURL 进行测试。下面是测试 REST 认证的示例命令。URL 中提供了凭证 `tobi:ferret`，cURL 用它生成 `Authorization` 请求头域：

```
$ curl http://tobi:ferret@127.0.0.1:3000/api/user/1 -v
```

下面是测试成功时返回的结果。如果你想亲自动手试一下，需要先找到一个用户的 ID。如果 `1` 不行，可以用 redis-cli 的 `GET user:ids`，找出你注册过的用户数据看看。

代码清单 6-31　测试输出

```
* About to connect() to local port 80 (#0)
*   Trying 127.0.0.1... connected
* Connected to local (127.0.0.1) port 80 (#0)
* Server auth using Basic with user 'tobi'
> GET /api/user/1 HTTP/1.1                         <—— 显示发送的 HTTP 头
> Authorization: Basic Zm9vYmFyYmF6Cg==
> User-Agent: curl/7.21.4 (universal-apple-darwin11.0) libcurl/7.21.4
➥ OpenSSL/0.9.8r zlib/1.2.5
> Host: local
> Accept: */*
>
< HTTP/1.1 200 OK                                  <—— 显示接收到的 HTTP 头
< X-Powered-By: Express
```

```
< Content-Type: application/json; charset=utf-8        <— 显示接收到的
< Content-Length: 150                                      JSON 数据
< Connection: keep-alive
<
{"id":"1","name":"tobi"}
```

5. 去掉敏感的用户数据

正如你通过 JSON 响应看到的，用户的密码和盐都在。我们可以在 models/user.js 中的 `User` 上实现`.toJSON()`把它们去掉：

```
class User {
  // ...
  toJSON() {
    return {
      id: this.id,
      name: this.name
    };
  }
```

如果有`.toJSON`，`JSON.stringify` 就会用它返回的 JSON 数据。现在再发送之前那个 cURL 请求，就只有 ID 和 name 属性了：

```
{
  "id": "1",
  "name": "tobi"
}
```

接下来添加创建消息的 API。

6. 添加消息

因为通过 API 添加消息的实现和通过 HTML 表单添加的实现几乎一模一样，所以可以重用之前实现的 `entries.submit()`路由逻辑。

然而在 `entries.submit()`中，消息中要有用户名和其他细节信息。所以需要修改用户加载中间件，用 `basic-auth` 中间件加载的用户数据组装 `res.locals.user`。之前在进行基本认证时，我们将用户数据设为了请求对象的属性 `req.remoteUser`。那现在只要在用户加载中间件中检查这个属性就可以了。按照下面这样修改 middleware/user.js 中的 `module.exports` 定义，用户加载中间件就能跟 API 进行协作了：

```
...
module.exports = (req, res, next) => {
  if (req.remoteUser) {
    res.locals.user = req.remoteUser;
  }
  const uid = req.session.uid;
  if (!uid) return next();
  User.get(uid, (err, user) => {
    if (err) return next(err);
    req.user = res.locals.user = user;
    next();
  });
};
```

这样改完之后就可以通过 API 添加消息了。

不过还有一个问题，现在添加消息的响应还是重定向到首页，我们要针对 API 请求调整一下。像下面这样修改 routes/entries.js 中的 `entry.save`：

```
...
  entry.save(err => {
    if (err) return next(err);
    if (req.remoteUser) {
      res.json({ message: 'Entry added.' });
    } else {
      res.redirect('/');
    }
  });
...
```

最后，为了启用消息添加 API，将下面的代码添加到 app.js 中的路由部分：

```
app.post('/api/entry', entries.submit);
```

用下面的 cURL 命令测试消息添加 API。它发送的标题和内容主体数据所用的名称跟 HTML 表单输入域的名称相同：

```
$ curl -X POST -d "entry[title]='Ho ho ho'&entry[body]='Santa loves you'"
    http://tobi:ferret@127.0.0.1:3000/api/entry
```

创建消息的 API 做好了，该添加获取消息的 API 了。

7. 支持消息列表

接下来要实现的 API 路由是 `GET /api/entries/:page?`。这个路由实现跟 ./routes/entries.js 中的消息列表路由几乎一模一样。只是还要添加分页中间件，即下面代码中用到的 `page()`，我们稍后再实现这个中间件。

因为要用到消息，所以需要在 routes/api.js 的顶部加入下面这行代码引入 `Entry` 模型：

```
const Entry = require('../models/entry');
```

接下来把下面的代码添加到 app.js 中：

```
const Entry = require('./models/entry');
...
app.get('/api/entries/:page?', page(Entry.count), api.entries);
```

现在把下面的代码添加到 routes/api.js 中。这段代码和 routes/entries.js 中对应代码的差别是它不再渲染模板，而是返回了 JSON：

```
exports.entries = (req, res, next) => {
  const page = req.page;
  Entry.getRange(page.from, page.to, (err, entries) => {
    if (err) return next(err);
    res.json(entries);
  });
};
```

8. 实现分页中间件

在分页时，要用查询字符串 ?page=N 来确定当前页面。把下面的中间件函数加到 .middleware/page.js 中。

代码清单 6-32 分页中间件

```
module.exports = (cb, perpage) => {
  perpage = perpage || 10;                          // 每页记录条数的默认值为 10
  return (req, res, next) => {                      // 返回中间件函数
    let page = Math.max(
      parseInt(req.params.page || '1', 10),
      1
    ) - 1;                                          // 将参数 page 解析为十进制的整型值
    cb((err, total) => {                            // 调用传入的函数
      if (err) return next(err);                    // 传递错误
      req.page = res.locals.page = {                // 保存 page 属性以便将来引用
        number: page,
        perpage: perpage,
        from: page * perpage,
        to: page * perpage + perpage - 1,
        total: total,
        count: Math.ceil(total / perpage)
      };
      next();                                       // 将控制权交给下一个中间件
    });
  }
};
```

这个中间件抓取赋给 ?page=N 的值，比如 ?page=1。然后取得结果集的总数，并预先计算出一些值拼成 page 对象，把它输出到需要渲染的视图中。把这些值放在模板外计算可以减少模板中的逻辑，让模板保持简洁。

9. 测试消息路由

下面的 cURL 命令从 API 获取消息：

```
$ curl http://tobi:ferret@127.0.0.1:3000/api/entries
```

这条命令的输出结果应该和下面的 JSON 差不多：

```
[
  {
    "username": "rick",
    "title": "Cats can't read minds",
    "body": "I think you're wrong about the cat thing."
  },
  {
    "username": "mike",
    "title": "I think my cat can read my mind",
    "body": "I think cat can hear my thoughts."
  },
...
```

基本的 API 实现已经做完了，接下来我们看看如何让 API 支持多种格式的响应。

6.2.10　启用内容协商

内容协商让客户端可以指定它乐于接受且喜欢的数据格式。本节会介绍如何让 API 提供 JSON 和 XML 格式的数据，以便 API 的使用者可以决定它们想要哪种格式的数据。

HTTP 通过 `Accept` 请求头域提供了内容协商机制。比如说，某个客户端可能更喜欢 HTML，但也可以接受普通文本，则可以这样设定请求头：

```
Accept: text/plain; q=0.5, text/html
```

qvalue 或 quality value（例子中的 `q=0.5`）表明即便 `text/html` 放在了第二个，它的优先级也要比 `text/plain` 高 50%。Express 会解析这个信息并提供一个规范化的 `req.accepted` 数组：

```
[{ value: 'text/html', quality: 1 },
 { value: 'text/plain', quality: 0.5 }]
```

Express 还提供了 `res.format()` 方法，它的参数是一个 MIME 类型的数组和一些回调函数。Express 会决定客户端愿意接受什么格式的数据，以及你愿意提供什么格式的数据，然后调用相应的回调函数。

1. 实现内容协商

在 routes/api.js 中，支持内容协商的 `GET /api/entries` 路由看起来应该像代码清单 6-33 那样。JSON 像之前那样被支持——用 `res.send()` 发送串行化为 JSON 的消息数据。XML 回调循环遍历消息，并将其写入 socket 中。注意，没必要显式设定 `Content-Type`，`res.format()` 会自动设定关联的类型。

代码清单 6-33　实现内容协商

```
exports.entries = (req, res, next) => {
  const page = req.page;
  Entry.getRange(page.from, page.to, (err, entries) => {     // 获取消息数据
    if (err) return next(err);
    res.format({                                             // 基于 Accept 头的值返回不同的响应
      'application/json': () => {                            // JSON 响应
        res.send(entries);
      },
      'application/xml': () => {                             // XML 响应
        res.write('<entries>\n');
        entries.forEach((entry) => {
          res.write(`
            <entry>
              <title>${entry.title}</title>
              <body>${entry.body}</body>
              <username>${entry.username}</username>
            </entry>
            `
          );
        });
        res.end('</entries>');
```

```
      }
    })
  });
};
```

如果设定了默认响应格式回调，当用户请求的格式不在你特意提供的格式中时，就会执行这个默认的回调函数。

res.format()方法还可以将扩展名映射到相关联的MIME类型上。比如可以用json和xml代替application/json和application/xml，就像下面这样：

```
...
res.format({
  json: () => {
    res.send(entries);
  },
  xml: () => {
    res.write('<entries>\n');
    entries.forEach((entry) => {
      res.write(`
        <entry>
             <title>${entry.title}</title>
          <body>${entry.body}</body>
          <username>${entry.username}</username>
        </entry>
        `
      );
    });
    res.end('</entries>');
  }
})
...
```

6

2. XML 响应

在路由中写这么一大堆代码只是为了返回XML响应，这并不是最简洁的办法，接下来我们要用视图系统实现这一功能。

用下面的EJS创建一个名为./views/entries/xml.ejs的模板，它会循环遍历消息生成<entry>标签。

代码清单 6-34 用 EJS 模板生成 XML

```
<entries>
<% entries.forEach(entry => { %>          ← 循环遍历每条消息
  <entry>
    <title><%= entry.title %></title>     ← 输出消息中的各个域
    <body><%= entry.body %></body>
    <username><%= entry.username %></username>
  </entry>
<% }) %>
</entries>
```

现在可以把原来的XML回调换成以消息数组为参数的res.render()了，像下面这样：

```
...
  xml: () => {
    res.render('entries/xml', { entries: entries });
  }
})
...
```

来测试一下 API 的 XML 版本吧。输入下面的命令，看看输出是不是 XML：

```
curl -i -H 'Accept: application/xml'
➥ http://tobi:ferret@127.0.0.1:3000/api/entries
```

6.3　总结

- Connect 是一个 HTTP 框架，可以在处理请求之前和之后堆叠中间件。
- Connect 中间件是个函数，它的参数包括 Node 的请求和响应对象、一个调用下一个中间件的函数，以及一个可选的错误对象。
- Express Web 程序也是用中间件搭建的。
- 在用 Express 实现 REST API 时，可以用 HTTP 谓词定义路由。
- Express 路由的响应可以是 JSON、HTML 或其他格式的数据。
- Express 有个简单的模板引擎 API，支持很多种引擎。

第 7 章

Web 程序的模板

7

本章内容

- 用模板组织程序
- 用 Embedded JavaScript 创建模板
- 学习极简风格的 Hogan 模板
- 用 Pug 创建模板

在第 3 章和第 6 章，为了在 Express 程序中创建视图，我们介绍过一些模板的基础知识。接下来本章将专门介绍模板。我们会讲到三个热门的模板引擎，以及如何用模板把显示层标记从逻辑代码中分离出来，保持 Web 程序代码的整洁性。

如果你熟悉模板和模型–视图–控制器（MVC）模式，可以直接进入 7.2 节开始学习。我们会详细介绍 Embedded JavaScript、Hogan 和 Pug 三个模板引擎。如果对模板不太了解，请继续往下看，接下来的几节将会介绍模板这一概念。

7.1 用模板保持代码的整洁性

在 Node 中可以像其他 Web 技术一样，用 MVC 模式开发传统的 Web 程序。MVC 的主要思想是将逻辑、数据和展示层分离。在遵循 MVC 模式的 Web 程序中，一般是用户向服务器请求资源，然后**控制器**向**模型**请求数据，得到数据后传给**视图**，再由视图以特定格式将数据呈现给用户。MVC 中的视图部分一般会用到某种模板语言。在使用模板时，视图会将模型返回的数据传递给**模板引擎**，并指定用哪个模板文件展示这些数据。

你可以通过图 7-1 了解一下模板是如何融入 MVC 程序的整体架构中的。模板文件中通常包含数据的占位符、HTML、CSS，有时还会用一些客户端 JavaScript 来做第三方小部件显示，比如 Facebook 的点赞按钮，或者触发界面行为，比如隐藏或显示页面的某些部分。因为模板文件的工作重点是展示而不是处理逻辑，所以前端开发人员和服务器端开发人员可以一起工作，这样有利于项目任务的分工。

本节会分别在用和不用模板的两种情况下渲染 HTML，让你看到两者之间的差异。但我们还是先看一个模板的实例吧。

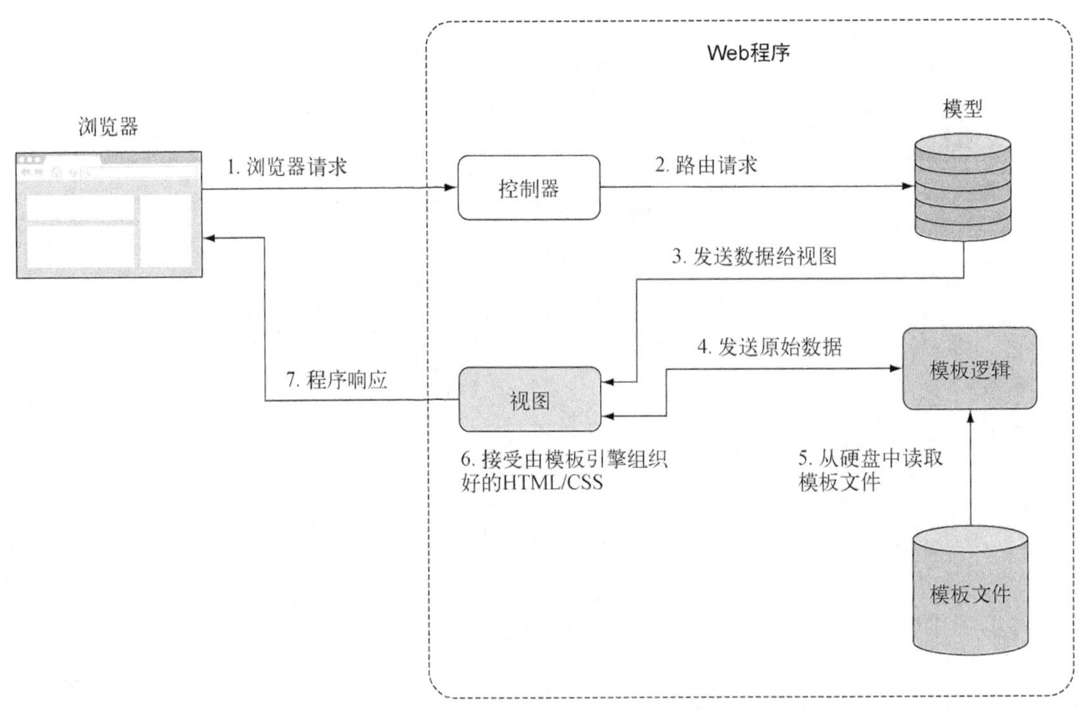

图 7-1　MVC 程序的流程以及它跟模板层的交互

模板实战

为了快速演示一下如何使用模板，我们以一个简单的博客程序为例，看它如何优雅地输出 HTML。每篇博客文章都会有一个标题、发布日期以及主体文本。博客在浏览器中如图 7-2 所示。

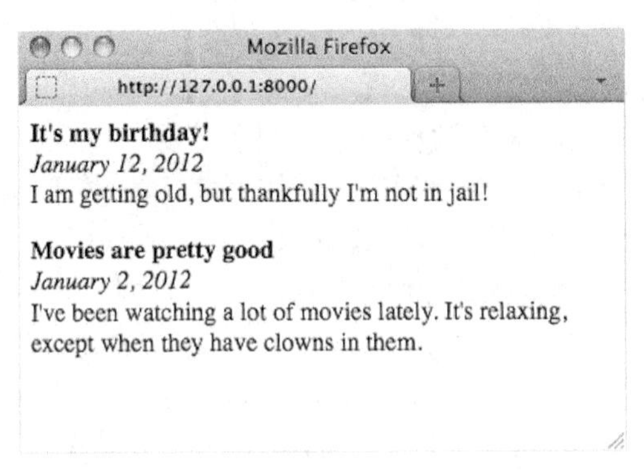

图 7-2　博客程序在浏览器中的输出示例

博客文章是从文本文件 entries.txt 中读取的，格式如下所示。---表明一篇文章结束，另一篇文章开始。

代码清单 7-1 博客文章文本文件

```
title: It's my birthday!
date: January 12, 2016
I am getting old, but thankfully I'm not in jail!
---
title: Movies are pretty good
date: January 2, 2016
I've been watching a lot of movies lately. It's relaxing,
except when they have clowns in them.
```

博客程序的代码放在 blog.js 中，先引入必要的模块，然后读入博客文章，代码如下所示。

代码清单 7-2 博客程序的文件解析逻辑

```
const fs = require('fs');
const http = require('http');
function getEntries() {                      <- 读取和解析博客文章文本的函数
  const entries = [];
  let entriesRaw = fs.readFileSync('./entries.txt', 'utf8');   <- 从文件中读取博客文章的数据
  entriesRaw = entriesRaw.split('---');      <- 解析文本，将它们分成一篇篇的文章
  entriesRaw.map((entryRaw) => {
    const entry = {};
    const lines = entryRaw.split('\n');      <- 解析文章的文本，将它们按行分解
    lines.map((line) => {                    <- 逐行解析，提取出文章的属性
      if (line.indexOf('title: ') === 0) {
        entry.title = line.replace('title: ', '');
      } else if (line.indexOf('date: ') === 0) {
        entry.date = line.replace('date: ', '');
      } else {
        entry.body = entry.body || '';
        entry.body += line;
      }
    });
    entries.push(entry);
  });
  return entries;
}
const entries = getEntries();
console.log(entries);
```

下面这段代码定义了一个 HTTP 服务器，把它加到博客程序中。收到 HTTP 请求后，服务器会返回一个包含所有文章的页面。这个页面是用函数 blogPage 渲染的，一会儿再定义它：

```
const server = http.createServer((req, res) => {
  const output = blogPage(entries);
  res.writeHead(200, {'Content-Type': 'text/html'});
  res.end(output);
});
server.listen(8000);
```

接下来定义 blogPage 函数，用它把文章渲染到 HTML 页面中，以便发送给浏览器。我们会尝试两种不同的方式：

- 不用模板渲染；
- 用模板渲染。

下面先来看一下不用模板的情况。

1. 不用模板渲染 HTML

博客程序可以直接输出 HTML，但在处理逻辑中引入 HTML 会让代码变得很乱。下面代码中的 blogPage 函数没用模板显示文章。

代码清单 7-3　模板引擎把展示细节和程序逻辑分开

```
function blogPage(entries) {
  let output = `
    <html>
    <head>
      <style type="text/css">
        .entry_title { font-weight: bold; }
        .entry_date { font-style: italic; }
        .entry_body { margin-bottom: 1em; }
      </style>
    </head>
    <body>
  `;
  entries.map(entry => {
    output += `
      <div class="entry_title">${entry.title}</div>
      <div class="entry_date">${entry.date}</div>
      <div class="entry_body">${entry.body}</div>
    `;
  });
  output += '</body></html>';
  return output;
}
```

逻辑中穿插了太多的 HTML

看看所有这些跟展示相关的内容、CSS 定义和 HTML 给程序添了多少行代码。

2. 用模板渲染 HTML

模板可以把 HTML 从处理逻辑中挪走，大幅提升代码的整洁性。

本节的演示程序需要用到 Embedded JavaScript（EJS）模块，可以用下面这条命令安装：

```
npm install ejs
```

下面的代码加载了一个模板文件，blogPage 函数也和前面不一样了，这次用到了 EJS 模板引擎，我们会在 7.2 节中介绍这个模板引擎的用法。

```
const fs = require('fs');
const ejs = require('ejs');
const template = fs.readFileSync('./templatess/blog_page.ejs', 'utf8');
function blogPage(entries) {
  const values = { entries };
  return ejs.render(template, values);
}
```

完整的随书源码见 ch07-templates/listing7_4/。EJS 模板文件是由 HTML 标记（从处理逻辑中挪过来的）和数据占位符（指示把数据放在哪里）构成的。展示文章的 EJS 模板文件中应该包含下面这样的 HTML 和占位符。

代码清单 7-4 显示文章的 EJS 模板

```
<html>
  <head>
    <style type="text/css">
      .entry_title { font-weight: bold; }
      .entry_date { font-style: italic; }
      .entry_body { margin-bottom: 1em; }
    </style>
  </head>
  <body>
    <% entries.map(entry => { %>                              ◁ 循环遍历博客文章的占位符
      <div class="entry_title"><%= entry.title %></div>    ◁ 每篇博客文章中的各项数据的占位符
      <div class="entry_date"><%= entry.date %></div>
      <div class="entry_body"><%= entry.body %></div>
    <% }); %>
  </body>
</html>
```

Node 社区创建了很多模板引擎。HTML 需要闭合标签，而 CSS 需要左右大括号，如果你觉得这样不够优雅，那么可以认真研究一下模板引擎。它们会用特殊的“语言”（比如我们后面会讲到的 Pug 语言）以更简洁的方式表示 HTML 或 CSS。

这些模板引擎可以让模板更整洁，但你可能不想花时间去学另外一种表示 HTML 和 CSS 的技术。用不用最终还是要取决于你自己。

本章会介绍三个模板引擎，以及如何在 Node 程序中使用它们的模板：

- Embedded JavaScript（EJS）引擎；
- 极简的 Hogan 引擎；
- Pug 模板引擎。

这些引擎都允许用另一种方式写 HTML。我们先从 EJS 开始。

7.2 Embedded JavaScript 的模板

Embedded JavaScript 处理模板的方式相当地简单直接，在其他语言中用过模板的人对它应该有种似曾相识的感觉，比如 JSP（Java）、Smarty（PHP）、ERB（Ruby）等模板。你可以把 EJS 标签当作给数据准备的占位符嵌入到 HTML 中，还可以在模板中执行纯 JavaScript 代码，就像 PHP 那样完成条件分支和循环之类的工作。

本节会讲解如何：

- 创建 EJS 模板；
- 用 EJS 过滤器提供常用的、与展示相关的功能，比如文本处理、排序和循环；

❑ 在 Node 程序中集成 EJS；
❑ 把 EJS 用在客户端程序中。

接下来我们要深入到 EJS 模板的世界中。

7.2.1　创建模板

在模板的世界中，发送给模板引擎做渲染的数据有时被称为**上下文**。下面是 EJS 用一个简单的模板渲染上下文的例子：

```
const ejs = require('ejs');
const template = '<%= message %>';
const context = { message: 'Hello template!' };
console.log(ejs.render(template, context));
```

注意发送给 `render` 的第二个参数中 `locals` 的用法。第二个参数可以包含 EJS 选项以及上下文数据，而 `locals` 可以确保上下文中数据不会被当作 EJS 选项。但大多数情况下你都可以把上下文本身当作第二个参数，就像下面的 `render` 一样：

```
console.log(ejs.render(template, context));
```

如果把上下文直接当作 `render` 的第二个参数，一定不要给上下文中的值用这些名称：`cache`、`client`、`close`、`compileDebug`、`debug`、`filename`、`open` 或 `scope`。它们是为修改模板引擎设定的保留字。

字符转义

在渲染时，EJS 会转义上下文值中的所有特殊字符，将它们替换为 HTML 实体码。这是为了防止跨站脚本（XSS）攻击，恶意用户会将 JavaScript 作为数据提交给 Web 程序，希望其他用户访问包含这些数据的页面时能在他们的浏览器中执行。下面的代码展示了 EJS 的转义处理：

```
const ejs = require('ejs');
const template = '<%= message %>';
const context = {message: "<script>alert('XSS attack!');</script>"};
console.log(ejs.render(template, context));
```

这段代码在显示时会输出下面这种代码：

```
&lt;script&gt;alert('XSS attack!');&lt;/script&gt;
```

如果用在模板中的是可信数据，不想做转义处理，可以用`<%-`代替`<%=`，像下面这样：

```
const ejs = require('ejs');
const template = '<%- message %>';
const context = {
  message: "<script>alert('Trusted JavaScript!');</script>"
};
console.log(ejs.render(template, context));
```

注意！指明 EJS 标签的字符是可修改的，比如像这样：

```
const ejs = require('ejs');
```

```
ejs.delimiter = '$'
const template = '<$= message $>';
const context = { message: 'Hello template!' };
console.log(ejs.render(template, context));
```

介绍过 EJS 的基础知识，接下来我们看一些包含更多细节的例子。

7.2.2 将 EJS 集成到你的程序中

把模板和代码放在同一个文件里很别扭，并且会显得代码很乱，接下来我们要告诉你如何用 Node API 从单独的文件中读取模板。

进入工作目录，创建 app.js 文件，把下面的代码放在里面。

代码清单 7-5 把模板代码放在文件中

```
const ejs = require('ejs');
const fs = require('fs');
const http = require('http');
const filename = './templates/students.ejs';     <-- 注意模板文件的位置
const students = [                               <-- 传给模板引擎的数据
  { name: 'Rick LaRue', age: 23 },
  { name: 'Sarah Cathands', age: 25 },
  { name: 'Bob Dobbs', age: 37 }
];

const server = http.createServer((req, res) => {     <-- 创建 HTTP 服务器
  if (req.url === '/') {
    fs.readFile(filename, (err, data) => {           <-- 从文件中读取模板
      const template = data.toString();
      const context = { students: students };
      const output = ejs.render(template, context);  <-- 渲染模板
      res.setHeader('Content-type', 'text/html');
      res.end(output);                               <-- 发送 HTTP 响应
    });
  } else {
    res.statusCode = 404;
    res.end('Not found');
  }
});

server.listen(8000);
```

接下来创建用来存放模板文件的子目录 templates，在 templates 下创建 students.ejs 文件，把下面的代码放到 students.ejs 中。

代码清单 7-6 渲染学生数组的 EJS 模板

```
<% if (students.length) { %>
  <ul>
    <% students.forEach((student) => { %>
      <li><%= student.name %> (<%= student.age %>)</li>
    <% }) %>
```

```
  </ul>
<% } %>
```

缓存 EJS 模板

如果有必要，可以让 EJS 把模板函数缓存在内存中。也就是说在解析完模板文件后，EJS 可以把解析得到的函数存下来。这样以后需要渲染这个模板时不用再次解析，所以渲染速度会更快。

如果正在开发过程当中，想即时看到模板文件修改后的效果，则不要启用缓存。但在把程序部署到生产环境中时，启用缓存是一种简单快捷的性能优化办法。可以通过环境变量 NODE_ENV 判定是否启用缓存。

如果想试一下，可以将前面的 render 函数调用改成下面这样：

```
const cache = process.env.NODE_ENV === 'production';
const output = ejs.render(
  template,
  { students, cache, filename }
);
```

第二个参数中的 filename 选项并不仅限于文件，可以用要渲染的模板的唯一标识。

知道怎么把 EJS 集成到 Node 程序中后，我们去看看如何在浏览器中使用 EJS。

7.2.3　在客户端程序中使用 EJS

要在客户端使用 EJS，首先要把 EJS 引擎下载到工作目录中，命令如下所示：

```
cd /your/working/directory
curl -O https://raw.githubusercontent.com/tj/ejs/master/lib/ejs.js
```

下载完就可以在客户端代码中使用 EJS 了。下面是一个简单的 EJS 客户端程序，将它存为 index.html，在浏览器中打开看看效果。

代码清单 7-7　用 EJS 给客户端增加使用模板的能力

```
<html>
  <head>
  <title>EJS example</title>
    <script src="ejs.js"></script>
    <script
      src="http://ajax.googleapis.com/ajax/libs/jquery/1.8/jquery.js">
    </script>
  </head>
  <body>
    <div id="output"></div>
    <script>
      const template = "<%= message %>";
      const context = { message: 'Hello template!' };
      $(document).ready(() => {
        $('#output').html(
          ejs.render(template, context)
        );
      });
```

注释：
- 引入 jQuery 库做 DOM 处理
- 用来渲染模板输出的占位标签
- 渲染内容用的模板
- 用在模板中的数据
- 等着浏览器加载页码
- 将模板渲染到 ID 为“output”的 div 中

```
    </script>
  </body>
</html>
```

学完这个功能完备的 Node 模板引擎，该去看一下 Hogan 模板引擎了，它特意限制了模板代码中可用的功能。

7.3 使用 Mustache 模板语言与 Hogan

Hogan.js 是 Twitter 为满足自己的需求而创建的模板引擎。Hogan 是 Mustache 模板语言标准的具体实现，这一标准是由 GitHub 的 Chris Wanstrath 创建的。

跟 EJS 不同，Mustache 遵循极简主义，特意去掉了条件逻辑。在内容过滤上，Mustache 只为防止 XSS 攻击而保留了转义处理功能。Mustache 主张模板代码应该尽可能地简单。

本节将会介绍：

- 如何在程序中创建和实现 Mustache 模板；
- Mustache 标准中的各种模板标签；
- 如何用子模板组织模板；
- 如何用定制的分隔符和其他选项对 Hogan 进行微调。

我们去看看 Hogan 提供的另一种使用模板的方式。

7.3.1 创建模板

要使用 Hogan，或试验本节的例子，需要在程序目录中（ch07-templates/hogan-snippet）安装 Hogan。因此请在命令行中输入下面这条命令：

```
npm i --save hogan.js
```

下面是 Hogan 使用简单模板渲染上下文的简单例子。运行后会输出“Hello template!”。

```
const hogan = require('hogan.js');
const templateSource = '{{message}}';
const context = { message: 'Hello template!' };
const template = hogan.compile(templateSource);
console.log(template.render(context));
```

了解了如何用 Hogan 处理 Mustache 模板后，接下来看看 Mustache 支持哪些标签。

7.3.2 Mustache 标签

Mustache 标签在概念上跟 EJS 的标签类似，也有变量值的占位符，指明哪里需要循环，可以增强 Mustache 的功能，在模板里添加注释。

1. 显示简单的值

在 Mustache 模板中，要把想要显示的上下文名称放在双大括号中。大括号在 Mustache 社区里被称为**胡须**。比如说，如果想显示上下文项 `name` 的值，应该用 Hogan 标签`{{name}}`。

跟大多数模板引擎一样，Hogan 默认也会对内容进行转义以防范 XSS 攻击。如果要在 Hogan 中显示未转义的值，既可以把上下文项的名称放在三条胡须中，也可以在前面添加一个 `&` 符号。还是用前面那个例子，你可以用`{{{name}}}`显示不做转义处理的上下文值，也可以用`{{&name}}`。

如果想在 Mustache 模板中添加注释，可以这样：`{{! This is a comment }}`。

2. 区块：多个值的循环遍历

尽管 Hogan 不允许在模板中使用逻辑，但它确实引入了一种优雅的办法，可以用 Mustache **区块**对上下文项中的多个值做循环遍历。比如下面这个上下文中的数组：

```
const context = {
  students: [
    { name: 'Jane Narwhal', age: 21 },
    { name: 'Rick LaRue', age: 26 }
  ]
};
```

如果要创建一个模板，让每个学生都显示在单独的 HTML 段落中，比如像下面这样，Hogan 模板可以轻松实现：

```
<p>Name: Jane Narwhal, Age: 21 years old</p>
<p>Name: Rick LaRue, Age: 26 years old</p>
```

下面这个模板能生成上面的 HTML：

```
{{#students}}
  <p>Name: {{name}}, Age: {{age}} years old</p>
{{/students}}
```

3. 反向区块：值不存在时的默认 HTML

如果上下文数据中的 `students` 不是数组会怎么样？比如说，如果只是单个对象，那么模板会显示这个对象。但如果是 undefined 或 false，或者空数组，则什么都不显示。

如果想输出消息指明该区块的值不存在，那么可以用 Mustache 的**反向区块**。把下面的模板代码加到前面那个显示学生信息的模板中，上下文中没有数据时就会显示这条消息：

```
{{^students}}
  <p>No students found.</p>
{{/students}}
```

4. 区块 lambda：区块内的定制功能

如果 Mustache 现有的功能无法满足你的需求，那么可以依据 Mustache 标准自己定义区块标签，让它调用函数处理模板内容，不用循环遍历数组。这被称为**区块 lambda**。

代码清单 7-8 是用区块 lambda 支持 Markdown 的例子。这个例子用到了 github-flavored-markdown 模块，在命令行中输入 `npm install github-flavored-markdown --dev` 安装。如果你用的是随书源码，则在 ch07-templates/listing7_8 里运行 `npm install`。

在下面这段代码中，模板中的`**Name**`传给由区块 lambda 调用的 Markdown 解析器，生成了`<strong>Name</strong>`。

代码清单 7-8 在 Hogan 中使用 lambda

```
const hogan = require('hogan.js');
const md = require('github-flavored-markdown');        ← 引入 Markdown 解析器
const templateSource = `
  {{#markdown}}**Name**: {{name}}{{/markdown}}         ← Mustache 模板中也包含 Markdown 格式的内容
`;
const context = {
  name: 'Rick LaRue',
  markdown: () => text => md.parse(text)               ← 模板上下文中包含一个解析 Markdown 的区块 lambda
};
const template = hogan.compile(templateSource);
console.log(template.render(context));
```

使用区块 lambda 可以在模板中轻松实现缓存和转换机制等功能。

5. 子模板：在其他模板中重用模板

为了避免多个模板中复制粘贴相同的代码，可以将这些通用的代码做成子模板（partial）。子模板是放在其他模板内的构件，可以把复杂的模板分解成简单模板。

比如下面这个例子，将显示学生数据的代码从主模板中分离出来做成了子模板。

代码清单 7-9 在 Hogan 中使用子模板

```
const hogan = require('hogan.js');
const studentTemplate = `                              ← 用于子模板的代码
  <p>
    Name: {{name}},
    Age: {{age}} years old
  </p>
`;
const mainTemplate = `                                 ← 主模板代码
  {{#students}}
    {{>student}}
  {{/students}}
`;
const context = {
  students: [{
     name: 'Jane Narwhal',
     age: 21
  }, {
     name: 'Rick LaRue',
     age: 26
  }]
};
const template = hogan.compile(mainTemplate);           ← 编译主模板和子模板
const partial = hogan.compile(studentTemplate);
const html = template.render(context, {student: partial });   ← 渲染主模板和子模板
console.log(html);
```

7.3.3 微调 Hogan

Hogan 用起来相当简单，掌握它的标签汇总表就够了。在使用时可能只有一两个地方需要调整一下。

如果你不喜欢 Mustache 风格的大括号，可以给 compile 方法传入一个参数覆盖 Hogan 所用的分隔符。下面的例子把 EJS 风格的分隔符编译在 Hogan 中：

```
hogan.compile(text, { delimiters: '<% %>' });
```

除了 Mustache，还有其他模板语言。比如想把 HTML 的噪声都去掉的 Pug。

7.4 用 Pug 做模板

Pug，以前叫 Jade，它用另一种方式来表示 HTML，是 Express 的默认模板引擎。Pug 和其他主流模板系统的差别主要在于它对空格的使用。Pug 模板用缩进表示 HTML 标签的嵌入关系。HTML 标签也不必明确给出关闭标签，从而避免了因为过早关闭，或根本就不关闭标签所产生的问题。由于有严格的缩进规则，因此 Pug 模板看起来很简洁，更易于维护。

我们用一个简短的示例演示一下，看它如何表示这段 HTML：

```
<html>
  <head>
    <title>Welcome</title>
  </head>
  <body>
    <div id="main" class="content">
      <strong>"Hello world!"</strong>
    </div>
  </body>
</html>
```

这段 HTML 对应的 Pug 模板如下所示：

```
html
  head
    title Welcome
  body
    div.content#main
      strong "Hello world!"
```

Pug 像 EJS 一样，可以嵌入 JavaScript，可以用在服务器端或客户端。但 Pug 还有其他特性，比如模板继承和 mixins。用 mixins 可以定义易于重用的小型模板，用来表示常用视觉元素的 HTML，比如条目列表和盒子。Mixins 很像我们上一节介绍的 Hogan.js 子模板。有了模板继承，那些把一个 HTML 页面渲染到多个文件中的 Pug 模板组织起来就更容易了。我们稍后会详细介绍。输入下面这条命令安装 Pug：

```
npm install pug --save
```

本节将会介绍：

- Pug 的基础知识，比如说明类名、属性和块扩展；
- 如何用内置的关键字在 Pug 模板里添加逻辑；
- 如何用继承、块和 mixins 组织模板。

我们先看看 Pug 基本的语法和用法。

7.4.1 Pug 基础知识

Pug 的标签名跟 HTML 一样，但抛弃了前面的<和后面的>字符，并用缩进表示标签的嵌套关系。标签可以用`.<classname>`关联一个或多个 CSS 类。比如应用了 content 和 sidebar 类的 `div` 元素表示为：

```
div.content.sidebar
```

在标签上添加`#<ID>`可以赋予它 CSS ID。比如给前面那个例子中的 `div` 加上了 CSS ID `featured_content`：

```
div.content.sidebar#featured_content
```

`div` 标签的快捷表示法

因为 HTML 中经常使用 `div`，Pug 定义了它的快捷表示法。下面这个例子渲染出来的 HTML 和前面那个例子一样：

```
.content.sidebar#featured_content
```

7

你已经知道如何表示 HTML 标签、它们的 CSS 类和 ID 了，接下来我们看看如何指定 HTML 标签的属性。

1. 指定标签的属性

将标签的属性放在括号中，每个属性之间用逗号分开。下面的 Pug 表示一个会在新的浏览器标签中打开的链接：

```
a(href='http://nodejs.org', target='_blank')
```

因为带属性的标签可能会很长，所以 Pug 在处理这样的标签时比较灵活。比如下面这种表示跟前面那个效果一样：

```
a(href='http://nodejs.org',
  target='_blank')
```

也可以指定不需要值的属性。下面这段 Pug 示例是一个 HTML 表单，其中包含一个 `select` 元素，有预先选定 `option`：

```
strong Select your favorite food:
form
  select
    option(value='Cheese') Cheese
```

```
    option(value='Tofu', selected) Tofu
Specifying tag content
```

在前面那段代码中还有标签内容的示例：strong 标签后面的 Select your favorite food:；第一个 option 后面的 Cheese；第二个 option 后面的 Tofu。

这是 Pug 中指定标签内容的常用办法，但不是唯一的。尽管这种风格在指定比较短的内容时很好用，但如果标签的内容很长，则会导致 Pug 模板中出现超长的代码行。不过，就像下面这个例子一样，在 Pug 中可以用 | 指定标签的内容：

```
textarea
  | This is some default text
  | that the user should be
  | provided with.
```

如果 HTML 标签只接受文本（即不能嵌入 HTML 元素），比如 style 和 script，则可以去掉 | 字符，像下面这样：

```
style.
  h1 {
    font-size: 6em;
    color: #9DFF0C;
  }
```

用两种办法分别表示长短两种内容可以让 Pug 模板保持优雅。Pug 还有一种表示嵌套关系的办法，即**块扩展**。

2. 用块扩展把它组织好

Pug 一般用缩进表示嵌套，但有时缩进形成的空格太多了。比如下面这个用缩进定义链接列表的 Pug 模板：

```
ul
  li
    a(href='http://nodejs.org/') Node.js homepage
  li
    a(href='http://npmjs.org/') NPM homepage
  li
    a(href='http://nodebits.org/') Nodebits blog
```

如果用 Pug 块扩展，这个例子会更紧凑。块扩展可以在标签后面用冒号表示嵌套。下面这段代码生成的输出跟前面的一样，但只有四行代码，而前面那段代码有七行：

```
ul
  li: a(href='http://nodejs.org/') Node.js homepage
  li: a(href='http://npmjs.org/') NPM homepage
  li: a(href='http://nodebits.org/') Nodebits blog
```

如何用 Pug 表示标记的介绍就到这里，接下来我们要看一下如何把 Pug 集成到程序中。

3. 将数据纳入到 Pug 模板中

数据传给 Pug 引擎的方式跟 EJS 一样。模板先被编译成函数，然后带着上下文调用它，以便渲染 HTML 输出。如下例所示：

```
const pug = require('pug');
const template = 'strong #{message}';
const context = { message: 'Hello template!' };
const fn = pug.compile(template);
console.log(fn(context));
```

这个模板中的`#{message}`是要被上下文值替换掉的占位符。

上下文值也可以作为属性的值。下面这个例子会渲染出`<a href="http://google.com"></a>`：

```
const pug = require('pug');
const template = 'a(href = url)';
const context = { url: 'http://google.com' };
const fn = pug.compile(template);
console.log(fn(context));
```

了解了如何用 Pug 表示 HTML，以及如何给 Pug 模板提供数据，接下来该去看一下如何在 Pug 中添加逻辑处理了。

7.4.2 Pug 模板中的逻辑

把数据交给模板后，还需要定义处理数据的逻辑。在 Pug 中，可以直接在模板中嵌入 JavaScript 代码来定义数据处理逻辑。像 `if` 语句、`for` 循环、`var` 声明这样的代码都很常见。在深入讲解具体细节之前，来看个用 Pug 模板渲染通讯录的例子，先对如何使用 Pug 逻辑有个直观的感受：

```
h3.contacts-header My Contacts
if contacts.length
  each contact in contacts
    - var fullName = contact.firstName + ' ' + contact.lastName
    .contact-box
      p fullName
      if contact.isEditable
        p: a(href='/edit/+contact.id) Edit Record
      p
        case contact.status
          when 'Active'
            strong User is active in the system
          when 'Inactive'
            em User is inactive
          when 'Pending'
            | User has a pending invitation
else
  p You currently do not have any contacts
```

下面来看一下 Pug 模板中嵌入 JavaScript 代码时如何处理输出。

1. 在 Pug 模板中使用 JavaScript

带有`-`前缀的 JavaScript 代码的返回结果不会出现在渲染结果中。带有`=`前缀的 JavaScript 代码的执行结果则会出现，但为了防止 XSS 攻击做了转义处理。如果 JavaScript 代码生成的内容不应该转义，那么可以用前缀`!=`。表 7-1 是这些前缀的汇总。

表 7-1　在 Pug 中嵌入 JavaScript 的前缀

前　缀	输　出
=	转义的输出（用于不可信任或不可预测的值，免受 XSS 攻击）
!=	不做转义处理的输出（用于可信任或可预测的值）
-	没有输出

在 Pug 中，有些常用的条件判断和循环语句可以不带前缀：if、else、case、when、default、until、while、each 和 unless。

Pug 中还可以定义变量。下面两种赋值方式效果是一样的：

```
- count = 0
count = 0
```

没有前缀的语句没有输出，就像前面说的-前缀一样。

2. 循环遍历对象和数组

Pug 中的 JavaScript 可以访问上下文中的值。在下面这个例子中，我们会从文件中读取一个 Pug 模板，并让它显示一个包含两条消息的上下文数组：

```
const pug = require('pug');
const fs = require('fs');
const template = fs.readFileSync('./template.pug');
const context = { messages: [
  'You have logged in successfully.',
  'Welcome back!'
]};
const fn = pug.compile(template);
console.log(fn(context));
```

Pug 模板中的内容如下所示：

```
- messages.forEach(message => {
  p= message
- })
```

最终输出的 HTML 是：

```
<p>You have logged in successfully.</p><p>Welcome back!</p>
```

Pug 中还有一个非 JavaScript 形式的循环：each 语句。用 each 语句很容易实现数组和对象属性的循环遍历。

下面这段代码跟前面的例子效果一样，但用的是 each：

```
each message in messages
  p= message
```

对象属性的循环遍历可以稍有不同，像这样：

```
each value, key in post
  div
```

```
    strong #{key}
    p value
```

3. 条件化渲染的模板代码

有时要根据数据的取值决定如何显示模板。下面是个条件判断的例子，几乎有一半的可能会输出 script 标签：

```
- n = Math.round(Math.random() * 1) + 1
- if (n == 1) {
  script
    alert('You win!');
- }
```

条件判断在 Pug 中还有一种更简洁的写法：

```
- n = Math.round(Math.random() * 1) + 1
  if n == 1
    script
      alert('You win!');
```

如果条件判断是取反的，比如 if (n != 1)，可以用 Pug 的 unless 关键字：

```
- n = Math.round(Math.random() * 1) + 1
  unless n == 1
    script
      alert('You win!');
```

4. 在 Pug 中使用 case 语句

Pug 中还有类似于 switch 的非 JavaScript 条件判断：case 语句。case 语句可以根据模板的场景指定输出。

在下面这个例子中，我们用 case 语句以三种不同的方式显示博客的搜索结果。如果没有结果，则显示一条提示消息。如果找到一篇，则显示它的详细信息。如果找到很多篇，则用 each 语句循环遍历所有文章，显示它们的标题：

```
case results.length
  when 0
    p No results found.
  when 1
    p= results[0].content
  default
    each result in results
      p= result.title
```

7.4.3 组织 Pug 模板

模板定义好后，要知道该如何组织。跟程序逻辑一样，你肯定也不想让模板文件过大。一个模板文件应该对应一个构件：比如一个页面，一个边栏，或者一篇博客文章中的内容。

本节会介绍几种机制，让几个不同的模板文件一起渲染内容：

- 用模板继承组织多个模板文件；
- 用块前缀/追加实现布局；
- 模板包含；
- 借助 mixins 重用模板逻辑。

我们先从 Pug 的模板继承开始。

1. 用模板继承组织多个模板文件

模板继承是多个模板文件的结构化处理办法之一。从概念上来讲，模板就像面向对象编程中的类。一个模板可以扩展另一个，然后这个再扩展另一个。只要合理，使用多少层继承都可以。

这里有个小例子，我们用模板继承提供一个简单的 HTML 包装器，可以用来包装页面内容。进入工作目录，创建存放 Pug 文件的 templates 目录。在其中创建模板文件 layout.pug，代码如下所示：

```
html
  head
    block title
  body
    block content
```

layout.pug 中有 HTML 页面的基本定义和两个**模板块**。模板块是可以由后裔模板提供内容的占位符。layout.pug 的后裔模板可以在 `title` 模板块的位置设定页面标题，在 `content` 模板块的位置设定在页面上显示什么。

接下来在 template 中创建 page.pug，这个模板会提供 `title` 和 `content` 块的具体内容：

```
extends layout
block title
  title Messages
block content
  each message in messages
    p= message
```

最后再演示一下继承的实际用法，将本节前面的例子改成下面这段代码，让它显示模板的渲染结果。

代码清单 7-10　模板继承实战

```
const pug = require('pug');
const fs = require('fs');
const templateFile = './templates/page.pug';
const iterTemplate = fs.readFileSync(templateFile);
const context = { messages: [
  'You have logged in successfully.',
  'Welcome back!'
]};
const iterFn = pug.compile(
  iterTemplate,
  { filename: templateFile }
);
console.log(iterFn(context));
```

接下来我们要介绍模板继承的另一个特性：块前缀和块追加。

2. 用块前缀/块追加实现布局

在前面那个例子中，layout.pug 中的模板块没有内容，因此在 page.pug 模板中设定内容简单直接。如果被继承的模板中有内容，也可以用块前缀和块追加，在原有内容基础上构建新内容，而不是替换它。

下面的 layout.pug 模板中增加了一个模板块 `scripts`，其中有加载 jQuery 的 `script` 标签：

```
html
  head
    - const baseUrl = "http://ajax.googleapis.com/ajax/libs/jqueryui/1.8/"
    block title
    block style
    block scripts
  body
    block content
```

如果还想让 page.pug 再加上 jQuery UI 库，可以用下面的模板。

代码清单 7-11 用块追加再加载一个 JavaScript 文件

```
extends layout
baseUrl = "http://ajax.googleapis.com/ajax/libs/jqueryui/1.8/"

block title
  title Messages

block style

  link(rel="stylesheet", href= baseUrl+"themes/flick/jquery-ui.css")

block append scripts
  script(src= baseUrl+"jquery-ui.js")

block content
  count = 0
  each message in messages
    - count = count + 1
    script
      $(function() {
        $("#message_#{count}").dialog({
          height: 140,
          modal: true
        });
      });
    != '<div id="message_' + count + '">' + message + '</div>'
```

注释：这个模板扩展了 layout 模板（指向 extends layout / baseUrl 两行）；定义 style 块（指向 block style）；把这个 scripts 块追加到 layout 中定义的那个上面（指向 block append scripts）。

但模板继承不是唯一一种集成多个模板的办法。也可以用 `include` Pug 命令。

3. 模板包含

Pug 中的 `include` 命令是另一个组织模板的工具。这个命令会引入另一个模板中的内容。如果在前面那个 layout.pug 里加一行 `include footer`，最终就会得到下面这个模版：

```
html
  head
    block title
    block style
    block scripts
      script(src='//ajax.googleapis.com/ajax/libs/jquery/1.8/jquery.js')
  body
    block content
    include footer
```

这个模版会在 layout.pug 的渲染输出中引入 footer.pug 中的内容，如图 7-3 所示。

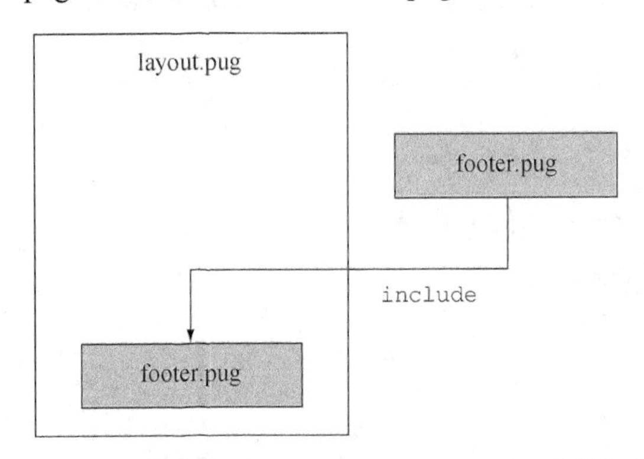

图 7-3　Pug 的 `include` 机制是在渲染一个模板时包含另一个模板内容的简单办法

可以用 `include` 往 layout.pug 中添加关于网站的信息或设计元素。也可以指定文件的扩展名，包含非 Pug 文件（比如 `include twitter_widget.html`）。

4. 借助 mixin 重用模板逻辑

尽管 Pug 的 `include` 命令能帮我们引入之前创建的代码块，但要构建在程序和不同页面之间共享的可重用功能库时，它就帮不上什么忙了。Pug 为此专门提供了 `mixin` 命令，可以用来定义可重用的 Pug 代码块。

`mixin` 模拟的是 JavaScript 函数。它跟函数一样，可以带参数，并且这些参数可以用来生成 Pug 代码。

比如说要处理下面这种数据结构：

```
const students = [
  { name: 'Rick LaRue', age: 23 },
  { name: 'Sarah Cathands', age: 25 },
  { name: 'Bob Dobbs', age: 37 }
];
```

如果要把从对象中提取出来的属性输出到 HTML 列表里，那么可以像下面这样定义一个 `mixin`：

```
mixin list_object_property(objects, property)
  ul
    each object in objects
      li= object[property]
```

然后就可以像下面这样借助 mixin 显示这些数据：

```
mixin list_object_property(students, 'name')
```

借助模板继承、include 语句和 mixin，你可以轻松地重用展示标记，防止模板文件变得过于冗长。

7.5 总结

- 模板引擎可以把程序逻辑和展示组织好。
- EJS、Hogan.js 和 Pug 都是 Node 中比较流行的模板引擎。
- EJS 支持简单的流程控制，以及转义或非转义插值。
- Hogan.js 是简单的模板引擎，不支持流程控制，但支持 Mustache 标准。
- Pug 是比较复杂的模板语言，可以输出 HTML，但不用尖括号。
- Pug 用空格表示标签的嵌套关系。

第 8 章 存储数据

本章内容

- 关系型数据库：PostgreSQL
- 非关系型数据库：MongoDB
- ACID 类
- 云数据库和存储服务

Node.js 的应用范围非常广泛，可以满足开发人员各种各样的需求。没有哪个数据库或存储方案能够独立应对 Node 所面对的各种应用场景。本章不仅会对各种可能的数据存储做个概述，还会介绍一些重要的概念和术语。

8.1 关系型数据库

长期以来，关系型数据库都是 Web 程序存储数据的不二之选。因为关于这个话题的讨论太多了，所以本章不会在这上面多费口舌。

关系型数据库以关系代数和集合论为理论基础，诞生于 20 世纪 70 年代。用**模式**指定各种数据类型的格式和这些数据类型之间的关系。比如说，做社交网络时会有 `User` 和 `Post` 类型，它们之间还会有一对多的关系。然后用结构化查询语言（SQL）发起数据查询，比如“给我 ID 为 123 的用户名下的所有帖子”用 SQL 表示就是：`SELECT * FROM post WHERE user_id=123`。

8.2 PostgreSQL

在 Node 程序中，MySQL 和 PostgreSQL（Postgres）都是常用的关系型数据库。其实选择哪个关系型数据库主要看个人偏好，所以本节大部分内容也适用于其他关系型数据库，比如 MySQL。我们先看一下如何在开发环境中安装 Postgres。

8.2.1 安装及配置

Postgres 的安装不是执行一条 `npm` 命令那么简单。不同平台上的安装是不一样的。macOS 上很简单，只要：

```
brew update
brew install postgres
```

如果之前安装过，可能会碰到升级问题。你可以参照所用平台的指南把原来的数据库迁移一下，或者直接抹掉数据库目录：

```
# WARNING: will delete existing postgres configuration & data
rm -rf /usr/local/var/postgres
```

然后初始化并启动 Postgres：

```
initdb -D /usr/local/var/postgres
pg_ctl -D /usr/local/var/postgres -l logfile start
```

这会启动 Postgres 守护进程，不过每次重启机器都要重新启动这个进程。如果嫌这样麻烦，可以找一下在线教程，有很多教程是讲如何在机器启动时自动启动 Postgres 守护进程的。

同样，很多 Linux 系统也有安装包。至于 Windows，要从 postgresql.org 上下载安装器。

Postgres 有几个命令行管理工具，可以用 man 命令看一下它们各自的帮助手册了解详情。

8.2.2 创建数据库

Postgres 守护进程跑起来后就可以创建要用的库了。数据库只需要创建一次，最简单的办法是用命令 createdb。下面这条命令创建了一个名为 articles 的库：

```
createdb articles
```

如果成功就不会有输出。如果已经有同名数据库了，则什么也不做，只是提示创建失败。

尽管可以根据数据库的运行**环境**配置成连接多个数据库，但大多数程序一次只会连接一个。它们至少会有两个环境：开发和生产。

要删掉已有数据库中的全部数据，可以用 dropdb 命令，参数是数据库名：

```
dropdb articles
```

如果想再用这个库，需要再次执行 createdb。

8.2.3 从 Node 中连接 Postgres

在 Node 中与 Postgres 交互，最受欢迎的包就是 pg。可以用 npm 安装：

```
npm install pg --save
```

Postgres 服务器跑起来了，数据库创建好了，pg 包也安装上了，那么现在可以在 Node 里使用这个数据库了。在给服务器发送命令之前，还需要建立数据库连接，如下所示。

代码清单 8-1 连接数据库

```
const pg = require('pg');
const db = new pg.Client({ database: 'articles' });   <-- 配置连接参数
```

```
db.connect((err, client) => {
  if (err) throw err;
  console.log('Connected to database', db.database);
  db.end();
});
```

关闭数据库连接，Node 进程可以退出

pg 包在 GitHub 的 wiki 页面上有 pg.Client 及其他方法的详细介绍。

8.2.4　定义表

要在 PostgreSQL 中存储数据，首先要像下面这样定义表，确定表中存储的数据形态（随书源码见 ch08-databases/listing8_3）。

代码清单 8-2　定义模式

```
db.query(`
  CREATE TABLE IF NOT EXISTS snippets (
    id SERIAL,
    PRIMARY KEY(id),
    body text
  );
`, (err, result) => {
  if (err) throw err;
  console.log('Created table "snippets"');
  db.end();
});
```

8.2.5　插入数据

表定义好后，可以像下面这样用 INSERT 查询插入数据。如果不指定 id，PostgreSQL 会自动生成一个。要想知道生成的 ID 是什么，需要在查询语句里加上 RETURNING id，然后可以在回调函数的结果集参数中得到 id 值。

代码清单 8-3　插入数据

```
const body = 'hello world';
db.query(`
  INSERT INTO snippets (body) VALUES (
    '${body}'
  )
  RETURNING id
`, (err, result) => {
  if (err) throw err;
  const id = result.rows[0].id;
  console.log('Inserted row with id %s', id);
});
```

8.2.6　更新数据

插入数据后，可以像下面这样用 UPDATE 查询更新数据。受影响的记录数放在查询结果中的

rowCount 属性上。完整随书源码见 ch08-databases/listing8_4。

代码清单 8-4 更新数据

```
const id = 1;
const body = 'greetings, world';
db.query(`
  UPDATE snippets SET (body) = (
    '${body}'
  ) WHERE id=${id};
`, (err, result) => {
  if (err) throw err;
  console.log('Updated %s rows.', result.rowCount);
});
```

8.2.7 查询数据

关系型数据库的能量主要体现在复杂的数据查询上。查询语句用的是 SELECT，下面这种是最简单的。

代码清单 8-5 查询数据

```
db.query(`
  SELECT * FROM snippets ORDER BY id
`, (err, result) => {
  if (err) throw err;
  console.log(result.rows);
});
```

8.3 Knex

很多开发人员都不喜欢把 SQL 直接放在代码里，希望能有个抽象层隔离一下。因为用字符串拼接 SQL 语句太繁琐了，而且那些查询可能会变得越来越难以理解和维护。对于 JavaScript 来说更是如此，因为在 ES2015 的模板常量出来之前，它连表示多行字符串的语法都没有。图 8-1 是 Knex 的统计数据，其中有下载次数，由此可见它是多么受欢迎。

图 8-1 Knex 的使用统计

Knex 是一个轻便的 SQL 抽象包，它被称为**查询构建器**。我们可以通过查询构建器的声明式 API 构造出 SQL 字符串，Kenx 的 API 简单直白：

```
knex({ client: 'mysql' })
  .select()
  .from('users')
```

```
  .where({ id: '123' })
  .toSQL();
```

这段代码会生成一个 MySQL 的参数化 SQL 查询：

```
select * from `users` where `id` = ?
```

8.3.1　查询构建器

尽管业界在 20 世纪 80 年代中期就已经确立了 ANSI 和 ISO SQL 标准，不过直到现在，大多数数据库用的仍然是自己的 SQL 方言。但 PostgreSQL 是个例外，它遵循了 SQL:2008 标准，这种选择极其难能可贵，值得尊敬。查询构建器能在支持多种数据库的同时消除各种 SQL 方言的差异，提供一个统一的 SQL 生成接口。对于经常要在不同的数据库技术之间进行切换的团队来说，查询构建器提供的好处不言而喻。

Knex.js 支持的数据库有：

- PostgreSQL
- MSSQL
- MySQL
- MariaDB
- SQLite3
- Oracle

表 8-1 列出了 Knex 为不同数据库生成的插入语句。

表 8-1　Knex 为不同数据库生成的 SQL

数　据　库	SQL
PostgreSQL、SQLite 和 Oracle	`insert into "users" ("name","age") values(?,?)`
MySQL 和 MariaDB	``insert into `users` (`name`,`age`) values(?,?)``
Microsoft SQL Server	`insert into [users] ([name],[age]) values(?,?)`

Knex 支持 promise 和 Node 风格的回调。

8.3.2　用 Knex 实现连接和查询

Knex 不像其他查询构建器，它还可以根据选定的数据库驱动连接数据库并执行查询语句：

```
db('articles')
  .select('title')
  .where({ title: 'Today's News' })
  .then(articles => {
    console.log(articles);
  });
```

Knex 查询默认返回 promise，但也提供了 `.asCallback` 方法，可以依照惯例支持回调函数：

```
db('articles')
  .select('title')
  .where({ title: 'Today's News' })
  .asCallback((err, articles) => {
    if (err) throw err;
    console.log(articles);
  });
```

第 3 章用到 SQLite 时，是直接跟 sqlite3 包交互的。接下来我们要重写那个例子，这次要用上 Knex。先安装 knex 和 sqlite3 包：

```
npm install knex@~0.12.0 sqlite3@~3.1.0 --save
```

下面的代码用 sqlite3 实现了简单的 `Article` 模型。将它保存为 db.js，稍后在代码清单 8-7 中将用它跟数据库交互。

代码清单 8-6　用 Knex 连接 sqlite3 并进行查询

```
const knex = require('knex');

const db = knex({
  client: 'sqlite3',
  connection: {
    filename: 'tldr.sqlite'
  },
  useNullAsDefault: true        <-- 在改变后端时将它设为默认更有效
});

module.exports = () => {
  return db.schema.createTableIfNotExists('articles', table => {
    table.increments('id').primary();        <-- 定义插入时自增长的主键“id”
    table.string('title');
    table.text('content');
  });
};

module.exports.Article = {
  all() {
    return db('articles').orderBy('title');
  },

  find(id) {
    return db('articles').where({ id }).first();
  },

  create(data) {
    return db('articles').insert(data);
  },

  delete(id) {
    return db('articles').del().where({ id });
  }
};
```

现在可以用 db.Article 添加 Article 记录了。下面这段代码是用来创建 Article 的，并会输出全部文章。完整随书源码见 ch08-databases/listing8_7/index.js。

代码清单 8-7　与用 Knex 实现的 API 交互

```
db().then(() => {
  db.Article.create({
    title: 'my article',
    content: 'article content'
  }).then(() => {
    db.Article.all().then(articles => {
      console.log(articles);
      process.exit();
    });
  });
})
.catch(err => { throw err });
```

SQLite 几乎不需要配置：不用启动服务器守护进程，也不用在程序外面创建数据库。SQLite 把所有东西都写到一个文件里。运行前面的代码后，当前目录下会有个 articles.sqlite 文件。删掉这个文件就能把这个数据库抹掉：

```
rm articles.sqlite
```

SQLite 还有内存模式，完全不用往硬盘里写东西。在进行自动化测试时，一般会用这种模式降低运行时间。带有 :memory: 的特殊文件名会启用内存模式。在启用内存模式后，如果有多个连接，那么每个连接都会有自己的私有数据库：

```
const db = knex({
  client: 'sqlite3',
  connection: {
    filename: ':memory:'
  },
  useNullAsDefault: true
});
```

8.3.3　切换数据库

因为用了 Knex，所以要把代码清单 8-6 和代码清单 8-7 换成使用 PostgreSQL 很容易。跟 PostgreSQL 服务器交互需要用到 pg 包，要将其安装好并跑起来。把 pg 包安装到代码清单 8-7（随书源码见 ch08-databases/listing8_7）所在的目录中，别忘了用 PostgreSQL 的 createdb 命令创建相应的数据库：

```
npm install pg --save
createdb articles
```

只要修改 Knex 的配置就能换成这个新数据库。对外的 API 和使用还是一样的：

```
const db = knex({
  client: 'pg',
```

```
    connection: {
      database: 'articles'
    }
  })
```

不过在现实中，还要迁移数据库。

8.3.4 注意抽象漏洞

查询构建器能对 SQL 语法做标准化处理，但改变不了数据库的行为。有些特性只有特定数据库提供支持，而且对于同样的查询，不同的数据库可能会作出不同的行为。比如下面这两个定义主键的方法：

- `table.increments('id').primary();`
- `table.integer('id').primary();`

在 SQLite3 上都没问题，但在 PostgreSQL 上插入记录时，第二个会出错：

```
"null value in column "id" violates not-null constraint"
```

在 SQLite 上，如果插入的记录主键为 `null`，不管是否配置为自增长主键，都会自动赋给它一个自增长的 ID。而 PostgreSQL 只有主键显式定义为自增长主键时才会如此处理。这样的行为差异很多，并且有些差异导致的错误可能无法轻易发现。如果换数据库，一定要进行充分地测试。

8.4 MySQL 和 PostgreSQL

MySQL 和 PostgreSQL 都是成熟高效的数据库系统，并且对于很多项目来说，它们两个几乎没什么差别。直到项目需要扩张时，开发人员才会感觉到它们在接口边缘或接口之下的差异。

要详尽地列出两个关系型数据库之间的差别是件比较复杂的事情，所以我们这里只会给出一些值得注意的差别：

- PostgreSQL 支持一些表达能力更强的数据类型，比如数组、JSON 和用户定义的类型；
- PostgreSQL 自带全文搜索功能；
- PostgreSQL 全面支持 ANSI SQL:2008 标准；
- PostgreSQL 的复制功能不如 MySQL 强大，或者说没有经受过那么严苛的考验；
- MySQL 资历更老、社区更大，有更多的工具和资源；
- MySQL 有很多有微妙差别的分支（比如 MariaDB 和 WebScaleSQL 这些受到 Facebook、Google、Twitter 等公司支持的版本）；
- MySQL 的可插拔存储引擎不太好理解，管理和调优也有一定的难度。不过换个角度来看，这也意味着可以对它的性能做更精细的控制。

MySQL 和 PostgreSQL 在规模变大后会表现出不同的性能特点，这要取决于它们要处理哪种工作负载。但可能只有等到项目成熟之后，工作负载的类型才会显现出来。

对于各种关系型数据库的比较，网上有很多深入细致的资料可供参考。

- www.digitalocean.com/community/tutorials/sqlite-vs-mysql-vs-postgresql-a-comparison-of-relational-database-management-systems
- https://blog.udemy.com/mysql-vs-postgresql/
- https://eng.uber.com/mysql-migration/

选哪个数据库并不会影响项目成功与否，所以不要在这个问题上纠结。如果有必要，以后也可以做数据库迁移，但 PostgreSQL 应该足以满足你对功能特性和扩展能力的需求。但如果你恰好要对数据库的评估选型负责，则有必要熟悉一下 ACID 保证。

8.5 ACID 保证

ACID[①]是对数据库事务的一组要求：原子性、一致性、隔离性和耐用性。这些术语的确切定义可能会变。但一般来说，系统对 ACID 保证越严格，在性能上作出的让步就越大。开发人员用 ACID 分类来交流不同方案所做的妥协，比如在聊 NoSQL 系统时。

8.5.1 原子性：无论成败，事务必须整体执行

原子性事务不能被部分执行：或者整个操作都完成了，或者数据库保持原样。比如说要删除某个用户的所有评论，如果作为一个事务的话，或者全都删掉了，或者一条也没删。最终不能是有些删掉了，有些还保持原来的状态。甚至在系统出错或断电后，仍然要保证原子性。**原子性**在这里的意思是**不可再分**。

8.5.2 一致性：始终确保约束条件

成功完成的事务必须符合系统中定义的所有数据完整性约束。比如主键必须唯一、数据要符合某种特定的模式，或者外键必须指向存在的实体。产生不一致状态的事务一般也会失败，然而小问题是可以自动解决的，比如将数据转换成正确的形态。不要把一致性（Consistency）的 C 跟 CAP 定理中的 C 搞混了，那个 C 是指在读取分布式存储的数据时，确保呈现的是一个视图。

8.5.3 隔离性：并发事务不会相互干扰

不管是并发还是线性执行，隔离性事务的执行结果应该都是一样的。系统的隔离水平会直接影响它执行并发操作的能力。**全局锁**是一种比较低幼的隔离方式，由于在事务期间会把整个数据库锁住，所以只能串行处理事务。这是很强的隔离性保证，但效率也极低：那些跟事务完全没有关联的数据集根本不应该被锁住（比如说，一个用户添加评论时不应该导致另一个用户无法更新自己的个人资料）。在现实情况中，数据库系统会提供更加精细的和有选择性的锁模式（比如锁表、锁记录或锁数据域），以实现各种程度的隔离水平。更复杂的系统甚至可能会采用隔离水平

① 原子性（Atomicity）、一致性（Consistency）、隔离性（Isolation）和耐用性（Durability）的缩写。

最低的锁模式，乐观地并行执行所有事务，直到检测到冲突时才会逐步细化锁模式。

8.5.4 耐用性：事务是永久性的

事务的**耐用性**是对持久化生效的保证，在重启、断电、系统错误甚至硬件失效的情况下，持久化的效果依然不受影响。比如 SQLite 内存模式下的事务就没有耐用性，进程退出后所有数据都没了。而在 SQLite 把数据写到硬盘中时，事务的耐用性就很好，因为机器重启后数据还在。

这看起来好像很简单：只要把数据写到硬盘里就好了，事务就有耐用性了。但硬盘 I/O 是比较慢的操作，即便程序规模增长比较温和时，I/O 操作也会迅速变成性能瓶颈。为了保证系统性能，有些数据库会提供不同的耐用性折中方案。

8.6 NoSQL

非关系模型的数据存储统称为 NoSQL。因为现在有些 NoSQL 数据库确实支持 SQL，所以 NoSQL 的含义更接近于**非关系型**，或者被当作**不仅是 SQL** 的缩写。

下面举一些 NoSQL 的范式及相应的数据库的例子：

- 键–值/元组存储——DynamoDB、LevelDB、Redis、etcd、Riak、Aerospike、Berkeley DB；
- 图存储——Neo4J、OrientDB；
- 文档存储——CouchDB、MongoDB、Elastic（以前的 Elasticsearch）；
- 列存储——Cassandra、HBase；
- 时间序列存储——Graphite、InfluxDB、RRDtool；
- 多范式——Couchbase（文档数据库、键/值存储、分布式缓存）。

NoSQL 官网上有更完整的 NoSQL 数据库列表。

如果你只用过关系型数据库，可能不太容易接受 NoSQL 的概念，因为 NoSQL 的用法经常会违反你已经习惯了的最佳实践：没有模式定义、重复的数据、松散的强制性约束。NoSQL 系统经常会将赋予数据库的责任放到应用程序上。这看起来可能会很乱。

一般情况下，只要一小部分访问模式就会创建大量的数据库工作负载，比如生成程序登录画面的查询，需要获取很多域对象。在关系型数据库中，要提高读取性能时一般会做非规范化，给客户端的域查询要经过预处理并形成可以降低查询次数的形态。

一般来说，NoSQL 数据默认就是非规范化的，甚至会跳过域建模。这样就不会在数据模型上做过多工作，修改起来会更迅速，并形成更简单、更好执行的设计。

8.7 分布式数据库

程序可以在垂直和水平两个方向上扩展，垂直扩展是指增加机器的能力，水平扩展是指增加机器的数量。垂直扩展一般更简单，但会受限于一台机器所能达到的硬件水平，而且成本上升很快。相对来说，水平扩展时，系统的能力是随着处理器和机器的增加而增长的。因为要协调更多的动态组件，所以会增加复杂性。所有增长的系统最终都会达到一个点，之后只能做水平扩展。

分布式数据库从一开始就是按照水平扩展设计的。把数据存储在多台机器上解决了单点故障问题，可以提升耐用性。很多关系型系统都可以用分片、主/从、主/主复制等形态进行一定的水平扩展，但不会超过几百个节点。比如 MySQL 集群的上限是 255 个节点。而分布式数据库可以有几千个节点。

8.8 MongoDB

MongoDB 是面向对象的分布式数据库，使用它的 Node 开发人员特别多。时髦的 MEAN 栈中的 M 就是 MongoDB（另外三个是 Express、Angular 和 Node），一般我们刚开始接触 Node 时遇到的第一个数据库就是它。从图 8-2 可以看出 mongodb 模块有多火。

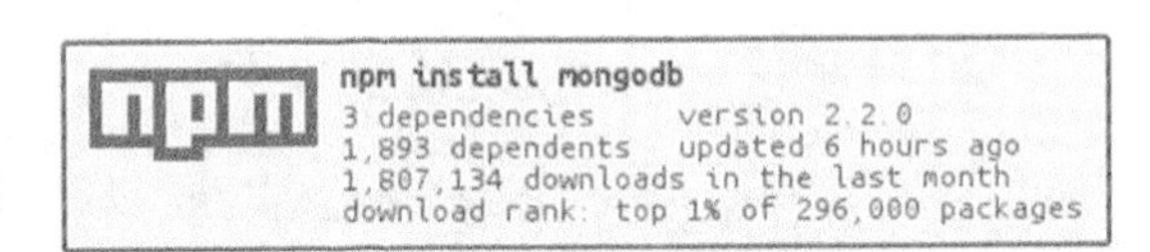

图 8-2　MongoDB 的使用统计

MongoDB 受到的批评和争议非常多。尽管如此，它仍然是很多开发人员的主存储。很多著名公司都部署了 MongoDB，包括 Adobe、LinkedIn、eBay，甚至欧洲粒子物理研究所（CERN）的大型强子对撞机组件上都在用它。

MongoDB 数据库把文档存储在无模式的**数据集**中。不需要预先为文档定义模式，同一个数据集中的文档也不用遵循相同的模式。这给了 MongoDB 很大的灵活性，但程序要因此承担起保证数据一致性的责任，确保文档的结构是可预测的。

8.8.1 安装和配置

不同系统上的 MongoDB 安装是不一样的。MacOS 上就是简单的：

```
brew install mongodb
```

MongoDB 服务器是用可执行文件 mongod 启动的：

```
mongod --config /usr/local/etc/mongod.conf
```

Christian Amor Kvalheim 的官方 mongodb 包是最受欢迎的 MongoDB 驱动：

```
npm install mongodb@^2.1.0 --save
```

Windows 用户注意一下，这个驱动的安装需要 Microsoft Visual Studio 的 msbuild.exe。

8.8.2 连接 MongoDB

装好 mongodb 包，启动了 mongod 服务器之后，可以从 Node 中作为客户端连接它，代码如下所示。

代码清单 8-8　连接 MongoDB

```
const { MongoClient } = require('mongodb');

MongoClient.connect('mongodb://localhost:27017/articles')
  .then(db  => {
    console.log('Client ready');
    db.close();
  }, console.error);
```

连接成功的处理器会得到一个数据库客户端实例，所有数据库命令都是交给它执行的。

大部分数据库交互都是通过 collection API 完成的：

- `collection.insert(doc)`——插入一个或多个文档；
- `collection.find(query)`——找到跟查询匹配的文档；
- `collection.remove(query)`——移除跟查询匹配的文档；
- `collection.drop()`——移除整个数据集；
- `collection.update(query)`——更新跟查询匹配的文档；
- `collection.count(query)`——对跟查询匹配的文档计数。

为满足操作一个或多个文档的需求，`find`、`insert` 和 `delete` 等操作有几种变体。比如：

- `collection.insertOne(doc)`——插入单个文档；
- `collection.insertMany([doc1,doc2])`——插入多个文档；
- `collection.findOne(query)`——找到一个跟查询匹配的文档；
- `collection.updateMany(query)`——更新所有跟查询匹配的文档。

8.8.3　插入文档

`collection.insertOne` 将单个对象作为文档存到数据集里，代码如下所示。成功处理器会得到一个包含操作元信息的对象。

代码清单 8-9　插入文档

```
const article = {
  title: 'I like cake',
  content: 'It is quite good.'
};
db.collection('articles')
  .insertOne(article)
.then(result => {
  console.log(result.insertedId);
  console.log(article._id);   B
});
```

如果文档没有_id，会创建一个新的 ID，insertedId 就是那个 ID

定义文档的原始对象中增加了一个新属性_id

`insertMany` 的用法也差不多，只是参数是包含多个对象的数组。`insertMany` 的结果不再是一个 `insertedId`，而是包含多个 ID 的 `insertedIds` 数组，ID 的顺序跟作为参数的数组中的文档顺序一样。

8.8.4 查询

从数据集中读取文档的方法（比如 find、update 和 remove）都会有一个查询参数，用来匹配文档。最简单的查询是一个对象，MongoDB 会匹配结构和值相同的文档。比如下面这个查询会匹配所有标题为“I like cake”的文档：

```
db.collection('articles')
  .find({ title: 'I like cake' })
  .toArray().then(results => {
    console.log(results);          <-- 包含所有跟查询匹配的文档的数组
  });
```

查询可以用具有唯一性的 _id 进行匹配：

```
collection.findOne({ _id: someID })
```

或者基于**查询操作符**匹配：

```
db.collection('articles')
  .find({title: { $regex:  /cake$/I }})     <-- 标题以“cake”结尾的文档，大小写敏感
```

MongoDB 查询语言中的**查询操作符**很多，比如：

- $eq——等于某个值；
- $neq——不等于某个值；
- $in——在数组中；
- $nin——不在数组中；
- $lt、$lte、$gt、$gte——大于/小于或等于比较值；
- $near——地理位置值在某个区域附近；
- $not、$and、$or、$nor——逻辑操作符。

这些操作符几乎可以组合出所有查询条件，创造出可读性强、精巧的、富有表达力的查询语句。更多与查询和查询操作符有关的内容请浏览 Query and Projection Operators 网站。

下面这段代码用 MongoDB 实现了之前那个 Articles API，对外部使用者来说几乎是一样的。将这个保存为 db.js（示例源码见 listing8_10/db.js）。

代码清单 8-10　用 MongoDB 实现 Article API

```
const { MongoClient, ObjectID } = require('mongodb');

let db;

module.exports = () => {
  return MongoClient
    .connect('mongodb://localhost:27017/articles')
    .then((client) => {
      db = client;
    });
};
```

```
module.exports.Article = {
  all() {
    return db.collection('articles2').find().sort({ title: 1 }).toArray();
  },

  find(_id) {
    if (typeof _id !== 'object') _id = ObjectID(_id);
    return db.collection('articles2').findOne({ _id });
  },

  create(data) {
    return db.collection('articles2').insertOne(data, { w: 1 });
  },

  delete(_id) {
    if (typeof _id !== 'object') _id = ObjectID(_id);
    return db.collection('articles2').deleteOne({ _id }, { w: 1 });
  }
};
```

支持字符串或ObjectID类型的_id参数

下面这段代码是代码清单 8-10 的用法示范（示例源码见 listing8_10/index.js）：

```
const db = require('./db');

db().then(() => {
  db.Article.create({ title: 'An article!' }).then(() => {
    db.Article.all().then(articles => {
      console.log(articles);
      process.exit();
    });
  });
});
```

这段代码用了代码清单 8-10 中连接数据库返回的 promise，然后用 Article 的 create 方法创建了一篇文章。再加载所有文章，输出。

8.8.5 使用 MongoDB 标识

MongoDB 的标识是二进制 JSON（BSON）格式的。文档上的 _id 是一个 JavaScript 对象，其内部封装了 BSON 格式的 ObjectID。BSON 格式是文档在 MongoDB 内部的表示和传输格式，它比 JSON 的空间利用率高，解析速度快，也就是说可以用更低的带宽达成更快的数据库交互。

BSON 格式的 ObjectID 并不是随机的字节序列，它编码了 ID 何时在何处生成的元数据。比如 ObjectID 的前四个字节，它们是时间戳。因此文档中没必要再单独存一个 createdAt 时间戳：

```
const id = new ObjectID(61bd7f57bf1532835dd6174b);
id.getTimestamp();
```

getTimestamp 返回 JavaScript 日期：2016-07-08T14:49:05.000Z

https://docs.mongodb.com/manual/reference/method/ObjectId/中有关于 ObjectID 格式的更多信息。

在终端里输出时，ObjectID 表面上看起来可能像字符串一样，但实际上是对象。所以在进行比较时，解释器会报告说两个看起来完全一样的值是不同的，因为它们是指向不同对象的引用值。这就是经典的对象比较陷阱。

下面的代码两次提取相同的对象。我们试图用 Node 自带的 assert 模块断言这两个 ID 或者说对象是相等的，结果却失败了：

```
const Articles = db.collection('articles');
Articles.find().then(articles => {
  const article1 = articles[0];
  return Articles
    .findOne({_id: article1._id})
    .then(article2 => {
      assert.equal(article2._id, article1._id);
    });
});
```

这些断言产生的错误信息看起来会让人觉得很困惑，因为实际值和期望值似乎真的一模一样：

```
operator: equal
expected: 577f6b45549a3b991e1c3c18
actual:   577f6b45549a3b991e1c3c18
operator: equal
expected:
  { _id: 577f6b45549a3b991e1c3c18, title: 'attractive-money' ... }
actual:
  { _id: 577f6b45549a3b991e1c3c18, title: 'attractive-money' ... }
```

ObjectID 有个 equal 方法，所有的 _id 都可以用这个方法判断它们是否相等。另外，你也可以将标识强制转换为字符串进行比较，或者用 assert 模块的 deepEquals 方法：

```
article1._id.equals(article2._id);
String(article1._id) === String(article2._id);
assert.deepEqual(article1._id, article2._id);
```

注意，如果断言结果为 false，这里会抛出异常

传给 mongodb 驱动的标识必须是 BSON 格式的 ObjectID。ObjectID 构造器可以将字符串转换成 ObjectID：

```
const { ObjectID } = require('mongodb');
const stringID = '577f6b45549a3b991e1c3c18';
const bsonID = new ObjectID(stringID);
```

要尽可能保持 BSON 格式。在 BSON 和字符串之间的相互转换会以牺牲性能为代价，这违背了 MongoDB 把 BSON 格式的标识交给客户端的初衷。请参阅 BSON 官网了解 BSON 格式的详细信息。

8.8.6 使用复制集

MongoDB 的分布式功能超出了本书的讨论范围，但我们还是要用一节的篇幅快速介绍一下

复制集的基础知识。多个 mongod 进程可以作为复制集的节点/成员运行。**复制集**是由一个主节点和无数个从节点组成的。复制集中的每个成员都会分到唯一的端口和目录存储自己的数据。各个实例不能共享端口和目录，并且在启动之前这些目录必须是已经存在了。

下面的代码为每个成员创建了唯一的目录，并从端口 27017 开始按顺序启动它们。如果不想让 mongod 在后台运行（命令中不带&），可以为每个 mongod 命令开一个新的终端标签。

代码清单 8-11 启动一个复制集

```
mkdir -p ./mongodata/db0 ./mongodata/db1 ./mongodata/db2

pkill mongod        ◁ 确保没有其他 mongod 实例运行
sleep 3             ◁ 让已有实例有时间关停

mongod --port 27017 --dbpath ./rs0-data/db0 --replSet rs0 &
mongod --port 27018 --dbpath ./rs0-data/db1 --replSet rs0 &
mongod --port 27019 --dbpath ./rs0-data/db2 --replSet rs0 &
```

复制集跑起来之后，MongoDB 需要执行一些初始化操作。你需要连接到希望让它做主节点的那个实例（默认是 27017），并像下面这样调用 rs.initiate()。然后把这些实例作为成员添加到复制集中。注意要提供所连机器的主机名。

代码清单 8-12 复制集的初始化

```
mongo --eval "rs.initiate()"
mongo --eval "rs.add('`hostname`:27017')"   ◁ UNIX 命令 hostname 会输出当前机器的主机名
mongo --eval "rs.add('`hostname`:27018')"
mongo --eval "rs.add('`hostname`:27019')"
```

在建立连接时，MongoDB 客户端需要知道所有的复制集成员，但并不要求所有成员都在线。连上之后就可以照常使用了。代码清单 8-13 创建了一个由三个成员组成的复制集。

代码清单 8-13 创建复制集

```
const os = require('os');
const { MongoClient } = require('mongodb');
const hostname = os.hostname();

const members = [
  `${hostname}:27018`,
  `${hostname}:27017`,
  `${hostname}:27019`
];

MongoClient.connect(`mongodb://${members.join(',')}/test?replSet=rs0`)   ◁ test 是数据库名；rs0 是复制集的名称
.then(db => {
  db.admin().replSetGetStatus().then(status => {   ◁ replSetGetStatus 会输出复制集的成员信息和元数据
    console.log(status);
    db.close();
  });
});
```

即便有节点崩溃，但只要仍在运行的mongod节点不少于两个，系统就能继续工作。如果主节点崩溃了，系统会自动推举一个从节点升为主节点。

8.8.7　了解写关注

在使用MongoDB时，开发人员能够对性能和安全上的折中选项做精细的控制，以满足程序不同区域的需要。要想不出意外，必须掌握MongoDB的写关注和读关注这两个概念，特别是在复制集中的节点不断增多时。由于篇幅有限，本节只讨论最重要的写关注。

写关注本质上是个数量值，表明MongoDB在返回操作整体成功的响应之前，需要把数据成功写入多少个mongod实例。如果不特别指明，写关注的默认值是1，即确保数据成功写入至少一个节点。对于重要数据而言，这样的保证水平是不够的。如果在数据复制到其他节点之前，这个节点下线了，那数据可能就丢了。

从程序角度来讲，有可能，实际上是经常希望把写关注设为0，即程序根本不想为MongoDB的响应而等待：

```
db.collection('data').insertOne(data, { w: 0 });
```

写关注为0时性能水平达到最高，但同时耐用性保证降到最低，一般只在临时或不重要的数据上使用（比如写日志或缓存）。

在连到复制集上时，写关注可以大于1。把数据复制到更多节点上可以降低其丢失的风险，但代价是操作延时会更长：

```
db.collection('data').insertOne(data, { w: 2 });
db.collection('data').insertOne(data, { w: 5 });
```

写关注也可以随着集群中节点数量的变化而变化。当写关注被设为`majority`时，MongoDB能自行动态调整它的值。此时数据一定会写入至少50%的可用节点：

```
db.collection('data').insertOne(data, { w: 'majority' });
```

默认值的写关注1可能无法充分保证重要数据的安全。如果在数据复制到其他节点之前，这个节点下线了，那数据可能就丢了。

写关注大于1时，可以确保在继续操作之前数据会写入到多个mongod实例上。在同一台机器上运行多个实例确实可以提高数据的安全性，但出现系统性故障时，比如硬盘空间或RAM耗光了，这样的配置是无济于事的。如果把节点分布在多台机器上，并确保写入操作会传播到这些节点上时，可以保证数据不受机器故障的影响，但同样，整个数据中心都出问题时就不行了，并且写操作会变得更慢。把节点分布到多个数据中心可以保证数据不受数据中心级故障的影响，但将数据复制到多个数据中心对性能的影响非常大。

保障越多，系统越慢，也越复杂。不仅MongoDB如此，所有数据存储都这样。没有完美的解决方案，你需要决定将程序各部分的风险水平控制在什么范围内。

可以参考以下资料进一步了解MongoDB复制的工作机制：

- ❑ https://docs.mongodb.com/manual/faq/replica-sets/
- ❑ https://docs.mongodb.com/manual/faq/concurrency/

8.9 键/值存储

键/值存储中的所有记录都是由一个键值对构成的。大多数键/值系统都不对值的数据类型、长度和结构做限制。在键/值数据库看来，值是不透明的原子：数据库不知道，或者说不关心值的数据类型，并且将值作为一个整体，不会切分或访问其中的部分数据。在关系型数据库中，数据一行行地存在表中，每一行都分成预先定义好的列。但键/值存储跟它相反，其把管理数据格式的任务交给了应用程序。

键/值存储经常出现在程序性能的关键路径上。理想情况下，值应该是按照用最少的读取次数完成任务的标准来摆放的。相较其他数据库而言，键/值存储的查询能力比较简单。复杂查询最好是预先计算好的。否则应该放在程序里，而不是交给数据库执行。有了这样的限制，数据库的性能特征就更容易理解和预测了。

像 Redis 和 Memcached 这些最火的键/值存储经常用来做易失性存储（进程退出后数据就没了）。避免写盘操作是提升性能的最佳方式。如果数据可以重新生成，或者丢了也没多大关系时，这种折中是可以接受的，比如作为缓存和存储用户会话数据时。

可能很多人觉得不能用键/值存储做主存储，但实际上并非如此。很多键/值存储的耐用性跟“真正的”数据库不相上下。

8.10 Redis

Redis 是热门的结构化内存数据库。尽管很多人认为 Redis 是键/值存储，但实际上键和值只是 Redis 所支持的众多数据结构中的一种，它还支持很多实用的基础结构。图 8-3 是 redis 包在 npm 上的使用统计。

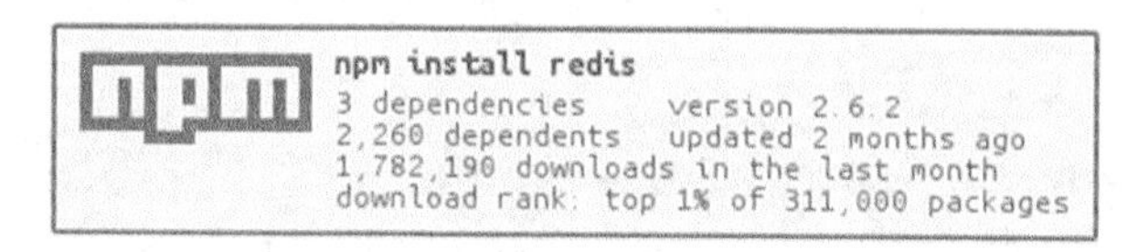

图 8-3 redis 包在 npm 上的使用统计

Redis 原生支持的数据结构包括：

- ❑ 字符串
- ❑ 散列表
- ❑ 列表
- ❑ 集合
- ❑ 有序集

Redis 还有很多实用的功能：

- 位图数据——直接在值上进行位操作；
- 地理位置索引——存储带半径查询的地理位置数据；
- 频道——一种发布/订阅数据传递机制；
- TTL——数据可以有过期时间，过期之后自动清除；
- LRU 逐出——有选择地移除最近不用的数据，以便维持内存的利用率；
- HyperLogLog——用很低的内存占用求集合基数的高性能算法（不需要存储所有成员）；
- 复制、集群和分区——水平扩展和数据耐用性；
- Lua 脚本——可以给 Redis 添加自定义的命令。

本节会介绍一些 Redis 命令，但我们的出发点不是要给你一份参考手册，而是希望能借此让你了解 Redis 的能力。Redis 真的是一个超强的多面手，http://redis.io/commands 上有更详细的介绍。

8.10.1　安装和配置

可以用系统上的包管理工具安装 Redis。在 macOS 上用 Homebrew 安装很简单：

```
brew install redis
```

用可执行文件 redis-server 启动服务器：

```
redis-server /usr/local/etc/redis.conf
```

服务器默认的监听端口是 6397。

8.10.2　初始化

Redis 客户端实例是用 redis npm 包的 `createClient` 函数创建的：

```
const redis = require('redis');
const db = redis.createClient(6379, '127.0.0.1');
```

这个函数以端口和服务器的主机地址为参数。如果 Redis 运行在本机的默认端口上，则无须提供参数：

```
const db = redis.createClient();
```

就像代码清单 8-14 所展示的，因为 Redis 客户端实例是一个 `EventEmitter`，所以我们可以通过它监听各种 Redis 状态事件。不用等着连接准备好再向客户端发送命令，这些命令会缓存到连接就绪。

代码清单 8-14　连接到 Redis 监听状态事件

```
const redis = require('redis');

const db = redis.createClient();
db.on('connect', () => console.log('Redis client connected to server.'));
db.on('ready', () => console.log('Redis server is ready.'));
db.on('error', err => console.error('Redis error', err));
```

出现连接或客户端方面的问题时会触发错误处理器。如果发生了 error 事件，但没有监听该事件的错误处理器，程序会抛出错误然后退出。Node 中的所有 EventEmitter 都是这样的。如果连接失败后有错误处理器，Redis 客户端会尝试重新连接。

8.10.3 处理键/值对

Redis 可以当作普通的键/值存储用，支持字符串和任何二进制数据。分别用 get 和 set 方法读写键/值对：

```
db.set('color', 'red', err => {
  if (err) throw err;
});

db.get('color', (err, value) => {
  if (err) throw err;
  console.log('Got:', value);
});
```

如果写入的键已经存在了，那么原来的值会被覆盖掉。如果读取的键不存在，则会得到值 null，而不会被当作错误。

下面这些命令是用来获取和处理值的：

- append
- decr
- decrby
- get
- getrange
- getset
- incr
- incrby
- incrbyfloat
- mget
- mset
- msetnx
- psetex
- set
- setex
- setnx
- setrange
- strlen

8.10.4　处理键

exists 可以检查某个键是否存在，它能接受任何数据类型：

```
db.exists('users', (err, doesExist) => {
  if (err) throw err;
      console.log('users exists:', doesExist);
});
```

除了 exists，下面这些命令都可以用在键上，任何类型的值都可以（这些命令可以接受字符串、集合、列表等类型）：

- del
- exists
- rename
- renamenx
- sort
- scan
- type

8.10.5　编码与数据类型

在 Redis 服务器里，键和值是二进制对象，跟传给客户端时所用的编码没关系。所有有效的 JavaScript 字符串（UCS2/UTF16）都是有效的键或值：

```
db.set('greeting', '你好', redis.print);
db.get('greeting', redis.print);
db.set('icon', '?', redis.print);
db.get('icon', redis.print);
```

默认情况下，在写入时会将键和值强制转换成字符串。比如说，如果设定某个键的值是数字，那么在读取这条记录时，得到的值将会是个字符串：

```
db.set('colors', 1, (err) => {
  if (err) throw err;
});

db.get('colors', (err, value) => {
  if (err) throw err;
  console.log('Got: %s as %s', value, typeof value);    <-- 值的类型是字符串
});
```

Redis 客户端会默默地将数字、布尔值和日期转换成字符串，它也乐意接受缓冲区对象。除此之外，设定其他任何 JavaScript 类型（比如对象、数组、正则表达式）的值时，客户端都会发出一个不应被忽略警告：

```
db.set('users', {}, redis.print);

Deprecated: The SET command contains a argument of type Object.
```

```
This is converted to "[object Object]" by using .toString() now
  and will return an error from v.3.0 on.
Please handle this in your code to make sure everything works
  as you intended it to.
```

将来这会变成错误，所以一定要让程序确保传给 Redis 客户端的数据类型是正确的。

1. 陷阱：单值和多值数组

如果值是包含多个值的数组，那么客户端会报一个很神秘的错误，即“ReplyError：ERR syntax error”：

```
db.set('users', ['Alice', 'Bob'], redis.print);
```

但如果数组中只有一个值，则不会报错：

```
db.set('user', ['Alice'], redis.print);
db.get('user', redis.print);
```

这种 bug 可能要等到程序上线后才会爆发，因为测试集一般都用简版的测试数据，可能生成的数组恰好只有一个值，所以让 bug 轻松躲过了检查。一定要注意！

2. 带缓冲区的二进制数据

Redis 可以存储任何二进制数据，也就是说它可以存储任何类型的数据。Node 客户端对这一功能的支持是用 Node 的 `Buffer` 类型实现的。当 Redis 客户端收到缓冲区类型的键或值时，会原封不动地将这些字节发给 Redis 服务器。为了避免可能会出现的数据破坏或性能损失，客户端不会进行缓冲区和字符串之间的类型转换。比如说，如果要把硬盘或网络上的数据直接写到 Redis 中，那么直接写缓冲区里的数据明显会比先把数据转成字符串再写更高效。

缓 冲 区

缓冲区是 Node 的核心文件和网络 API 默认提供的结果。它们是二进制数据连续块的容器，在 JavaScript 还没有自己的原生二进制数据类型（`Uint8Array`、`Float32Array` 等）时就已经在 Node 里了。现在它是 `Uint8Array` 的特殊子类。Buffer API 在 Node 中是可以全局访问的，用它不需要 `require` 任何东西。

参见 https://github.com/nodejs/node/blob/master/lib/buffer.js

Redis 最近添了一些操作字符串上单个位的命令，在处理缓冲区时也可以用：

- `bitcount`
- `bitfield`
- `bitop`
- `setbit`
- `bitpos`

8.10.6　使用散列表

散列表是键/值对的数据集。hmset 命令的参数是一个键和一个表示散列键/值对的对象。hmget 可以读出这个包含键/值对的对象，代码如下所示。

代码清单 8-15　将数据存在 Redis 散列表中

```
db.hmset('camping', {                                    <— 设定散列表
  shelter: '2-person tent',                                 键/值对
  cooking: 'campstove'
}, redis.print);
                                                              获取“camping.cooking”
db.hget('camping', 'cooking', (err, value) => {          <—   的值
  if (err) throw err;
  console.log('Will be cooking with:', value);
});
                                                         以数组形式
db.hkeys('camping', (err, keys) => {                  <— 获取散列键
  if (err) throw err;
  keys.forEach(key => console.log(`  ${key}`));
});
```

Redis 散列表中不能存储带嵌入结构的对象，只能有一层。

下面这些是操作散列表的命令：

- hdel
- hexists
- hget
- hgetall
- hincrby
- hincrbyfloat
- hkeys
- hlen
- hmget
- hmset
- hset
- hsetnx
- hstrlen
- hvals
- hscan

8.10.7　使用列表

列表是包含字符串值的有序数据集，可以存在同一值的多个副本。列表在概念上跟数组类似。最好当作栈（LIFO：后进先出）或队列（FIFO：先进先出）来用。

下面的代码演示了如何将值存到列表中然后读取出来。lpush 命令向列表中添加了一个值。lrange 命令按范围读取，有起始和结束索引。因为-1 表示列表中的最后一个元素，所以下例中的 lrange 会取出列表中的所有元素：

```
client.lpush('tasks', 'Paint the bikeshed red.', redis.print);
client.lpush('tasks', 'Paint the bikeshed green.', redis.print);
client.lrange('tasks', 0, -1, (err, items) => {
  if (err) throw err;
  items.forEach(item => console.log(`  ${item}`));
});
```

列表既没有提供确定某个值是否存在其中的办法，也没有提供确定某个值的索引的办法。我们只能通过手动遍历获取这些信息，但做这件事效率很低，应该尽量避免。如果你确实需要这样的功能，应该考虑使用其他数据结构，比如集合，甚至可以跟列表配合使用。为了充分利用各种性能特性，把数据复制到多个数据结构中并没什么稀奇的。

下面这些是操作列表的命令：

- blpop
- brpop
- lindex
- linsert
- llen
- lpop
- lpush
- lpushx
- lrange
- lrem
- lset
- ltrim
- rpop
- rpush
- rpushx

8.10.8 使用集合

集合是无序数据集，其中不允许有重复值。集合是一种高性能的数据结构，检查成员、添加和移除记录都可以在 $O(1)$ 时间内完成，所以其非常适合对性能要求比较高的任务：

```
db.sadd('admins', 'Alice', redis.print);
db.sadd('admins', 'Bob', redis.print);
db.sadd('admins', 'Alice', redis.print);
db.smembers('admins', (err, members) => {
  if (err) throw err;
```

```
  console.log(members);
});
```

下面这些是操作集合的命令：

- sadd
- scard
- sdiff
- sdiffstore
- sinter
- sinterstore
- sismember
- smembers
- spop
- srandmember
- srem
- sunion
- sunionstore
- sscan

8.10.9 用频道实现发布/订阅功能

Redis 不仅仅是传统意义上的数据存储系统，它还提供了频道。**频道**是可以实现发布/订阅功能的数据传输机制，图 8-4 是频道的概念图。聊天和博彩等实时程序都需要这样的功能。

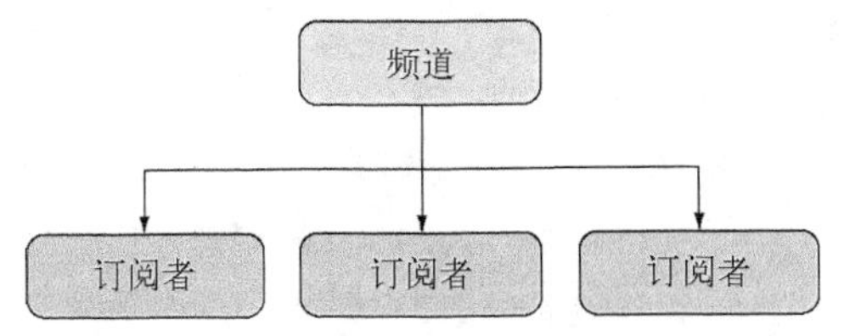

图 8-4　Redis 频道为一种常用的数据传输场景提供了简单的解决方案

Redis 客户端既可以订阅频道上的消息，也可以向频道发布消息。发给频道的消息会传递给所有订阅该频道的客户端。发布者不需要知道谁是订阅者，订阅者也不知道发布者是谁。将发布者和订阅者解耦是种强大清晰的模式。

下面这个例子用 Redis 的发布/订阅功能实现了一个 TCP/IP 聊天服务器。

代码清单 8-16　用 Redis 的发布/订阅功能实现的聊天服务器

```
const net = require('net');
const redis = require('redis');

const server = net.createServer(socket => {    <-- 为每个连接到聊天服务器的用户定义的配置逻辑
```

```
  const subscriber = redis.createClient();          <-- 为每个用户创建订阅客户端
  subscriber.subscribe('main');                     <-- 频道订阅
  subscriber.on('message', (channel, message) => {
    socket.write(`Channel ${channel}: ${message}`);  <-- 从频道收到消息后显示给用户看
  });

  const publisher = redis.createClient();           <-- 为每个用户创建发布客户端
  socket.on('data', data => {
    publisher.publish('main', data);                <-- 用户输入消息后，发布它
  });

  socket.on('end', () => {
    subscriber.unsubscribe('main');                 <-- 如果用户断开了连接，结束订阅客户端
    subscriber.end(true);
    publisher.end(true);
  });
});

server.listen(3000);
```

8.10.10 提升性能

npm 包 hiredis 是从 JavaScript 到官方 Hiredis 的 C 语言库的本地绑定。Hiredis 能显著提升 Node Redis 程序的性能，特别是在大型数据库上使用 `sunion`、`sinter`、`lrange` 和 `zrange` 这些操作时。

只要装好 hiredis，redis 包下次启动时就会自动检测到 hiredis，然后自动使用：

```
npm install hiredis --save
```

hiredis 几乎没什么缺点，但因为它是从 C 代码编译来的，所以在某些平台上构建 hiredis 可能会受到一些限制，或者比较复杂。跟所有本地添加包一样，升级 Node 后可能需要用 `npm rebuild` 重新构建 hiredis。

8.11 嵌入式数据库

使用嵌入式数据库时不需要安装或管理一个外部服务器。它是嵌入在程序进程里运行的。程序一般通过直接的过程调用跟嵌入式数据库通信，不需要通过进程间通信（IPC）通道或网络。

因为很多时候程序要做成自包含的，所以只能选嵌入式数据库（比如移动端或桌面程序）。嵌入式数据库也可以用在 Web 服务器上，经常用来实现高吞吐性的功能，比如用户会话或缓存，有时甚至会作为主存储。

Node 和 Electron 程序中常用的嵌入式数据库有：

- ❑ SQLite
- ❑ LevelDB
- ❑ RocksDB

- Aerospike
- EJDB
- NeDB
- LokiJS
- Lowdb

NeDB、LokiJS 和 Lowdb 都是用纯 JavaScript 写的，天生就适合嵌入到 Node 和 Electron 程序中。尽管有 SQLite 这样著名的可嵌入关系型数据库，但大多数嵌入式数据库都是简单的键/值或文档存储。

8.12　LevelDB

LevelDB 是 Google 在 2011 年初开发的嵌入式持久化键/值存储，最开始是要给 Chrome 里实现的 IndexedDB 做后台存储的。LevelDB 的设计理念源于 Google 的 Bigtable 数据库。它的竞争对手是 Berkley DB、Tokyo/Kyoto Cabinet 和 Aerospike 这些数据库，但就本书所讨论的内容而言，可以把它当作最小功能集的嵌入式 Redis。跟大多数嵌入式数据库一样，LevelDB 也不是多线程的，不支持使用同一个底层文件存储的多实例，所以无法脱离程序的封装分布式使用。

LevelDB 中的键是按字典顺序排好序的，值是用 Google 的 Snappy 压缩算法压缩过的。跟 Redis 之类的内存数据库不同，LevelDB 总是把数据写到硬盘上，所以总的数据容量不受机器内存的限制。

LevelDB 只提供了几个一看就明白的操作命令：`Get`、`Put`、`Del` 和 `Batch`。LevelDB 还能用快照捕获当前的数据库状态，创建能在数据集上前后移动的双向循环器。创建循环器也会隐含着创建快照，后续写操作无法改变循环器见到的数据。

LevelDB 还形成了一些支脉，演化出了其他一些数据库。由于有数量众多的支脉，LevelDB 自身反而可以变得越来越简单：

- Facebook 的 RocksDB；
- Hyperdex 的 HyperLevelDB；
- Basho 的 Riak；
- Mojang（Minecraft 的创作者）的 leveldb-mcpe；
- 用于比特币项目的 bitcoin/leveldb。

关于 LevelDB 的更多信息参见其官网。

8.12.1　LevelUP 与 LevelDOWN

Node 中对 LevelDB 提供支持的是 LevelUP 和 LevelDOWN 包，二者是由 Node 基金会主席和多产的澳大利亚开发者 Rod Vag 所写的。LevelDOWN 用 C++简单直白地将 LevelDB 绑定到 Node 上，我们不太可能直接跟它交互。LevelUP 对 LevelDOWN 的 API 做了封装，为我们提供了更方便、也更习惯的 Node 接口。LevelUP 还增加了一些功能，包括键/值编码、JSON、等待数据库打开的写缓存，以及将 LevelDB 循环器接口封装在了 Node 流中。图 8-5 是 LevelUP 在 npm 上的使用统计。

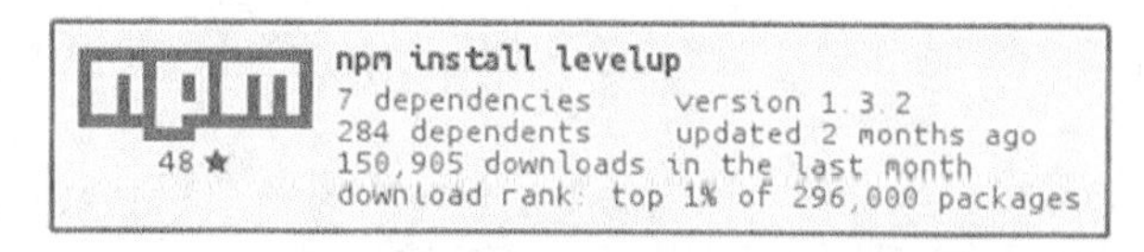

图 8-5 LevelUP 在 npm 上的使用统计

8.12.2 安装

在 Node 程序中使用 LevelDB 最方便的地方就是它是**嵌入式**的：所有需要的东西都可以用 npm 安装。不需要安装任何额外的软件，执行完下面这个命令就可以用了：

```
npm install level --save
```

level 包里封装了 LevelUP 和 LevelDOWN，提供了预先配置好用 LevelDOWN 做后台的 LevelUP API。level 提供的 LevelUP API 在 LevelUP 的介绍文件里：

- www.npmjs.com/package/levelup
- www.npmjs.com/package/leveldown

8.12.3 API 概览

LevelDB 客户端存储和获取数据的主要方法如下：

- `db.put(key, value, callback)`——存储键值对；
- `db.get(key, callback)`——获取指定键的值；
- `db.del(key, callback)`——移除指定键的值；
- `db.batch().write()`——执行批处理；
- `db.createKeyStream(options)`——创建数据库中键的流；
- `db.createValueStream(options)`——创建数据库中值的流。

8.12.4 初始化

初始化 level 时需要提供一个存储数据的路径，如果指定的目录不存在，会自动创建。人们一般会用 .db 做这个目录的后缀（比如 ./app.db）。代码如下所示。

代码清单 8-17 初始化 level 数据库

```
const level = require('level');

const db = level('./app.db', {
  valueEncoding: 'json'
});
```

调用过 `level()`后，返回的 LevelUP 实例可以马上接收命令，以同步方式执行。在 LevelDB 存储打开之前发出的命令会缓存起来，一直等到存储打开。

8.12.5 键/值编码

因为 LevelDB 中的键和值可以是任何类型的数据，所以程序要负责处理数据的序列化和反序列化。可以将 LevelUP 配置为直接支持下面这些数据类型：

- utf8
- json
- binary
- id
- hex
- ascii
- base64
- ucs2
- utf16le

键和值默认都是 UTF-8 的字符串。在代码清单 8-17 中，键仍然是 UTF-8 字符串，但值是用 JSON 编码/解码的。经过 JSON 编码后，在某种程度上来讲，对象或数组这样的结构化数据的存储和获取都可以像用 MongoDB 那样的文档存储一样了。但并不像真正的文档存储，LevelDB 没办法读取值里面的键，值是不透明的。用户也可以用自己定制的编码，比如支持像 MessagePack 这样的结构化数据形态。

8.12.6 键/值对的读写

核心 API 很简单：用 `put(key, value)`写，用 `get(key)`读，用 `del(key)`删除。请看代码清单 8-18，这段代码应当添加到代码清单 8-17 中代码的后面。完整的示例在随书源码 ch08-databases/listing8_18/index.js 中。

代码清单 8-18　读写值

```
const key = 'user';
const value = {
  name: 'Alice'
};

db.put(key, value, err => {
  if (err) throw err;
  db.get(key, (err, result) => {
    if (err) throw err;
    console.log('got value:', result);
    db.del(key, (err) => {
      if (err) throw err;
      console.log('value was deleted');
```

```
    });
  });
});
```

如果把值放到已经存在的键上，旧值会被覆盖掉。当试图读取的键不存在时会发生错误。错误对象的类型是 NotFoundError，还有个特殊的属性 err.notFound，可以把它跟其他错误区分开。大部分数据库一般不会将其作为错误，但因为 LevelDB 没有提供检查某个键是否存在的方法，所以 LevelUP 需要区分不存在的值和未定义的值。与 get 不同，del 不存在的键不会报错。

代码清单 8-19　读取不存在的键

```
db.get('this-key-does-not-exist', (err, value) => {
  if (err && !err.notFound) throw err;
  if (err && err.notFound) return console.log('Value was not found.');
  console.log('Value was found:', value);
});
```

所有的数据读写操作都可以通过一个可选的参数改变当前操作的编码，代码如下所示。

代码清单 8-20　覆盖具体操作的编码

```
const options = {
  keyEncoding: 'binary',
  valueEncoding: 'hex'
};

db.put(new Uint8Array([1, 2, 3]), '0xFF0099', options, (err) => {
  if (err) throw err;
  db.get(new Uint8Array([1, 2, 3]), options, (err, value) => {
    if (err) throw err;
    console.log(value);
  });
});
```

8.12.7　可插拔的后台

把 LevelUP/LevelDOWN 分开还有个好处，LevelUP 可以用其他数据库做存储后台。所有能用 MemDown API 封装的东西都可以变成 LevelUP 的存储后台，从而允许你用完全相同的 API 跟这些数据存储交互。

下面这些数据库都可以做 LevelUP 的存储后台：

- MySQL
- Redis
- MongoDB
- JSON 文件
- Google 电子表格
- AWS DynamoDB

- Windows Azure 表存储
- 浏览器 Web 存储（IndexedDB/localStorage）

拥有了这种可以轻松切换存储介质，甚至编写自己的存储后台的能力，我们就可以用一套数据库 API 应对各种情况和环境。用一套数据库 API 掌管一切！

memdown 是比较常用的后台，它把值都存在内存里，就像使用内存模式的 SQLite 一样，非常适合放在测试环境里来降低测试配置和重置的成本。

运行下面的代码需要安装 LevelUP 和 memdown：

```
npm install --save levelup memdown
```

代码清单 8-21　通过 LevelUP 使用 memdown

```
const level = require('levelup')
const memdown = require('memdown')

const db = level('./level-articles.db', {
  keyEncoding: 'json',
  valueEncoding: 'json',
  db: memdown
});
```

对于 memdown 来说，这里的“路径”可以是任意字符串，因为它根本不用硬盘

唯一的区别是将参数 db 设为 memdown

这个例子仍然用了之前用的 level 包，因为它只是 LevelUP 的封装。但如果你不想用 level 中的 LevelDOWN，可以直接用 LevelUP，以免因为 LevelDOWN 形成对 LevelDB 的依赖。

8.12.8　模块化数据库

很多 Node 开发人员都被 LevelDB 的性能和精简所打动，并由此发起了一场模块化数据库运动。其理念是应该可以根据需要挑选数据库的功能，让它跟程序完全匹配。

下面是一些可以通过 npm 包实现的 LevelDB 模块化功能：

- 原子更新
- 自增长的键
- 地理位置查询
- 实时更新流
- LRU 逐出
- Map/reduce 任务
- 主/主复制
- 主/从复制
- SQL 查询
- 二级索引
- 触发器
- 版本化数据

LevelUP 的 wiki 上有相当完备的 LevelDB 生态系统概述，在 npm 上搜 leveldb 也能找到很多包，在写这本书时我们搜到了 898 个。图 8-6 可以说明 LevelDB 在 npm 上有多受欢迎。

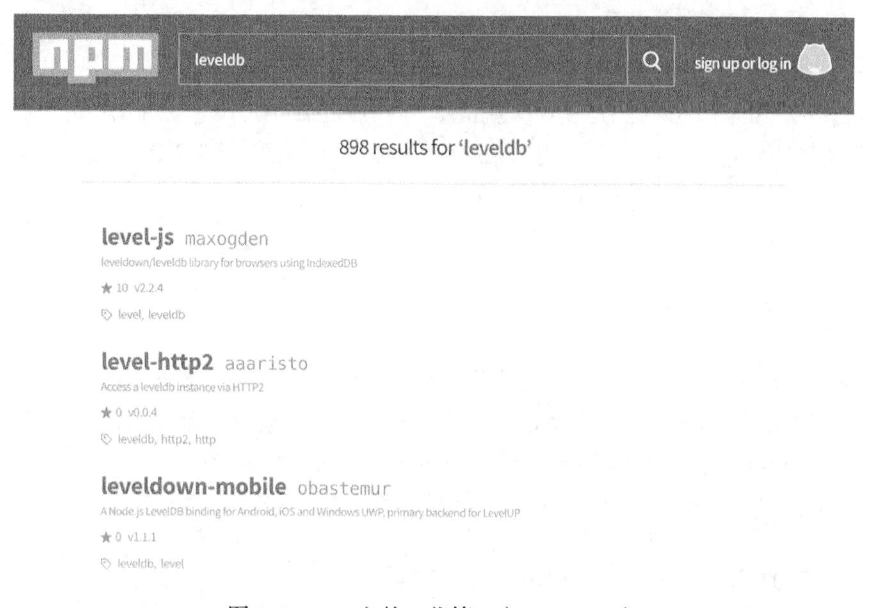

图 8-6　npm 上的一些第三方 LevelDB 包

8.13　昂贵的序列化和反序列化

一定要记住，JSON 操作是昂贵的阻塞式操作。在进程将数据装进 JSON，或从 JSON 中取出数据时，根本做不了别的事情。大多数序列化格式都是如此。所以序列化操作一般都是 Web 服务器上的瓶颈。要想降低影响，最好的办法就是减少这种操作的频率和要处理的数据量。

改变序列化格式（比如 MessagePack 或 Protocol Buffer）可能会加快处理速度，但在考虑改变序列化格式之前，要尽可能先通过降低负载和优化序列化/反序列化步骤来改善性能。

`JSON.stringify` 和 `JSON.parse` 是原生函数，已经充分优化过了，但在需要处理以兆字节为单位的数据时，还是很容易垮掉。下面演示一下序列化和反序列化 10MB 数据时的性能表现。

代码清单 8-22　序列化的性能基准测试

```
const bytes = require('pretty-bytes');
const obj = {};
for (let i = 0; i < 200000; i++) {
  obj[i] = {
    [Math.random()]: Math.random()
  };
}

console.time('serialise');
```

```
const jsonString = JSON.stringify(obj);
console.timeEnd('serialise');
console.log('Serialised Size', bytes(Buffer.byteLength(jsonString)));
console.time('deserialise');
const obj2 = JSON.parse(jsonString);
console.timeEnd('deserialise');
```

在一台装了 Node 6.2.2 的 2015 3.1GHZ Intel Core i7MacBook Pro 上，对这将近 10MB 的数据，序列化几乎用了 140 毫秒，反序列化用了 335 毫秒。这样的负载放到 Web 服务器上就是场灾难，因为这些步骤是阻塞式的，只能串行处理。在序列化时，这样的服务器每秒大概只能处理 7 个请求，反序列化时每秒只处理 3 个。

8.14　浏览器内存储

Node 采用的异步编程模型可以适用于很多场景，因为对大多数 Web 程序来说，最大的瓶颈就是 I/O。所以利用客户端数据存储既能降低服务器负载，还可以提升用户体验，这是效果最显著的做法。不用等着程序在网上跑来跑去取数据的用户会很开心。客户端存储还可以提高程序的可用性，因为即便用户或者服务掉线了，程序里有些功能还是可以用的。

8.14.1　Web 存储：localStorage 和 sessionStorage

Web 存储定义了简单的键/值存储，其在客户端和移动端浏览器上都有很好的支持。域可以用 Web 存储在浏览器里保存一定量的数据，即便在经过网站刷新、标签页关闭，甚至浏览器关闭后，这些数据依然存在。Web 存储是客户端持久化的首选，简单朴素是它的优势。

有两种 Web 存储 API：localStorage 和 sessionStorage。sessionStorage 的 API 跟 localStorage 一样，只是持久化行为不同。虽然它们存储的数据在页面重新加载之后都会得以保留，但 sessionStorage 数据只会保留到页面会话结束（标签或浏览器关闭时），并且不能在不同的浏览器窗口之间共享。

开发 Web 存储 API 是为了克服浏览器 cookie 的限制。确切地说，cookie 不太适合在多个活跃标签间共享同一域中的数据。如果用户要跨越多个标签完成一项任务，可以用 sessionStorage 保存这些标签共享的状态数据，从而省掉因网络传输带来的开销。

要保留跨越多个会话、标签和窗口的长期数据（比如用户撰写的文档或邮件）时，cookie 也不好用。设计 localStorage 就是为了解决这些问题的。不同浏览器有不同的数据存储空间上限。移动端浏览器中只有 5MB 的存储空间。

API 概览

localStorage API 提供的方法包括：

- `localStorage.setItem(key, value)`——存储键值对；
- `localStorage.getItem(key)`——获取指定键对应的值；
- `localStorage.removeItem(key)`——移除指定键对应的值；

- localStorage.clear()——移除所有键值对；
- localStorage.key(index)——获取指定索引处的值；
- localStorage.length——localStorage 中的键总数。

8.14.2 值的读写

键和值只能是字符串。如果提供的值不是字符串，会被强制转换成字符串。这种转换用的是.toString，不会产生 JSON 字符串。所以对象的序列化结果就是[object Object]。因此，要想在 Web 存储中存放比较复杂的数据类型，只能让应用程序做转换处理。下面是在 localStorage 中存放 JSON 的例子。

代码清单 8-23 在 Web 存储中存放 JSON

```
const examplePreferences = {
  temperature: 'Celcius'
};

// 写时序列化
localStorage.setItem('preferences', JSON.stringify(examplePreferences));

// 读时反序列化
const preferences = JSON.parse(localStorage.getItem('preferences'));
console.log('Loaded preferences:', preferences);
```

访问 Web 存储中的数据是同步操作，也就是说在执行读写操作时，Web 存储会阻塞 UI 线程，但速度仍然相当快。在工作负载比较小时，用户甚至察觉不到这种阻塞，但还是要注意，应该尽量避免过度读写，尤其要避免出现大量数据的读写操作。可惜 Web worker 无法访问 Web 存储，所以所有读写只能在主 UI 线程中进行。PouchDB 的作者 Nolan Lawson 写过一篇文章，详细分析了各种客户端存储技术对性能的影响，读者可以在他的博客上搜索关键字找到这篇文章。

Web 存储 API 没有查询操作，也不能按范围选择键，或者搜索特定的值，只能通过键来访问数据项。如果想实现搜索功能，只能自己维护一套索引；或者数据集非常小的话，可以进行循环遍历。下面就是对 localStorage 中的所有键进行循环遍历的代码。

代码清单 8-24 循环遍历 localStorage 中的整个数据集

```
function getAllKeys() {
  return Object.keys(localStorage);
}

function getAllKeysAndValues() {
  return getAllKeys()
    .reduce((obj, str) => {
      obj[str] = localStorage.getItem(str);
      return obj;
    }, {});
}
```

```
// 得到所有的值
const allValues = getAllKeys().map(key => localStorage.getItem(key));

// 作为对象输出
console.log(getAllKeysAndValues());
```

跟大多数键/值存储一样，Web 存储中的键也只有一个命名空间。比如说，我们不能分别为 posts 和 comments 创建各自的存储。不过可以通过给键增加前缀的方式创建“命名空间”，比如像下面这样。

代码清单 8-25　键的命名空间

```
localStorage.setItem(`/posts/${post.id}`, post);
localStorage.setItem(`/comments/${comment.id}`, comment);
```

要获取某个命名空间下的所有数据项，可以通过 getAllKeys 函数进行过滤，代码如下所示。

代码清单 8-26　获取某个命名空间中的所有数据项

```
function getNamespaceItems(namespace) {
  return getAllKeys().filter(key => key.startsWith(namespace));
}
console.log(getNamespaceItems('/exampleNamespace'));
```

这样会循环遍历 localStorage 中的所有键，所以如果数据项比较多，要考虑一下对性能的影响。

因为 localStorage API 是同步的，所以用起来限制还是比较多的。比如说，对于那些以 JSON 序列化数据为参数，并且返回结果也是这样的数据的函数，你可能会用 localStorage 缓存记忆（memoize）它的返回结果。

代码清单 8-27　用 localStorage 持久化记忆

```
// 以后调用时如果参数相同，可以直接返回之前记住的结果
function memoizedExpensiveOperation(data) {
  const key = `/memoized/${JSON.stringify(data)}`;
  const memoizedResult = localStorage.getItem(key);
  if (memoizedResult != null) return memoizedResult;
  // 完成高成本工作
  const result = expensiveWork(data);
  // 将结果保存到 localStorage 中，以后就不用再计算了
  localStorage.setItem(key, result);
  return result;
}
```

不过只有操作特别慢时，记住结果的收益才会大于序列化/反序列化处理的开销（比如加密算法）。因此最好是用 localStorage 节省因为要在网络上传输数据而开销的时间。

Web 存储确实会受到限制，但只要使用得当，依然是简单而又强大的工具。接下来要研究的浏览器中存储是：

- IndexedDB
- 服务人员
- 离线优先

8.14.3 localForage

Web 存储最主要的缺点就是它的阻塞式同步 API 和在某些浏览器中有限的存储空间。除了 Web 存储，大多数现代浏览器都会支持 WebSQL 或 IndexedDB，或者同时支持两种存储。它们都是非阻塞的，并且存储空间比 Web 存储大得多。

但建议不要像用 Web 存储那样直接用。WebSQL 已经被废弃了，而它的继任者 IndexedDB，提供的 API 既不友好也不简洁，更别提那拼凑出来的浏览器支持了。要想在浏览器中用非阻塞的方式存储数据，而且还要方便可靠，我们推荐一种“标准化的”非标配工具，其来自 Mozilla 的 localForage 库（http://mozilla.github.io/localForage/）

API 概览

localForage 的接口基本上跟 Web 存储一模一样，只不过是异步非阻塞方式的：

- `localforage.setItem(key, value, callback)`——存储键值对；
- `localforage.getItem(key, callback)`——获取指定键的值；
- `localforage.removeItem(key, callback)`——移除指定键的值；
- `localforage.clear(callback)`——移除所有的键值对；
- `localforage.key(index, callback)`——获取指定索引的值；
- `localforage.length(callback)`——localForage 中键的总数。

localForage API 中还额外增加了一些 Web 存储中没有的功能：

- `localforage.keys(callback)`——获取所有的键；
- `localforage.iterate(iterator,callback)`——循环遍历键值对。

8.14.4 读和写

localForage API 有 promise 和回调两种方式。

代码清单 8-28 localStorage 和 localForage 的数据读取

```
const value = localStorage.getItem(key);         <-- localStorage：同步阻塞
console.log(value);

localforage.getItem(key)                         <-- localForage：使用 promise 的异步非阻塞方式
  .then(value => console.log(value));

localforage.getItem(key, (err, value) => {       <-- localForage：使用回调的异步非阻塞方式
  console.log(value);
});
```

localForage 会在底层使用当前浏览器环境中最好的存储机制。如果有 IndexedDB，就用 IndexedDB。否则就试着用 WebSQL，甚至用 Web 存储。这些存储的优先级是可以配置的，甚至可以禁止使用某种存储：

```
//比如不用 localStorage
localforage.setDriver([localforage.INDEXEDDB,localforage.WEBSQL]);   <-- 这样就永远不会尝试用 localStorage 了
```

localForage 可以存储字符串之外的其他类型的数据。它支持大多数的 JavaScript 原始类型，比如数组和对象，以及二进制数据类型：`TypedArray`、`ArrayBuffer` 和 `Blob`。IndexedDB 是唯一支持二进制数据存储的后台，也就是说如果后台用的是 WebSQL 和 localStorage，会有编组开销：

```
Promise.all([
  localforage.setItem('number', 3),
  localforage.setItem('object', { key: 'value' }),
  localforage.setItem('typedarray', new Uint32Array([1,2,3]))
]);
```

将 API 做成跟 Web 存储一样让 localForage 用起来更简单，也解决了很多缺点和兼容性问题。

8.15　存储托管

使用存储托管不需要管理自己的服务器端存储。像 Amazon Web 服务（AWS）这样的厂商提供的那些托管式基础设施一般仅作为扩展和性能优化方案，但在早期巧用这些托管式服务可以免于实现不必要的基础设施，从而节省大量时间。

即便不是全部，也能找到本章中列出的大部分数据库的托管式服务。使用托管式服务可以迅速尝试各种工具，甚至无须搭建自己的数据库主机就能部署对外开放的生产程序。但部署自己的数据存储越来越简单了。很多云服务提供商都有预先配置好的服务器映像，安装了运行所选数据库所需的全部软件，并且全都配置好了。

简单存储服务

Amazon 的简单存储服务（S3）是一种远程文件托管服务，包含在大受欢迎的 ASW 包中。用 S3 存储和托管向网络开放的文件有成本上的优势。它是云端的文件系统。可以用 RESTful HTTP 调用将文件和不超过 2KB 的元数据上传到桶中。然后通过 HTTP `GET` 或 BitTorrent 协议访问这些内容。

我们可以对桶及其中的内容进行各种访问许可配置，包括基于时间的访问。还可以给桶里的内容指定一个生存期（TTL），生存期过了之后就会从桶中删掉，再也访问不到。将 S3 数据提升到内容交付网络（CDN）中也很容易。AWS 提供了 CloudFront CDN，可以轻松连接到你的文件，然后用很低的延时提供给全世界。

并不是所有的数据都需要存到数据库中。你的数据中是不是有些应当作为文件？在为用户生成了一个昂贵的计算结果后，也许应该将这些结果推送到 S3 上，再也不用重蹈覆辙。

S3 经常用来存储用户上传的图片等资源性文件。要上传的资源性文件先是放在程序所在机器的一个临时目录中，然后用 ImageMagick 这样的工具缩小之后上传到 S3，以供浏览器访问。如果通过流直接上传到 S3，这个过程就更简单了，到达 S3 之后还可以触发后续处理。客户端程序也可以直接上传到 S3。一些面向开发人员的服务甚至要求用户提供他们的 S3 桶访问令牌，实现绝对的零存储。

S3 并不是只能存储图片

S3 可以存储任何文件，只要不超过 5TB，任何格式都可以。在处理要作为一个整体来访问的、不怎么变化的大块数据时，S3 的表现最好。

安装和维护文件托管及存储服务器是个比较复杂的任务，把数据放到 S3 上可以避开这些麻烦。对于那些需要作为一个整体访问的大块数据来说，只要写的次数不频繁，并且可能需要从多个位置进行很多次访问，就非常适合放到 S3 上。

8.16 选哪个数据库

本章只介绍了 Node 程序中常用的几个数据库。用这些数据库中的任何一个都能搭建出成功的应用程序，并且不乏先例。但并不是总能为程序找到理想的数据存储方案。没有银弹。每个数据库都有自己独特的折中方案，开发人员要评估哪种折中方案最适合项目当前的状态。一般来说采用混合技术是最合适的。

与其问“我应该用什么数据库”，不如问“如果根本不用数据库，我能坚持多久”。你能用长期有效的决策做多少个项目？以后再做决定一般就是最好的决定，等你以后有了更多信息时，总能做出更好的决定。

8.17 总结

- Node 既能用关系型数据库，也能用 NoSQL 数据库。
- 简单的 pg 模块很擅长处理 SQL 语言。
- Knex 模块可以使用几个数据库。
- ACID 是一组数据库事务属性，可以确保安全性。
- MongoDB 是使用 JavaScript 的 NoSQL 数据库。
- Redis 是可以当作数据库和缓存用的数据结构化存储。
- LevelDB 是源自 Google 的高速键/值对存储，可以将字符串映射到值。
- LevelDB 是模块化数据库。
- 基于 Web 的存储，包括 localForage 和 localStorage，可以将数据保存在浏览器中。
- 可以用 Amazon S3 这样的存储服务把数据保存到云提供商那里。

第 9 章

测试 Node 程序

本章内容

- 用 Node 的 assert 模块测试
- 使用其他断言库
- 使用 Node 单元测试框架
- 用 Node 模拟并控制 Web 浏览器
- 在测试失败时获取更多信息

添加到程序中的功能越多，出现 bug 的风险就越高。没经过测试的程序是不完整的，而手动测试既繁琐又容易出错，所以自动测试越来越受欢迎。自动测试是指编写代码来测试代码，而不是手动运行程序中的功能。

如果之前没接触过，那么可以把自动测试当作机器人，它会帮你做那些乏味的工作，你则可以把精力放在有趣的事情上。这个机器人可以确保你修改代码时不会有 bug 溜进来。尽管你可能还没完成或开始第一个 Node 程序，但这并不妨碍你掌握如何实现自动测试，因为可以边开发边写测试代码。

本章会介绍两种自动测试：单元测试和验收测试。**单元测试**直接测试代码逻辑，通常是在函数或方法层面，适用于所有类型的程序。单元测试方法可以分为两大形态：测试驱动开发（TDD）和行为驱动开发（BDD）。实事求是地讲，TDD 和 BDD 基本是一样的，它们的区别主要体现在风格上。这个是否重要取决于阅读测试的人是谁。TDD 和 BDD 还有其他区别，但那不在本书的讨论范围之内。**验收测试**一般是对 Web 程序进行的额外测试，需要用脚本控制浏览器来触发 Web 程序的功能。

本章会介绍成熟的单元和验收测试方案。对于单元测试，我们会介绍 Node 的 assert 模块，Mocha、Vows、Should.js 框架和 Chai。对于验收测试，我们会看一下如何在 Node 中使用 Selenium。图 9-1 把这些工具和它们各自的测试方法及风格放到了一起。

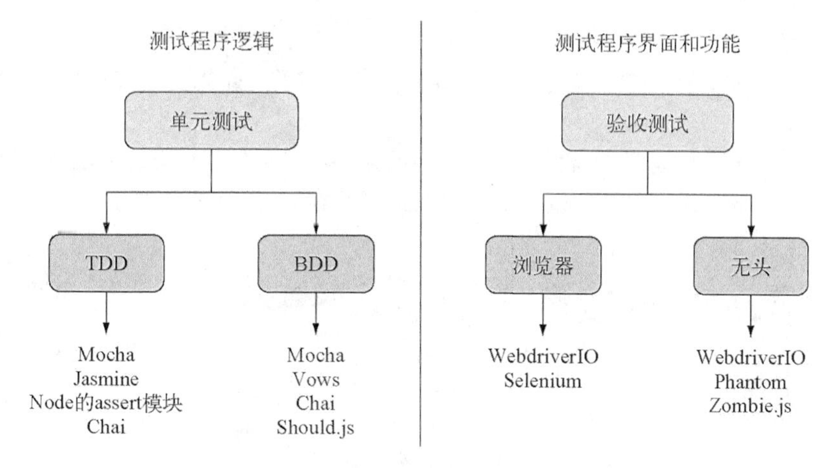

图 9-1 测试框架概览

我们先从单元测试开始吧。

9.1 单元测试

单元测试是指通过编写代码来测试程序中的各个部分。编写测试代码会让你更认真地思考程序的设计选择，尽早避开各种陷阱。测试还让你确信自己最近所做的修改没有引入错误。尽管单元测试需要在编码前做些工作，但以后每次修改程序后都不用再手动测试了，所以还是能节省很多时间的。

做单元测试需要些技巧，而异步逻辑又带来了新的挑战。因为异步单元测试可以并行运行，所以必须小心，确保测试不会相互干扰。比如说，如果测试在硬盘上创建了一个临时文件， 那么在完成测试后删除文件时一定要谨慎，以免删掉另外一个未完成的测试正在使用的文件。因此很多单元测试框架都有流程控制，可以让测试按顺序运行。

本节会介绍如何使用：

- Node 自带的 assert 模块——TDD 风格自动化测试的好工具；
- Mocha——相对比较新的测试框架，可以用来做 TDD-或 BDD-风格的测试；
- Vows——得到广泛应用的 BDD 风格测试框架；
- Should.js——构建在 Node assert 模块之上的模块，提供 BDD 风格的断言。

下一节将会演示如何用 assert 模块测试业务逻辑，这是 Node 自带的模块。

9.1.1 assert 模块

assert 模块是 Node 中大多数单元测试的基础，它可以测试一个条件，如果条件未满足，则抛出错误。很多第三方测试框架都用到了 assert 模块，甚至没有测试框架也可以用它做测试。如果你忽然冒出来一个想法，单靠 assert 模块就可以试着验证一下。

1. 一个简单的例子

假设有一个简单的待办事项程序，它把事项存在内存里，而你要断言它做的是你认为它在做的。

下面这个代码清单中定义的模块实现了程序的核心功能，包括待办事项的创建、获取和删除。它还包括一个简单的 doAsync 方法，所以你还能看到如何测试异步方法。将这段代码保存到 todo.js 中。

代码清单 9-1　待办事项列表的模型

```
class Todo {
  constructor() {
    this.todos = [];                    <-- 定义待办事项数据库
  }
                                                          <-- 添加待办事项
  add(item) {
    if (!item) throw new Error('Todo.prototype.add requires an item');
    this.todos.push(item);
  }

  deleteAll() {                                   <-- 删除所有的待办事项
    this.todos = [];
  }

  getCount() {                                    <-- 取得待办事项的数量
    return this.todos.length;
  }

  doAsync(cb) {                                   <-- 两秒后带着"true"调用回调
    setTimeout(cb, 2000, true);
  }
}
                                                          <-- 输出 Todo 函数
module.exports = Todo;
```

接下来用 assert 模块测试这段代码。下面的代码加载了必需模块，创建了新的待办事项列表，还声明了一个变量记录完成的测试数量。将它保存为 test.js。

代码清单 9-2　设置必需模块

```
const assert = require('assert');
const Todo = require('./todo');
const todo = new Todo();
let testsCompleted = 0;
```

2. 用 equal 检查变量的值

接下来测试待办事项程序的删除功能。将下面的代码加到 test.js 的末尾处。

代码清单 9-3　测试以确保删除后未留下待办事项

```
function deleteTest() {
  todo.add('Delete Me');                          <-- 添加用来测试删除的数据
```

```
  assert.equal(todo.length, 1, '1 item should exist');
  todo.deleteAll();
  assert.equal(todo.length, 0, 'No items should exist');
  testsCompleted++;
}
```

断言数据添加成功

将所有记录全部删除

断言记录删除成功

记录测试已完成

这个测试先添加了一个待办事项，然后再删掉，所以最后应该没有待办事项。如果程序能正常工作，那么 `todo.length` 的值应该是 `0`。如果程序出了问题，则会有异常抛出。如果 `todo.length` 不是 `0`，那么这个断言会在栈跟踪中显示一条错误消息，在控制台中输出"No items should exist"。在断言后面将 `testsCompleted` 加一，记录已经完成了一项测试。

3. 用 `notEqual` 找出逻辑中的问题

把下面的代码添加到 test.js 中。这段代码测试的是待办事项程序的添加功能。

代码清单 9-4 测试以确保待办事项添加正常

```
function addTest() {
  todo.deleteAll();
  todo.add('Added');
  assert.notEqual(todo.getCount(), 0, '1 item should exist');
  testsCompleted++;
}
```

删除之前所有的事项

添加事项

断言有事项存在

记录测试已完成

assert 模块中还有个 `notEqual` 断言。当程序产生特定的值表明逻辑有问题时，可以采用这种断言。代码清单 9-4 展示了 `notEqual` 断言的用法。在删除了所有的待办事项后又添加了一个事项，然后再获取所有事项。如果事项的数量为 `0`，断言就会失败并抛出异常。

4. 其他功能：`strictEqual`、`notStrictEqual`、`deepEqual`、`notDeepEqual`

除了 `equal` 和 `notEqual`，assert 模块还提供了更严格的版本：`strictEqual` 和 `notStrictEqual`。它们在进行判断时用的是严格的相等操作符`===`，而不是比较随和的`==`。

assert 模块也有用来比较对象的 `deepEqual` 和 `notDeepEqual`。这些断言中的 deep 表明它们会层层深入地对两个对象进行比较，比较两个对象的属性，如果属性也是对象，则会继续比较属性的属性。

5. 用 `ok` 测试异步值是否为 `true`

现在该测试 `doAsync` 方法了，如代码清单 9-5 所示。因为是异步测试，所以要提供一个回调函数(`cb`)，向测试运行者发送测试结束的信号——不能像同步测试那样靠返回语句来表明测试结束了。要判断 `doAsync` 的结果值是否为 `true`，可以用 `ok` 断言。用它判断一个值是否为 `true` 很容易。

代码清单 9-5 判断 `doAsync` 回调传入的是否为 `true`

```
function doAsyncTest(cb) {
  todo.doAsync(value => {
    assert.ok(value, 'Callback should be passed true');
    testsCompleted++;
    cb();
  });
}
```

两秒后激活回调

断言值为 true

记录测试已完成

完成后触发回调函数

6. 测试能否正确抛出错误

assert 模块还可以检查程序抛出的错误消息是否正确，代码如下所示。throws 调用中的第二个参数是一个正则表达式，表示要在错误消息中查找文本 requires。

代码清单 9-6 检查缺少参数时 add 是否会抛出错误

```
function throwsTest(cb) {
  assert.throws(todo.add, /requires/);      <— 没有参数的 todo.add 调用
  testsCompleted++;                          <— 记录测试已完成
}
```

7. 运行测试

测试已经定义好了，接下来要在测试文件中添加运行这些测试的代码。下面的代码会运行前面定义的所有测试，然后输出完成的测试数量。

代码清单 9-7 运行测试并报告测试完成的数量

```
deleteTest();
addTest();
throwsTest();
doAsyncTest(() => {
  console.log(`Completed ${testsCompleted} tests`);      <— 表明完成数
});
```

用下面的命令运行这些测试：

```
$ node chapter09-testing/listing_09_1-7/test.js
```

如果测试都成功了，这段脚本会告诉你已完成的测试数量。要防止某个测试出问题，可以追踪测试的开始和结束时间。比如说，某个测试可能没能执行到断言的地方。

使用 Node 自带的 assert 模块时，每个测试用例中都要包含很多套路化的代码用以设置测试（比如删除所有事项），追踪测试进程（“已完成”计数器）等。这些套路化的代码会占用你编写测试用例的时间和精力， 如果能把这些工作交给专用框架，让你能把精力都放在业务逻辑的测试上岂不更好。接下来我们要看一看 Mocha，了解一下如何用这个第三方单元测试框架让工作变得更轻松。

9.1.2 Mocha

Mocha 是个流行的测试框架，很容易上手。尽管 Mocha 默认是 BDD 风格的，但也可以用在 TDD 风格的测试中。Mocha 具有多种特性，包括全局变量泄漏检测和客户端测试。

全局变量泄漏检测

一般应该不需要整个程序范围内全都可读的全局变量，并且按照编程最佳实践来说，要尽量少用全局变量。但在 ES5 中，一不小心就会创建一个全局变量出来，只要在声明变量时忘记写关键字 var，这个变量就是全局变量了。Mocha 能发现这种不小心创建出来的全局变量泄漏，如果你创建了全局变量，它会在测试时抛出错误。

> 如果想禁用全局泄漏检测，可以在运行 mocha 命令时加上 --ignored-leaks 选项。此外，如果想指明要用的几个全局变量，可以把它们放在 --globals 选项后面，用逗号分开。

Mocha 测试默认使用 BDD 风格的函数定义和设置，这些函数包括 describe、it、before、after、beforeEach 和 afterEach。另外，Mocha 也有 TDD 接口，用 suite 代替 describe，test 代替 it，setup 代替 before，teardown 代替 after。不过在我们的例子中用的还是默认的 BDD 接口。

1. 用 Mocha 测试 Node 程序

我们继续。接下来要创建一个名为 memdb（一个小型的内存数据库）的小项目，看看如何用 Mocha 对它进行测试。先创建项目的目录和文件：

```
$ mkdir -p memdb/test
$ cd memdb
$ touch index.js
$ touch test/memdb.js
$ npm init -y
$ npm install --save-dev mocha
```

打开 package.json，添加定义测试运行方式的 scripts 属性：

```
"scripts": {
  "test": "mocha"
},
```

测试会放在 test 目录下。Mocha 默认使用 BDD 接口，代码如下所示（随书源码见 chapter09-testing/memdb）。

代码清单 9-8 Mocha 测试的基本结构

```
const memdb = require('..');
describe('memdb', () => {
  describe('.saveSync(doc)', () => {
    it('should save the document', () => {
    });
  });
});
```

Mocha 也支持 TDD 和 qunit，以及 exports 风格的接口，项目网站上对此有详细介绍（https://mochajs.org/）。比如下面就是一个 exports 接口的例子：

```
module.exports = {
  'memdb': {
    '.saveSync(doc)': {
      'should save the document': () => {
      }
    }
  }
}
```

这些接口提供的功能都是一样的，我们依然是用默认的 BDD 接口。下面是第一个测试，代码放在 test/memdb.js 中。这个测试用到了 assert 模块。

代码清单 9-9　描述 memdb.save 的功能

```
const memdb = require('..');
const assert = require('assert');
describe('memdb', () => {                          <-- 描述 memdb 功能
  describe('.saveSync(doc)', () => {               <-- 描述 .saveSync() 方法的功能
    it('should save the document', () => {         <-- 描述期望值
      const pet = { name: 'Tobi' };
      memdb.saveSync(pet);
      const ret = memdb.first({ name: 'Tobi' });
      assert(ret == pet);                          <-- 确保找到了 pet
    });
  });
});
```

执行 npm test 就可以运行这些测试。Mocha 默认会执行 ./test 目录下的 JavaScript 文件。因为.saveSync()方法还没实现，所以测试失败了，如图 9-2 所示。

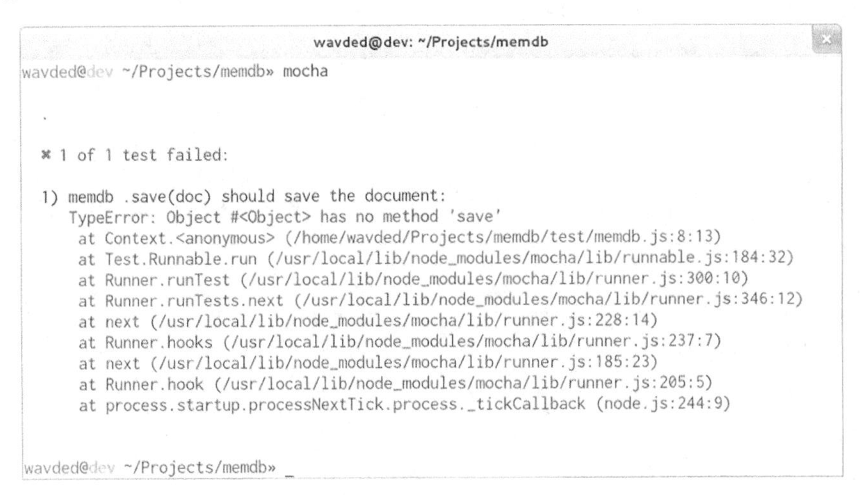

图 9-2　Mocha 中失败的测试

把下面的代码放到 index.js 中。让测试成功通过！

代码清单 9-10　添加 saveSync 功能

```
const db = [];
exports.saveSync = (doc) => {
  db.push(doc);                                    <-- 将 doc 添加到数据库数组中
};
exports.first = (obj) => {
  return db.filter((doc) => {                      <-- 选择跟 obj 的所有属性相匹配的 doc
    for (let key in obj) {
      if (doc[key] != obj[key]) {                  <-- 不匹配，返回 false，不选择这个 doc
```

```
        return false;
      }
    }
    return true;                    ⇽ 全都匹配，返回并选择这个 doc
  }).shift();                       ⇽ 只要第一个 doc 或 null
};
```

用 npm 再次运行测试，结果应该如图 9-3 所示，成功了。

```
wavded@dev: ~/Projects/memdb
wavded@dev ~/Projects/memdb» mocha

  .

  ✓ 1 test complete (2ms)

wavded@dev ~/Projects/memdb» _
```

图 9-3 Mocha 中成功的测试

2. 用 Mocha 挂钩定义设置和清理逻辑

因为代码清单 9-10 中的测试用例假定 memdb.first()可以正常工作，所以也要给它添加几个测试用例。修改后的 test 文件（代码清单 9-11）用到了一个新概念——Mocha 挂钩。BDD 接口 beforeEach()、afterEach()、before()和 after()接受回调，可以用来定义设置和清理逻辑。

代码清单 9-11 添加 beforeEach 挂钩

```
const memdb = require('..');
const assert = require('assert');
describe('memdb', () => {
  beforeEach(() => {
    memdb.clear();                      ⇽ 在每个测试用例之前都要清理数据库，保持测试的无状态性
  });
  describe('synchronous .saveSync(doc)', () => {
    it('should save the document', () => {
      const pet = { name: 'Tobi' };
      memdb.saveSync(pet);
      const ret = memdb.first({ name: 'Tobi' });
      assert(ret == pet);
    });
  });
  describe('.first(obj)', () => {
    it('should return the first matching doc', () => {   ⇽ 对.first()的第一个期望
      const tobi = { name: 'Tobi' };
      const loki = { name: 'Loki' };
保存两个文档 ⇾ memdb.saveSync(tobi);
      memdb.saveSync(loki);
      let ret = memdb.first({ name: 'Tobi' });          ⇽ 确保每个都可以正确返回
      assert(ret == tobi);
      ret = memdb.first({ name: 'Loki' });
      assert(ret == loki);
    });
```

```
    it('should return null when no doc matches', () => {     ◁ 对.first()的第二个期望
      const ret = memdb.first({ name: 'Manny' });
      assert(ret == null);
    });
  });
});
```

理想情况下，测试用例不会共享任何状态。要让 memdb 达到这一状态，只需要在 index.js 中实现.clear()方法来移除所有文档就行了。

```
exports.clear = () => {
  db.length = 0;
};
```

再次运行测试，应该看到三个都通过了。

3. 测试异步逻辑

我们还没用 Mocha 测试过异步逻辑。为了演示如何做这样的测试，要对之前在 index.js 中定义的一个函数做个小改动。把 saveSync 函数变成下面这样，加一个会在短暂的延迟之后执行的回调（用来模拟某种异步操作）作为可选的参数：

```
exports.save = (doc, cb) => {
  db.push(doc);
  if (cb) {
    setTimeout(() => {
      cb();
    }, 1000);
  }
};
```

只要给定义测试逻辑的函数添加一个参数，就可以把 Mocha 测试用例定义为异步的。这个参数通常被命名为 done。下面的代码中演示了如何给异步方法.save()写测试代码。

代码清单 9-12　测试异步逻辑

```
describe('asyncronous .save(doc)', () => {
  it('should save the document', (done) => {
    const pet = { name: 'Tobi' };
    memdb.save(pet, () => {                                  ◁ 保存文档
      const ret = memdb.first({ name: 'Tobi' });             ◁ 用第一个文档调用回调
      assert(ret == pet);                                    ◁ 断言文档正确保存了
      done();                                                ◁ 告诉 Mocha 这个测试用例做完了
    });
  });
});
```

这个规则适用于所有挂钩。比如给 beforeEach()挂钩加一个清理数据库的回调，Mocha 可以等它调用后再继续。如果调用 done()时它的第一个参数是个错误，Mocha 会报告这个错误，并将这个挂钩或测试用例标记为失败：

```
beforeEach((done) => {
  memdb.clear(done);
});
```

要了解与 Mocha 有关的更多内容，请参见其完整的在线文档。Mocha 也可以测试客户端 JavaScript。

Mocha 的非并行测试

Mocha 的测试不是并行执行的，而是一个接一个地执行。虽然这样执行的慢，但写起来更容易。不过 Mocha 不会让测试运行太长时间，一个测试默认不超过 2000 毫秒，超过这个时长就会被当作失败的测试。如果有运行时间更长的测试，可以用 `--timeout` 指定一个更大的数值。

对于大多数测试而言，串行运行就很好。如果你觉得这种方式有问题，还有其他可以并行执行测试的框架，比如 Vows，我们把它放在下一节讨论。

9.1.3 Vows

跟很多单元测试框架比，在 Vows 下写的测试代码结构化更强，Vows 想让测试更容易理解和维护。

Vows 用它自己的 BDD 术语定义测试结构。按 Vows 的定义，一个测试套件中包含一或多个**批次**。你可以把批次当作一组相互关联的**情境**，或者要测试的概念领域。批次和上下文是并行运行的。上下文中可能包含**主题**、一或多个**誓约**，以及/或者一或多个相关联的情境（内部情境也是并行运行的）。**主题**是跟情境相关的测试逻辑。**誓约**是对主题结果的测试。Vows 对测试的结构化设定如图 9-4 所示。

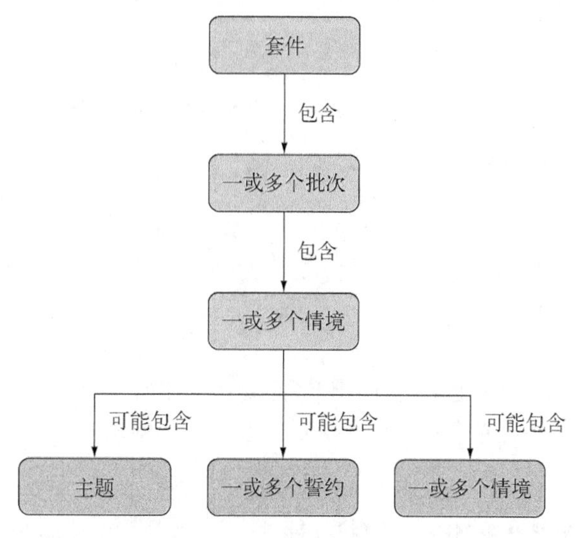

图 9-4 Vows 可以用批次、情境、主题和誓约把测试组织在一个套件内

Vows 跟 Mocha 一样，是专门用来做自动化程序测试的。它们的差别主要体现在风格和并行性上，Vows 测试有特定的结构和术语。本节会给出一个例子，介绍如何用 Vows 同时运行多个测试。

执行下面的命令，用 npm 安装 Vows 并添加到 to-do 项目中：

```
mkdir -p vows-todo/test
cd vows-todo
touch todo.js
touch test/todo-test.js
npm init -y
npm install --save-dev -g vows
```

还要把它加到 package.json 的 `test` 属性上，以便用 `npm test` 运行测试：

```
"scripts": {
  "test": "vows test/*.js"
},
```

用 Vows 测试程序逻辑

在 Vows 中，既可以运行包含测试逻辑的脚本来触发测试，也可以用 `vows` 命令行测试运行器。下面这个例子是个独立的测试脚本（可以像其他 Node 脚本那样运行），用了待办事项程序核心逻辑测试中的一个。

代码清单 9-13 创建了一个批次。在这个批次内定义了一个情境。在情境内定义了一个主题和一个誓约。注意它在主题中如何使用回调处理异步逻辑。如果主题不是异步的，可以直接返回值，不用通过回调。将文件保存为 test/todo-test.js。

代码清单 9-13　用 Vows 测试待办事项程序

```
const vows = require('vows');
const assert = require('assert');
const Todo = require('./../todo');
vows.describe('Todo').addBatch({                          <—— 批次
  'when adding an item': {                          <—— 情境
    topic: () => {                                        <—— 主题
      const todo = new Todo();
      todo.add('Feed my cat');
      return todo;
    },
    'it should exist in my todos': (er, todo) => {  <—— 誓约
      assert.equal(todo.length, 1);
    }
  }
}).export(module);
```

现在应该可以用 `npm test` 运行这个测试了。如果你用 `npm i -g vows` 把 Vows 安装在了全局环境中，也可以用下面这条命令运行 test 目录下的所有测试：

```
$ vows test/*
```

要了解与 Vows 有关的更多内容，请查阅该项目的在线文档，如图 9-5 所示。

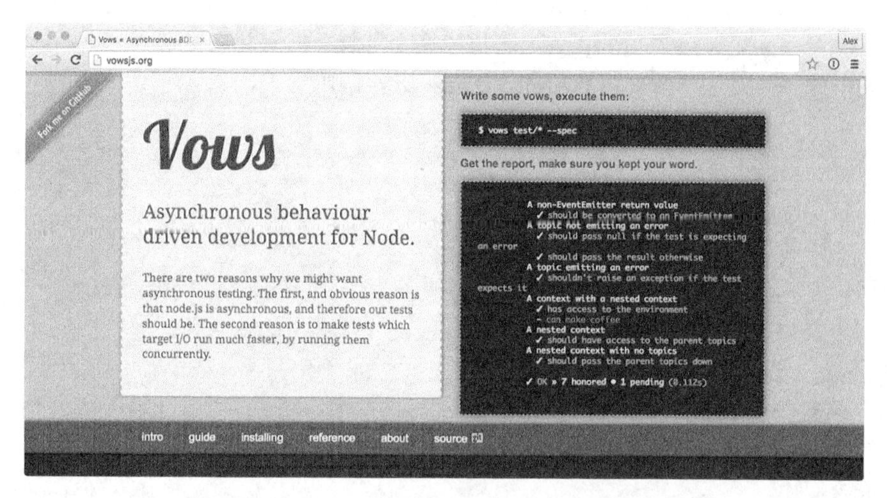

图 9-5 Vows 用宏和流程控制实现了全功能的 BDD 测试

Vows 提供了完备的测试方案，但仍然可以用别的断言库将不同测试库的功能混合搭配到一起。可能你喜欢 Mocha，但不喜欢 assertion 模块。下一节会介绍 Chai，它可以代替 assert 模块。

9.1.4 Chai

Chai 是个流行的断言库，有三个接口：`should`、`expect` 和 `assert`。下面的代码中用到了 `assert`，其看起来就像 Node 自带的 assertion 模块，但它还有用来比较对象、数组和它们的属性的工具。比如用 `typeOf` 比较类型，用 `property` 检查某个对象是否有我们想要的属性。

代码清单 9-14 Chai 的 `assert` 接口

```
const chai = require('chai');
const assert = chai.assert;                                  ← 选择断言接口
const foo = 'bar';
const tea = { flavors: ['chai', 'earl grey', 'pg tips'] };

assert.typeOf(foo, 'string');

assert.equal(foo, 'bar');
assert.lengthOf(foo, 3);

assert.property(tea, 'flavors');
assert.lengthOf(tea.flavors, 3);
```

`should` 和 `expect` 接口是人们想要尝试 Chai 的主要原因。它们提供了更像 BDD 风格的 API。下面是 `expect` 接口的例子：

```
const chai = require('chai');
const expect = chai.expect;
const foo = 'bar';
expect(foo).to.be.a('string');
expect(foo).to.equal('bar');
```

这个 API 看起来更像英语句子——声明式风格更冗长，但看起来更通顺。should 换了种风格：给对象添加属性，这样就不用把断言放在 expect 调用里了。

```
const chai = require('chai');
chai.should();
const foo = 'bar';
foo.should.be.a('string');
foo.should.equal('bar');
```

要用哪个接口取决于项目。如果先写测试，并将其当作项目的文档，详细的 expect 和 should 接口很好用。因为不改变原型，JavaScript 纯粹主义者更喜欢 expect，但那些习惯了 Ruby 的人可能更熟悉 should 那样的 API。

Chai 有很多插件，包括一些趁手的工具，比如可以用 promise 写测试代码的 chai-as-promised，以及根据统计方法比较数值的 chai-stats。注意，因为 Chai 是断言库，所以要跟 Mocha 这样的测试运行者配合使用。

另一个像 Chai 一样的 BDD 断言库是 Should.js。下一节会介绍如何用 Should.js 写测试。

9.1.5　Should.js

Should.js 是个断言库，它用类似于 BDD 的风格表示断言，让测试更容易看懂。它的设计初衷是搭配其他测试框架一起用，所以你可以继续用自己喜欢的框架。本节会介绍如何用 Should.js 写断言，我们用的例子是编写代码测试一个定制的模块。

Should.js 跟其他框架的搭配很容易，因为它只是给 Object.prototype 增加了一个 should 属性。这样你就可以写出表达能力更强的断言，比如 user.role.should.equal('admin')，或者 users.should.include('rick')。

比如说，你要编写一个 Node 命令行的小费计算器，在你跟朋友们采用 AA 制付费时，要用它计算每个人该付多少钱。你希望非程序员朋友也能看懂测试计算逻辑的代码，以免他们怀疑你耍诈。

输入下面的命令设置这个小费计算器项目，它会创建一个文件夹，还会创建测试用的 tips.js 文件：

```
mkdir -p tips/test
cd tips
touch index.js
touch test/tips.js
```

然后运行下面的命令安装 Should.js：

```
npm init -y
npm install --save-dev should
```

接下来编辑 index.js，放入实现程序核心功能的代码。具体来说，小费计算器包含四个辅助函数：

- addPercentageToEach——按给定的百分比加大数组中的所有数值；

- sum——计算数组中所有数值的和；
- percentFormat——将要显示的值变成百分比格式；
- dollarFormat——将要显示的值变成美元格式。

下面是实现这些逻辑的代码，把它们放到 index.js 中。

代码清单 9-15 分账时计算小费的逻辑

```
exports.addPercentageToEach = (prices, percentage) => {     ◁── 按百分比加大数组元素中的数值
  return prices.map((total) => {
    total = parseFloat(total);
    return total + (total * percentage);
  });
};
exports.sum = (prices) => {                                  ◁── 计算数组中所有数值的和
  return prices.reduce((currentSum, currentValue) => {
    return parseFloat(currentSum) + parseFloat(currentValue);
  });
};
exports.percentFormat = (percentage) => {                    ◁── 将要显示的值变成百分比格式
  return parseFloat(percentage) * 100 + '%';
};
exports.dollarFormat = (number) => {                         ◁── 将要显示的值变成美元格式
  return `$${parseFloat(number).toFixed(2)}`;
};
```

现在把代码清单 9-16 中的代码放到 test/tips.js 中。这段代码加载了小费逻辑模块；定义了税率、小费百分比，以及账单中的收费条目；测试了每个数组元素的百分比增加额；测试了账单总额。

代码清单 9-16 分账时测试计算小费的逻辑

```
const tips = require('..');                 ◁── 使用小费逻辑模块
const should = require('should');
const tax = 0.12;                           ◁── 定义税率和小费比率
const tip = 0.15;
const prices = [10, 20];                    ◁── 定义要测试的账单项

const pricesWithTipAndTax = tips.addPercentageToEach(prices, tip + tax);
pricesWithTipAndTax[0].should.equal(12.7);     ◁── 定义税和小费的增加额
pricesWithTipAndTax[1].should.equal(25.4);

const totalAmount = tips.sum(pricesWithTipAndTax).toFixed(2);
totalAmount.should.equal('38.10');          ◁── 测试账单总额

const totalAmountAsCurrency = tips.dollarFormat(totalAmount);
totalAmountAsCurrency.should.equal('$38.10');

const tipAsPercent = tips.percentFormat(tip);
tipAsPercent.should.equal('15%');
```

用下面的命令运行这个脚本。如果一切正常，脚本应该不会输出什么，因为断言没有抛出错误。你的朋友更加信任你了。

```
$ node test/tips.js
```

如果想让运行命令更简单些，可以把它加到 package.json 的 `scripts` 里面：

```
"scripts": {
  "test": "node test/tips.js"
}
```

Should.js 支持很多种断言，从使用正则表达式的到检查对象属性的全都有，其可以对程序生成的数据和对象进行全面检查。这个项目的 GitHub 页面上有完整的 Should.js 功能文档。

除了断言库，测试时还经常要用到探测器、存根和模拟对象。下一节介绍如何用 Sinon.JS 做这些事情。

9.1.6　Sinon.JS 的探测器和存根

模拟对象和存根库是测试工具箱里的终极工具。我们写单元测试是为了把系统的各个组成部分隔离开单独测试，但有时候这很难做到。比如测试图片缩放的代码时，如果不想读写真正的图片文件，该怎么写测试代码呢？代码中不应该有避开文件系统读写的特殊测试分支，因为那样就不是真正的测试了。在这种情况下，需要创建文件系统功能的**存根**。我们可以用存根代替尚未准备好的依赖项，这有助于实现真正的 TDD。

本节会介绍如何用 Sinon.JS 编写测试探测器、存根和模拟对象。不过我们要先创建个新项目，然后安装 Sinon：

```
mkdir sinon-js-examples
cd sinon-js-examples
npm init -y
mkdir test
npm i --save-dev sinon
```

接着创建要测试的样例文件。这个例子里用了一个简单的 JSON 键/值数据库。我们要创建一个文件系统 API 的存根，这样就不用在文件系统里创建真正的文件了。我们也可以像下面这样只测试数据库代码，避开处理文件的代码。

代码清单 9-17　数据库类

```
const fs = require('fs');

class Database {
  constructor(filename) {
    this.filename = filename;
    this.data = {};
  }

  save(cb) {
    fs.writeFile(this.filename, JSON.stringify(this.data), cb);
  }

  insert(key, value) {
```

```
    this.data[key] = value;
  }
}

module.exports = Database;
```

将上面的代码存为 db.js，做好用 Sinon 探测器测试它的准备。

1. 探测器

有时候我们只是想看看某个方法是否被调用了。探测器最适合做这个。借助它的 API，可以将某个方法替换成能够进行断言的东西。比如用 Sinon 的方法替身 `spy` 模拟 db.js 中的 `fs.writeFile`：

```
sinon.spy(fs, 'writeFile');
```

测试完成后，可以用 `fs.writeFile.restore();`复原原来的方法。

在 Mocha 之类的测试库中使用时，应该把这些操作放在 `beforeEach` 和 `afterEach` 中。下面是探测器用法的完整示例。将这段代码存为 spies.js。

代码清单 9-18 使用探测器

```
const sinon = require('sinon');
const Database = require('./db');
const fs = require('fs');
const database = new Database('./sample.json');

const fsWriteFileSpy = sinon.spy(fs, 'writeFile');   ❶ 替换 fs 方法
const saveDone = sinon.spy();

database.insert('name', 'Charles Dickens');
database.save(saveDone);

sinon.assert.calledOnce(fsWriteFileSpy);   ❷ 断言 writeFile 只调用了一次

fs.writeFile.restore();   ❸ 恢复原来的方法
```

设置好探测器后❶运行要测试的代码。然后调用 `sinon.assert`❷确保方法被调用了。恢复原来的方法❸。这项测试中的恢复操作不是必须的，但恢复之前改变的方法是最佳实践。

2. 存根

有时需要控制代码流程。比如在测试错误处理代码时，需要强迫执行错误处理分支。前面那个例子可以改写一下，用存根取代探测器，以便执行 `writeFile` 的回调函数。注意，我们并不想调用真正的 `writeFile`，只是希望能运行那个回调函数。下面是如何使用存根替换函数的例子，将它存为 stub.js。

代码清单 9-19 使用存根

```
const sinon = require('sinon');
const Database = require('./db');
const fs = require('fs');
const database = new Database('./sample.json');
```

```
const stub = sinon.stub(fs, 'writeFile', (file, data, cb) => {    ◁ 用自己的函数代替 writeFile
  cb();
});
const saveDone = sinon.spy();

database.insert('name', 'Charles Dickens');
database.save(saveDone);

sinon.assert.calledOnce(stub);       ◁ 断言 writeFile 被调用了
sinon.assert.calledOnce(saveDone);   ◁ 断言 database.save 的回调运行了

fs.writeFile.restore();
```

在测试有大量用户提供的函数、回调和 promise 的代码时，把存根和探测器结合起来用是最理想的办法。看过这些单元测试工具后，我们该去探究另一种风格的测试了：功能测试。

9.2　功能测试

在大多数 Web 项目的开发中，进行**功能测试**的办法都是按用户指定的需求列表驱动浏览器执行操作，然后检查各种 DOM 变化。比如在做一个内容管理系统时，要对图片库的上传功能做功能测试，也就是上传一张图片，然后检查是不是添加上了，再检查是不是加到了正确的图片列表中。

Node 中做功能测试的工具很多，选起来会让人有种乱花渐欲迷人眼的感觉。不过它们大体上可以分成两类：无头测试和基于浏览器的测试。**无头测试**基本上都是用 PhantomJS 之类的工具提供一个可以在终端里使用的浏览器环境，也有轻便一些的方案会用 Cheerio 和 JSDOM 这样的库。**基于浏览器的测试**用 Selenium 之类的浏览器自动化工具，通过脚本驱动真正的浏览器。两种测试方式用的底层测试工具都是一样的，你可以根据自己的偏好用 Mocha、Jasmine 甚至 Cucumber 驱动 Selenium 测试自己的程序。图 9-6 给出了一个测试环境的例子。

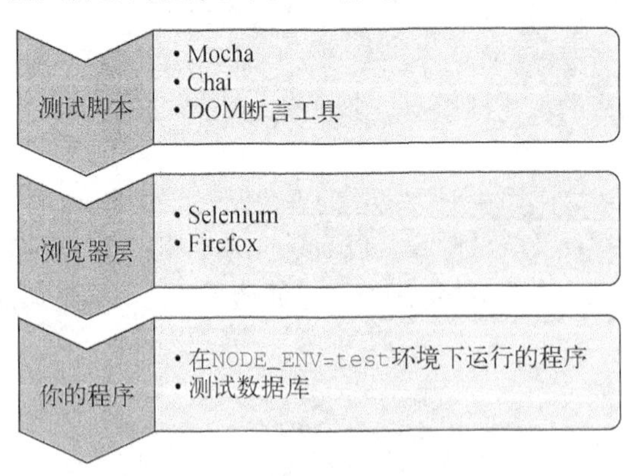

图 9-6　用浏览器自动化进行测试

本节会介绍功能测试方案，让你可以根据自己的需求搭建测试环境。

Selenium

Selenium 是基于 Java 的浏览器自动化库，它很受欢迎。在特定语言驱动器的帮助下，我们可以连接到 Selenium 服务器上，用真正的浏览器跑测试用例。本节会介绍如何使用 Node 的 Selenium 驱动器 WebdriverIO。

Selenium 用起来比使用纯粹的 Node 测试库困难一些，需要安装 Java，还要下载 Selenium JAR 文件。下载与你的操作系统对应的 Java，再到 Selenium 网站上下载它的 JAR 文件。然后运行下面的命令启动一个 Selenium 服务器：

```
java -jar selenium-server-standalone-2.53.0.jar
```

你得到的 Selenium 版本可能不一样。另外还要提供浏览器可执行文件所在的路径。比如在 `browserName` 被设为 Firefox 的 Windows 10 中，可以像下面这样指定 Firefox 的完整路径：

```
java -jar -Dwebdriver.firefox.driver="C:\path\to\firefox.exe" selenium-
    server-standalone-3.0.1.jar
```

确切的路径要看 Firefox 是怎么安装的。SeleniumHQ 的文档里有 Firefox 驱动的详细介绍。Chrome 和 Microsoft Edge 配置跟 Firefox 差不多。

现在创建新的 Node 项目，安装 WebdriverIO：

```
mkdir -p selenium/test/specs
cd selenium
npm init -y
npm install --save-dev webdriverio
npm install --save express
```

WebdriverIO 很贴心地提供了一个配置文件生成器。可以用 `wdio config` 运行它：

```
./node_modules/.bin/wdio config
```

接受所有问题和提供的默认值。图 9-7 是我的截屏。

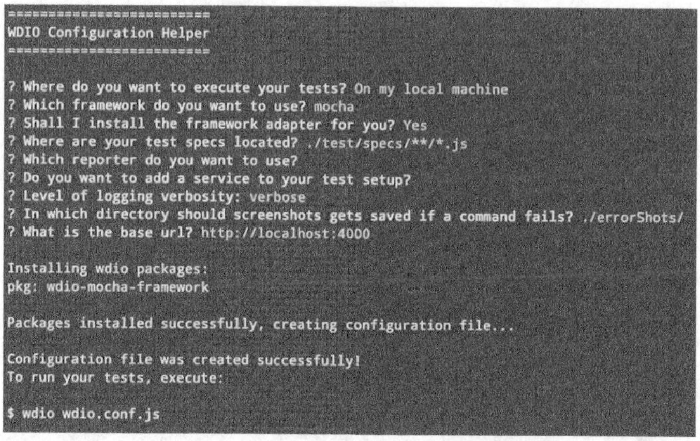

```
=========================
WDIO Configuration Helper
=========================

? Where do you want to execute your tests? On my local machine
? Which framework do you want to use? mocha
? Shall I install the framework adapter for you? Yes
? Where are your test specs located? ./test/specs/**/*.js
? Which reporter do you want to use?
? Do you want to add a service to your test setup?
? Level of logging verbosity: verbose
? In which directory should screenshots gets saved if a command fails? ./errorShots/
? What is the base url? http://localhost:4000

Installing wdio packages:
pkg: wdio-mocha-framework

Packages installed successfully, creating configuration file...

Configuration file was created successfully!
To run your tests, execute:

$ wdio wdio.conf.js
```

图 9-7　用 wdio 配置 Selenium 测试

把 `wdio` 命令加到 package.json 里，以便以后可以用 `npm test` 运行测试：

```
"scripts": {
  "test": "wdio wdio.conf.js"
},
```

该添加测试对象了，一个简单的 Express 服务器就好。下面这段代码就是我们后面要测试的对象。将它存为 index.js（随书源码见 ch09-testing/selenium/index.js）。

代码清单 9-20　Express 项目样本

```
const express = require('express');
const app = express();
const port = process.env.PORT || 4000;

app.get('/', (req, res) => {
  res.send(`
<html>
  <head>
    <title>My to-do list</title>
  </head>
  <body>
    <h1>Welcome to my awesome to-do list</h1>
  </body>
</html>
  `);
});

app.listen(port, () => {
  console.log('Running on port', port);
});
```

WebdriverIO 的 API 简单流畅、语法清晰、易于学习掌握——甚至支持用 CSS 选择器写测试代码。下面这段代码（随书源码见 test/specs/todo-test.js）演示了如何设置 WebdriverIO 客户端，然后用它检查页面的标题。

代码清单 9-21　WebdriverIO 测试

```
const assert = require('assert');
const webdriverio = require('webdriverio');

describe('todo tests', () => {
  let client;

  before(() => {
    client = webdriverio.remote();          // ❶ 设置 WebdriverIO 客户端
    return client.init();
  });
  it('todo list test', () => {
    return client
      .url('/')                             // ❷ 获取首页
      .getTitle()                           // 从消息头中获取 title
        .then(title => assert.equal(title, 'My to-do list'));   // 断言 title 是期望值
  });
});
```

WebdriverIO 连好之后❶，可以用它的客户端实例获取程序页面❷。然后查询浏览器中文档的当前状态——上面这个例子是用 `getTitle` 获取文档头部的 `title` 元素。如果想用 CSS 类获取文档元素，可以用 `.elements`。各种操作文档、表单，甚至 cookie 的方法应有尽有。

虽然这个测试看起来跟 Mocha 测试差不多，但它可以用真正的浏览器测试 Web 程序。在端口 4000 上启动服务器：

```
PORT=4000 node index.js
```

然后运行 `npm test`，你应该会看到 Firefox，以及在命令行里运行的测试。如果想换成 Chrome，可以修改 wdio.conf.js 里的 `browserName`。

用 Selenium 完成更高级的测试

在用 WebdriverIO 和 Selenium 测试比较复杂的程序时，比如那些用到了 React 或 Angular 的，可能需要测试一些辅助性方法。有些方法要等到特定元素出现才会继续执行，要异步渲染文档的 React 程序就是这样的，它会在远程数据陆续到达时多次更新文档。

看看 `waitFor*`方法，比如 `waitForVisible`，了解更多信息。

9.3 处理失败的测试

在做已经成形的项目时，总会碰到测试失败的时候。Node 提供了一些工具，可以获取更详细的失败信息，本节会介绍调试失败的测试时如何让测试用例输出更多信息。

测试失败时，我们要做的第一件事就是生成更详细的日志。接下来会演示如何用 `NODE_DEBUG` 完成这项任务。

9.3.1 获取更详细的日志

测试失败后，需要知道程序当时在做些什么。在 Node 中有两种途径：一种是用于 Node 内部的，另一种是给 npm 模块用的。我们用 `NODE_DEBUG` 调试 Node 的核心模块。

9

1. 使用 **`NODE_DEBUG`**

假设你忘了给一个嵌套很深的文件系统调用提供回调函数，就像下面这段代码一样，它就会抛出一个异常：

```
const fs = require('fs');

function deeplyNested() {
fs.readFile('/');
}

deeplyNested();
```

关于这个异常，栈跟踪输出的信息很有限，特别是根本就没提供异常源自何处的完整信息：

```
fs.js:60
        throw err;  // Forgot a callback but don't know where? Use
      NODE_DEBUG=fs
        ^

Error: EISDIR: illegal operation on a directory, read
    at Error (native)
```

没什么有价值的信息，很多程序员看到这个都会抱怨 Node。但就像注释中指出的那样，可以用 NODE_DEBUG=fs 获取更多信息。现在像下面这样运行这个脚本：

```
NODE_DEBUG=fs node node-debug-example.js
```

可以看到对调试更有帮助的详细跟踪信息：

```
fs.js:53
        throw backtrace;
        ^

Error: EISDIR: illegal operation on a directory, read
    at rethrow (fs.js:48:21)
    at maybeCallback (fs.js:66:42)
    at Object.fs.readFile (fs.js:227:18)
    at deeplyNested (node-debug-example.js:4:6)
    at Object.<anonymous> (node-debug-example.js:7:1)
    at Module._compile (module.js:435:26)
    at Object.Module._extensions..js (module.js:442:10)
    at Module.load (module.js:356:32)
    at Function.Module._load (module.js:311:12)
    at Function.Module.runMain (module.js:467:10)
```

这里明确指出问题出在我们的文件里，异常源自第 7 行调用那个函数里的第 4 行代码。有了这样的信息，调试使用 Node 核心模块的代码就变得容易多了，不仅是文件系统，还有 HTTP 客户端和服务器模块之类的网络库。

2. 使用 DEBUG

DEBUG 是 NODE_DEBUG 之外的另一个公共选项，npm 上的很多包都会看这个环境变量。DEBUG 的参数风格跟 NODE_DEBUG 一样，也就是说可以指定要调试的模块列表，或者用 DEBUG='*'查看所有模块的调试信息。图 9-8 是 DEBUG='*'时运行第 4 章那个项目的截屏。

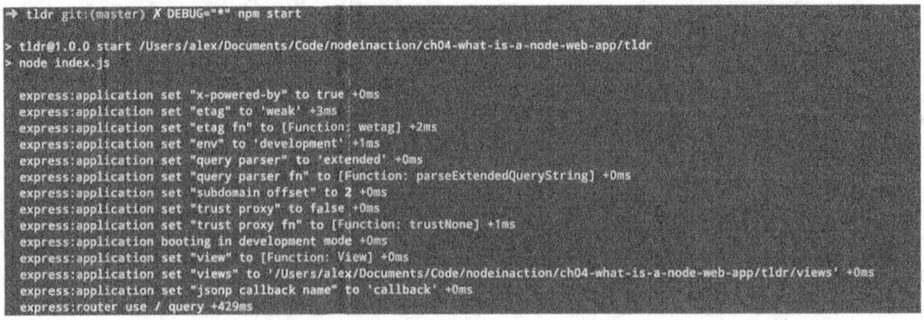

```
➜ tldr git:(master) ✗ DEBUG="*" npm start

> tldr@1.0.0 start /Users/alex/Documents/Code/nodeinaction/ch04-what-is-a-node-web-app/tldr
> node index.js

  express:application set "x-powered-by" to true +0ms
  express:application set "etag" to 'weak' +3ms
  express:application set "etag fn" to [Function: wetag] +2ms
  express:application set "env" to 'development' +1ms
  express:application set "query parser" to 'extended' +0ms
  express:application set "query parser fn" to [Function: parseExtendedQueryString] +0ms
  express:application set "subdomain offset" to 2 +0ms
  express:application set "trust proxy" to false +0ms
  express:application set "trust proxy fn" to [Function: trustNone] +1ms
  express:application booting in development mode +0ms
  express:application set "view" to [Function: View] +0ms
  express:application set "views" to '/Users/alex/Documents/Code/nodeinaction/ch04-what-is-a-node-web-app/tldr/views' +0ms
  express:application set "jsonp callback name" to 'callback' +0ms
  express:router use / query +429ms
```

图 9-8　DEBUG='*'时运行的 Express 程序

如果想在自己的项目中支持 NODE_DEBUG，可以用 util.debuglog 方法：

```
const debuglog = require('util').debuglog('example');
debuglog('You can only see these messages by setting NODE_DEBUG=example!');
```

要做用 DEBUG 配置的调试记录器，需要 debug 包。调试记录器的数量没有限制，可以根据自己的需要创建。假设你正在做一个 MVC Web 程序，可以为模型、视图和控制器分别创建一个调试记录器。这样在测试失败后，你可以指定使用哪个记录器，去掉无关信息，只保留必要的信息以便调试。下面是使用 debug 模块的例子（随书源码见 ch09-testing/debug-example/index.js）。

代码清单 9-22　使用 debug 包

```
const debugViews = require('debug')('debug-example:views');
const debugModels = require('debug')('debug-example:models');

debugViews('Example view message');
debugModels('Example model message');
```

如果只想看视图日志，将 DEBUG 设为 debug-example:views：

```
DEBUG=debug-example:views node index.js
```

debug 模块还有一个功能，我们可以在记录器名称前加个连字符号关闭它：

```
DEBUG='* -debug-example:views' node index.js
```

也就是说可以在使用*的同时关闭某些日志器，从而从输出中去掉不需要的，或者说噪音部分。

9.3.2　更好的栈跟踪

如果代码中有异步操作，或者包含了使用异步回调或 promise 的任何东西，那么栈跟踪信息不够详细时就很难办。npm 上有能解决这些问题的包。比如说，在回调异步运行时，Node 不会在操作排上队列后保留调用栈。我们来做个实验验证一下。先创建两个文件，一个是 async.js，在其中定义一个异步函数；另一个是 index.js，只是引入 async.js 就好。下面是 aync.js 的代码（随书源码见 ch09-testing/debug-stacktraces/async.js）：

```
module.exports = () => {
  setTimeout(() => {
    throw new Error();
  })
};
```

这是 index.js，只需要引入 async.js：

```
require('./async.js')();
```

用 node index.js 运行 index.js，你会看到一段只显示了抛出异常的位置，没有调用者的栈跟踪信息：

```
    throw new Error();
    ^
```

```
Error
    at null._onTimeout (async.js:3:11)
    at Timer.listOnTimeout (timers.js:92:15)
```

trace 包可以改变这种情况，运行 `node -r trace index.js`，其中 `-r` 的意思是告诉 Node 先引入 trace 模块，然后再加载其他东西。

有时候我们会觉得栈跟踪太详细了，比如包含太多 Node 内部信息时，这也是个问题。这时可以用 `clarify` 清理栈跟踪信息。仍然是带着 `-r` 运行：

```
$ node -r clarify index.js
    throw new Error();
    ^
Error
    at null._onTimeout (async.js:3:11)
```

如果想把栈跟踪放在错误报警邮件里，那就更需要 clarify 了。

如果运行的是浏览器里的代码，可能是一个同构的 Web 应用程序中的一部分，那么可以用 source-map-support 改善栈跟踪信息。这个既可以用 `-r` 指定，也可以放在测试框架中：

```
$ node -r source-map-support/register index.js
$ mocha --require source-map-support/register index.js
```

下次再因为异步代码生成的栈跟踪而倍感挫折时，找找有没有 trace 和 clarify 这样的工具，以确保你得到的就是 V8 和 Node 能提供的最好结果。

9.4　总结

- 编写单元测试需要 Mocha 这样的测试运行器。
- Node 自带了一个断言库 assert。
- 还有其他断言库，包括 Chai 和 Should.js。
- 如果不想运行某些代码，比如网络请求，可以用 Sinon.JS。
- Sinon.JS 也可以探测代码，验证某个函数或方法是不是运行了。
- 通过利用脚本驱动真正的浏览器，可以用 Selenium 编写浏览器测试。

第 10 章

Node 程序的部署及运维

10

本章内容

- 选择在哪里安置你的 Node 程序
- 典型程序的部署
- 保证在线时间及性能最大化

Web 程序的开发是一码事儿，把它放到生产环境中又是另一码事儿。每种 Web 技术都有各种增强稳定性和提高性能的技巧、窍门，Node 也不例外。本章不仅会让你对如何选择合适的部署环境有个大体认识，还会介绍如何保证程序的在线时间。

后面的章节会列出部署环境的主要类型，还有保证在线时长的各种办法。

10.1 安置 Node 程序

本书中开发的 Web 程序用的都是基于 Node 的 HTTP 服务器。浏览器不需要通过 Apache 或 Nginx 这样的专用 HTTP 服务器跟程序通话。但也可以在应用程序之前放一个 Nginx 这样的服务器，所以 Node 程序基本上可以放在之前你放置 Web 服务器的所有地方。

云提供商，包括 Heroku 和 Amazon，也支持 Node。因此有三种可靠且可扩展的方式运行 Node 程序：

- 平台即服务——在 Amazon、Azure 或 Heroku 上运行；
- 服务器或虚拟主机——在云上、私有主机公司或你们公司内部的服务器上，UNIX 或 Windows 服务器都可以；
- 容器——用 Docker 这样的软件容器运行你的程序和其他相关服务。

这三种方案选择起来很难，因为即便只是想先试一下也并不是特别容易。每种方案都不止一个选择：比如说，Amazon 和 Azure 能提供所有这些部署策略。本节会介绍这些方案的需求以及它们的优点和缺点，以便让你知道哪个更适合你的程序。好在每种方案都有免费或价格合理的选项，所以对爱好者和专业人士来说，这些方案应该都在能力范围之内。

10.1.1　平台即服务

有了平台即服务（PaaS），程序部署的准备工作基本上就是注册个账号、创建新程序，然后给项目添加一个远程 Git 地址。把程序推送到那个地址就部署好了。默认情况下，程序会被放在单个容器里（各家厂商对容器的定义不太一样），并且如果程序崩溃了的话，服务会尝试重新启动它。你只能通过日志、Web 界面和命令行管理程序。一般通过运行多个程序实例实现扩展，这也就意味着要支付更多费用。表 10-1 是 PaaS 常见特性概览。

表 10-1　PaaS 的特性

易用性	高
功能	Git 推送部署，简单的水平扩展能力
基础设施	抽象的/黑盒子
商业适用性	良好：应用程序通常被网络隔离
价格[a]	低流量：$$；受欢迎的网站：$$$$
厂商	Heroku, Azure, AWS Elastic Beanstalk

a　$：便宜；$$$$$：贵

PaaS 提供商们会支持他们喜欢的数据库和第三方数据库。对于 Heroku 来说，就是 PostgreSQL；对 Azure 来说，就是 SQL Database。因为数据库连接的配置会放在环境变量里，所以不用在项目源码里添加数据库访问凭证。PaaS 是爱好者的福音，因为它价格便宜，对于流量不高的小项目来说，甚至可能是免费的。

有些提供商的产品用起来更容易：对于程序员来说，即便不懂系统管理或 DevOps，只要熟悉 Git，就会觉得 Heroku 用起来极其容易。一般来讲，PaaS 知道如何运行那些用 Node、Rails 和 Django 等热门工具开发的项目，可以说基本上都是即插即用的。

让 Node 在 Heroku 上 10 分钟上线的例子

接下来我们要在 Heroku 上部署一个程序。按照 Heroku 的默认配置，这个程序会部署在一个轻便的 Linux 容器上，即 Heroku 所说的 dyno 上，来为你的程序服务。在 Heroku 上部署程序的前提条件如下。

- 一个等待部署的程序。
- Heroku 账号：https://signup.heroku.com/。
- Heroku CLI：https://devcenter.heroku.com/articles/heroku-cli。

这些都准备好后，在命令行里登录 Heroku：

```
heroku login
```

Heroku 会提示你输入邮箱地址和密码。接下来，创建一个简单的 Express 程序：

```
mkdir heroku-example
npm i -g express-generator
express
npm i
```

运行 npm start，访问 http://localhost:3000，确保一切正常。接着初始化 Git 库，然后创建 Heroku 程序：

```
git init
git add .
git commit -m 'Initial commit'
heroku create
git push heroku master
```

你会看到一个随机生成的 URL 和 Git 远程地址。以后要部署时，只需要将变化提交到 Git 库中再 git push heroku master 就可以了。程序的名称和 URL 可以用 heroku rename 修改。

现在访问上一步中生成的 URL 应该可以看到刚刚创建的 Express 程序了。如果想看日志，可以运行 heroku logs；要打开程序所在 dyno 的 shell，可以运行 heroku run bash。

在 Heroku 上部署 Node 程序简单快捷，无须针对 Node 做任何调整，Heroku 默认就支持简单的 Node 程序。然而有时需要对运行环境有更多控制权，所以接下来我们要介绍如何在服务器上部署 Node 程序。

10.1.2　服务器

因为有些东西是 PaaS 无法提供的，所以我们只能用自己的服务器。不用担心在哪里运行数据库，只要你愿意，可以把 PostgreSQL、MySQL，甚至 Redis 装在同一台服务器上。你想在服务器上装什么就装什么：定制的日志软件、HTTP 服务器、缓存层，你的机器你做主。表 10-2 是使用自己的服务器的主要特性。

表 10-2　服务器的特性

易用性	低
功能	全面掌控整栈，运行你自己的数据库和缓存层
基础设施	对开发者（或系统管理员/DevOps）开放
商业适用性	如果有能维护服务器的职员，那很好
价格	小型 VM：$；大型托管服务器：$$$$$
厂商	Azure、Amazon、主机托管商

有几种办法可以让你拥有并维护自己的服务器。可以从 Linode 或 Digital Ocean 之类的厂商那里弄一台便宜的虚拟机，然后根据你的需要进行配置，但硬件资源是跟其他虚拟机共享的。可以买或租服务器。有些服务器托管厂商会提供托管主机，他们会帮你维护服务器的操作系统。

你必须决定用什么操作系统。Debian 有好几个分支，Node 也可以在 Windows 和 Solaris 上运行，所以实际上选起来还是挺困难的。

另外一个很关键的决定是如何向外界开放对程序的访问：可以将访问流从 80 和 443 端口转发给你的程序，也可以在前面部署 Nginx 做代理，同时让它处理静态文件。

把代码上传到服务器上办法也很多。可以用 scp、sftp 或 rsync 手动复制，也可以用 Chef 同时控制多台服务器，管理版本发布。还有人会搭建跟 Heroku 一样的 Git 钩子，其可以基于特定分支上的 Git 推送自动更新服务器上的程序。

你一定要认识到自己管理服务器的困难性。配置服务器很费工夫，还要随时跟进 OS 的错误补丁和安全更新。如果只是业余爱好，这些事情可能会把你搞垮，但也可能让你学会很多东西，并发现自己对 DevOps 的兴趣。

在虚拟机或实体服务器上运行 Node 程序没有什么特殊要求。如果你想了解在服务器上运行 Node 程序并保证它长期运行的技术，可以跳到 10.2 节：部署的基础知识。不过接下来我们要先介绍 Node 和 Docker。

10.1.3　容器

软件容器可以看作是将程序的部署自动化的 OS 虚拟化技术。Docker 是其中最著名的项目，它是开源的，但也提供生产程序部署的商业性服务。表 10-3 是容器的主要特性。

表 10-3　容器的特性

易用性	中等
功能	全面掌控整栈，运行你自己的数据库和缓存层，可以重新部署到各种提供商和本地机器上
基础设施	对开发者（或系统管理员/DevOps）开放
商业适用性	非常棒：可以部署到托管主机、Docker 主机或你自己的数据中心上
价格	$$$
厂商	Azure、Amazon、Docker Cloud、 Google 云平台（带 Kubernetes），以及允许运行 Docker 容器的主机托管厂商们

Docker 允许将程序定义为映像。比如要搭建一个典型的由图片处理微服务、存储程序数据的主服务和后端数据库组成的内容管理系统，可以分成四个独立的 Docker 映像来部署：

- 映像 1——对上传到 CMS 中的图片进行缩放的微服务；
- 映像 2——PostgreSQL；
- 映像 3——带管理界面的 CMS 程序主体；
- 映像 4——面向公众的前端 Web 程序。

因为 Docker 是开源的，所以可以部署 Docker 映像的厂商不止一家。Amazon 的 Elastic Beanstalk、Docker Cloud，甚至 Microsoft 的 Azure 都可以部署 Docker 映像。Amazon 还有 EC2 Container Service（ECS）和做 Git 云仓库的 AWS CodeCommit，它们可以像 Heroku 那样部署到 Elastic Beanstalk 上。

在将程序容器化之后，用一条命令就可以带起一个新鲜的实例，这是使用容器的奇妙之处。在拿到一台新机器之后，你只需要在上面装好 Docker，然后把程序从库中签出来，就可以运行脚本启动程序了。因为程序有精心定义的部署配方，所以你和你的合作者们很容易理解它在开发环境之外应该如何运行。

用 Docker 运行 Node 程序的例子

示例：https://nodejs.org/en/docs/guides/nodejs-docker-webapp/

要用 Docker 运行 Node 程序，先要做好下面这几件事。

(1) 安装 Docker。

(2) 创建一个 Node 程序。10.1.1 节中有快速创建 Express 程序的例子。

(3) 在项目中添加文件 Dockerfile。

这个 Dockerfile 会告诉 Docker 如何创建程序的映像，以及如何安装这个程序并运行它。在官方的 Node Docker 映像中，Dockerfile 指定了 `FROM node:boron`，然后用 `RUN` 和 `CMD` 指令运行 `npm install` 及 `npm start`。完整的代码如下所示：

```
FROM node:argon

RUN mkdir -p /usr/src/app
WORKDIR /usr/src/app

COPY package.json /usr/src/app/
RUN npm install

COPY . /usr/src/app

EXPOSE 3000
CMD ["npm", "start"]
```

创建好 Dockerfile 之后，可以在命令行中运行 `docker build` 构建程序的映像。只需要指定构建的目录，比如你在 Express 示例程序的根目录下，运行 `docker build .`就会创建它的映像并发送给 Docker 后台。

`docker images` 是查看映像列表的命令。`docker run -p 8080:3000 -d <image ID>` 是根据映像 ID 运行指定程序的命令。其中`-p 8080:3000` 是指将内部端口（3000）绑定到本机上的 8080 端口，所以要用 http://localhost:8080 访问这个程序。

10.2 部署的基础知识

对于只是想要展示一下的 Web 程序，或者要在部署到生产环境之前测试一下的商业程序，可能会先简单部署一下，而那些让在线时长和性能最大化的工作要往后放。本节会从简单的、临时性的 Git 部署开始讲起，逐步深入到如何保证程序永不掉线的细节中。临时性部署不会做跨越重启的持久化工作，但配置起来简单快速。

10.2.1 从 Git 库部署

我们先快速浏览一下用 Git 库部署的基本步骤，让你有个感性的认识。大多数部署都是按下面这些步骤做的。

(1) 用 SSH 连接到服务器。

(2) 如果需要的话，在服务器上安装Node和版本控制工具（比如Git或Subversion）。

(3) 从版本库中将程序文件，包括Node脚本、图片、CSS样式表等，下载到服务器上。

(4) 启动程序。

下面是用Git下载程序文件后启动程序的例子：

```
git clone https://github.com/Marak/hellonode.git
cd hellonode
node server.js
```

跟PHP一样，Node不是作为后台任务运行的。所以说，如果按我们前面列出的基本步骤部署，SSH连接关闭后程序就退出了。不过只需一个简单的工具就可以解决这个问题。

自动化部署

Node程序的部署可以实现自动化。比如我们可以用Fleet这样的工具，通过git push将程序部署到一到多台服务器上。还可以用Capistrano这种比较传统的方式，具体过程请参见Evan Tahler的Bricolage博客上发表的文章"用Capistrano部署Node.js程序"。

10.2.2 保证Node不掉线

假设你用Ghost博客程序创建了一个个人博客，部署好后，你肯定不想自己一断开SSH连接它就掉线了。

Nodejitsu的Forever是解决这个问题最常用的工具。用Forever启动的程序在你断开SSH连接后不会退出，并且如果崩溃的话，Forever还会重启它。图10-1是Forever的工作原理概念图。

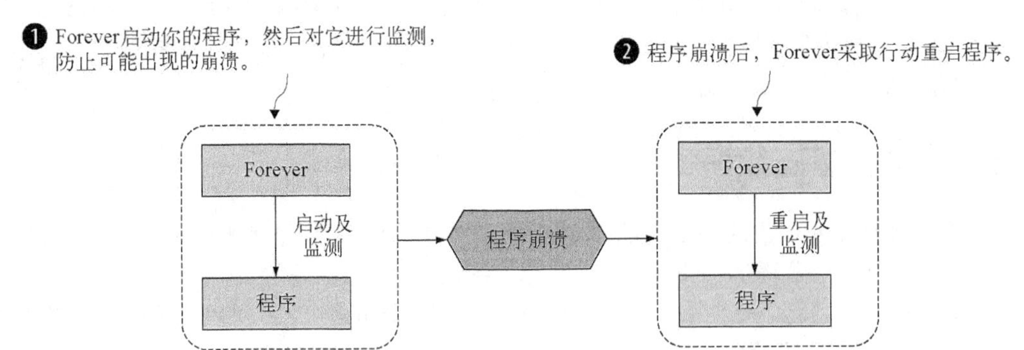

图10-1　Forever可以保证程序在线，甚至可以在程序崩溃后重启它

全局安装Forever有时需要用到sudo命令。

sudo 命令　全局安装（带参数-g）npm模块时，有时需要在npm命令前加上sudo以使用超级用户权限安装。第一次用sudo命令时系统会提示你输入密码，验证通过后才会运行跟在sudo后面的命令。

接下来用下面的命令安装 Forever：

```
npm install -g forever
```

装好 Forever 之后，可以用下面的命令启动你的博客并保持其运行：

```
forever start server.js
```

如果出于某些原因你要停掉博客，可以用 Forever 的 `stop` 命令：

```
forever stop server.js
```

可以用 Forever 的 `list` 命令查看它所管理的所有程序：

```
forever list
```

Forever 的另一个比较实用的功能是可以在源码发生变化时自动重启程序。让你不用每次添加功能或修改缺陷后都手动重启。

可以用 `-w` 开启 Forever 的这一模式：

```
forever -w start server.js
```

尽管 Forever 是特别好用的部署工具，但可能仍无法满足你对长期部署上的功能需求。所以下一节会介绍一些工业级的监测方案，还要看看如何让程序性能达到最优。

10.3　在线时长和性能的最大化

在程序发布后，你肯定希望它能在服务器启动时启动，在服务器停机时关闭，而且能在崩溃后自动重启。我们很容易忘记在服务器重启之前关停程序，或者在服务器重启之后启动程序。

你肯定也希望自己做了让性能达到最优所需做的所有事情。比如说，如果在四核服务器上只用单核跑你的程序，那么随着 Web 程序的流量不断攀升，单核的处理能力不足，程序的响应也会跟不上。

除了把所有的 CPU 内核都用上，在高容量生产站点上还应该避免用 Node 提供静态文件。Node 擅长运行交互式程序，比如 Web 程序和 TCP/IP 协议，在静态文件上，它不如那些专用的软件效率高。应该用 Nginx 之类的技术来处理静态文件，它是专门做这个的。另外也可以把所有静态文件都放到内容交付网络上（CDN），比如 Amazon S3，然后在程序中指向这些文件。

本节会介绍一些保证程序在线时长和性能最大化的技术：

- 用 Upstart 保证程序在线，在服务器重启和崩溃后继续运行；
- 用 Node 的集群 API 充分利用多核处理器的处理能力；
- 用 Nginx 提供 Node 程序中的静态文件。

下面先来看一下强大易用的 Upstart。

10.3.1　用 Upstart 保证在线时长

比如说你终于对程序感到满意了，要把它推向全世界。那么你肯定无论如何都想要保证服务器重启后自己不会忘了启动程序。你还希望如果程序崩溃，那么不能只是自动重新启动它，还要记下日志，通知你，以便让你调查究竟出了什么问题。

Upstart 可以优雅地管理所有 Linux 程序的启动和关停，包括 Node 程序。Ubuntu 和 CentOS 的现代版都支持 Upstart。在 macOS 上可以创建 launchd 文件（npm 上的 node-launchd 可以做这个），Windows 上可以用 Windows 服务和 npm 上的 node-windows 包。

如果你的 Ubuntu 上还没装 Upstart，可以用下面这个命令安装：

```
sudo apt-get install upstart
```

在 CentOS 上用这个命令：

```
sudo yum install upstart
```

装好 Upstart 之后，需要给每个程序添加一个 Upstart 配置文件。这些文件应该放在 /etc/init 目录中，名称类似于 my_application_name.conf。无须给配置文件分配可执行权限。

用下面的命令给本章中的样例程序创建一个空的 Upstart 配置文件：

```
sudo touch /etc/init/hellonode.conf
```

接着将下面的代码放到配置文件里。按照这个配置，程序会在服务器启动后运行，在服务器关闭时停止。Upstart 会执行 exec 部分的命令。

代码清单 10-1　典型的 Upstart 配置文件

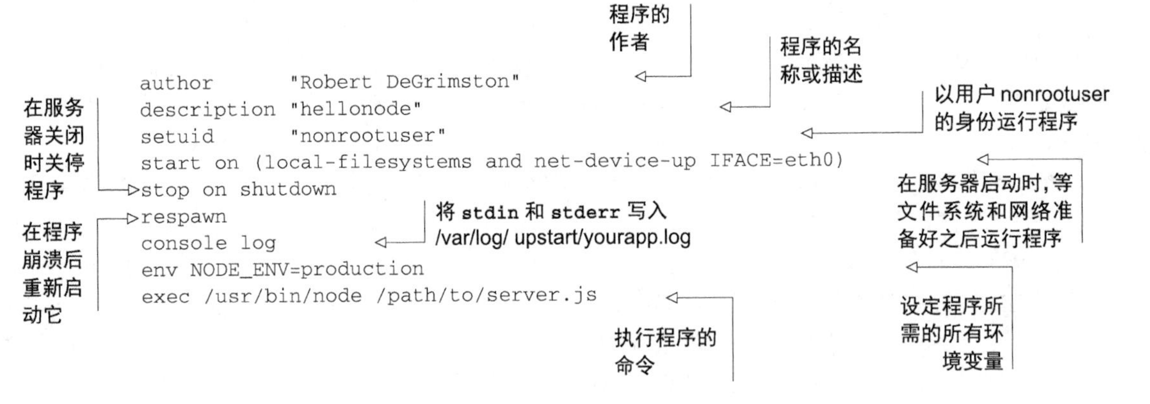

Upstart 会依照这个配置文件保证你的程序在服务器重启，甚至是意外崩溃后运行。程序生成的所有输出都会放到 /var/log/upstart/hellonode.log 里，Upstart 还会帮你管理日志的轮转。

创建好配置文件后，可以用下面这条命令启动程序：

```
sudo service hellonode
```

如果程序成功启动，那么你将会看到：

```
hellonode start/running, process 6770
```

Upstart 的可配置化程度很高。请参考它的在线文档了解其配置项。

UPSTART 和 RESPAWNING

如果用了 respawn 选项，在程序崩溃后，只要没有达到 5 秒内 10 次的频率，Upstart 默认会一直重新加载它。可以通过 respawn limit COUNT INTERVAL 修改这个默认的限制，其中 COUNT 是指在 INTERVAL 秒内重新加载的次数。比如可以像下面这样将上限设定为 5 秒内 20 次：

```
respawn
respawn limit 20 5
```

如果程序在 5 秒内重启了 10 次（默认的上限），一般是代码或配置出错了，基本不太可能成功启动了。达到上限后 Upstart 就会放弃，以免占用资源。

除了 Upstart，还应该通过其他方式对程序进行健康检查，以便用邮件或其他快捷的通信方式向开发团队报警。对于 Web 程序来说，健康检查可以是简单地访问一下，看看能否得到有效的响应。你可以用自己的办法，也可以借助 Monit 或 Zabbix 之类的工具。

现在你知道如何让程序撑过崩溃和服务器重启了，接下来自然要考虑性能问题。我们先来看看如何用上 Node 的集群 API。

10.3.2 集群 API：充分利用多核处理器

现代计算机的 CPU 基本都是多核的，但 Node 进程是在单核上运行的。如果想让 Node 程序最大限度地调动服务器的资源，可以在不同的 TCP/IP 端口上开启多个程序实例，然后通过负载平衡将 Web 流量分发到这些实例上，但靠手动来做的话，这个任务还是比较艰巨的。

Node 的集群 API 可以让单个程序利用多核处理器。通过这个 API，我们可以轻松地让程序同时在不同的内核上运行多个工作进程，每个做的工作都一样，用的 TCP/IP 端口也一样。图 10-2 是用集群 API 在一个四核处理器上组织工作进程的例子。

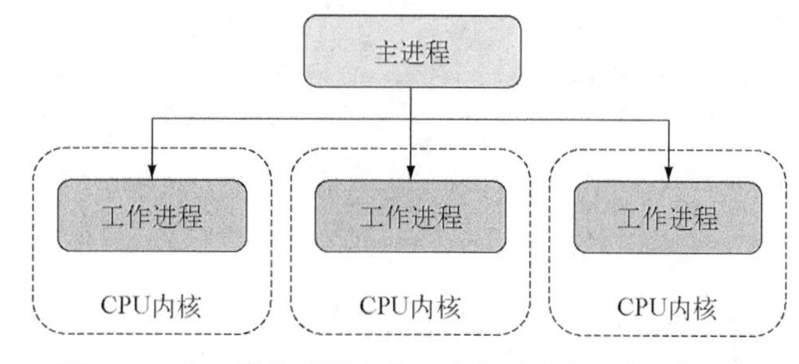

图 10-2 在四核处理器上有一个主进程和三个工作进程

下面的代码清单自动繁殖了一个主进程，并给另外的内核每个一个工作进程。

代码清单 10-2　Node 集群 API 演示

```
const cluster = require('cluster');
const http = require('http');
const numCPUs = require('os').cpus().length;          <-- 确定服务器内核的数量
if (cluster.isMaster) {
  for (let i = 0; i < numCPUs; i++) {                 <-- 给每个核创建一个分叉
    cluster.fork();
  }
  cluster.on('exit', (worker, code, signal) => {
    console.log('Worker %s died.', worker.process.pid);
  });
} else {
  http.Server((req, res) => {                         <-- 定义每个工作进程的工作
    res.writeHead(200);
    res.end('I am a worker running in process: ' + process.pid);
  }).listen(8000);
}
```

因为主进程和各个工作进程都是各自独立的系统进程，所以如果它们分别运行在各自的内核上，是无法通过全局变量共享状态的。但集群 API 提供了让主进程跟工作进程通信的办法。

下面是一个在主进程和工作进程间传递消息的例子。主进程维护着总请求数，当有工作进程报告它处理了一个请求后，主进程就会把这个值传给所有工作进程。

代码清单 10-3　Node 集群 API 的例子

```
const cluster = require('cluster');
const http = require('http');
const numCPUs = require('os').cpus().length;
const workers = {};
let requests = 0;

if (cluster.isMaster) {
  for (let i = 0; i < numCPUs; i++) {
    workers[i] = cluster.fork();
    ((i) => {
      workers[i].on('message', (message) => {         <-- 监听来自工作进程的消息
        if (message.cmd == 'incrementRequestTotal') {
          requests++;                                 <-- 增加总请求数
          for (var j = 0; j < numCPUs; j++) {         <-- 将新的总请求数发给所有工作进程
            workers[j].send({
              cmd: 'updateOfRequestTotal',
              requests: requests
            });
          }
        }
      });
    })(i);                                            <-- 用闭包保留当前工作进程的索引
  }
  cluster.on('exit', (worker, code, signal) => {
    console.log('Worker %s died.', worker.process.pid);
  });
} else {
```

```
  process.on('message', (message) => {                    <- 监听来自主进程的消息
    if (message.cmd === 'updateOfRequestTotal') {
      requests = message.requests;                       <- 根据主进程的消息更新请求数
    }
  });
  http.Server((req, res) => {
    res.writeHead(200);
    res.end(`Worker ${process.pid}: ${requests} requests.`);
    process.send({ cmd: 'incrementRequestTotal' });     <- 让主进程知道该增加总请求数了
  }).listen(8000);
}
```

通过 Node 集群 API 使用多核处理器是种简单易行的办法。

10.3.3　静态文件及代理

尽管 Node 可以高效地提供动态 Web 内容，但对于图片、CSS 样式表或客户端 JavaScript 这些静态文件来说，它并不是最有效的办法。最好是让专注于提供静态文件服务很多年的软件来完成这项任务，因为它们是专门进行过优化的。

开源的 Nginx 就是专门提供静态文件服务的，跟 Node 搭配起来也很容易配置。一般在 Nginx/Node 的搭配中，所有请求最初都是到 Nginx 那里，然后再由它将非静态文件的请求发给 Node。如图 10-3 所示。

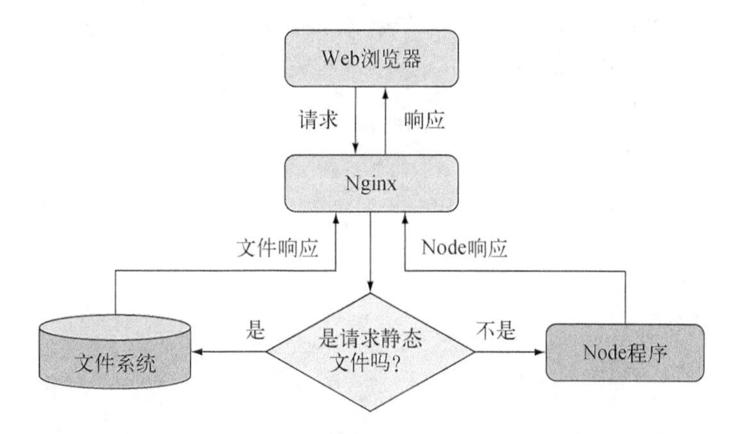

图 10-3　用 Nginx 做代理将静态文件快速传回 Web 客户端

下面这段代码是 Nginx 配置文件中的 `http` 部分，它就是这样配置的。在 Unix 服务器上，Nginx 的配置文件一般放在 /etc 目录下，具体路径为 /etc/nginx/nginx.conf。

代码清单 10-4　用 Nginx 做 Node.js 的代理并提供静态文件服务的配置文件

```
http {
  upstream my_node_app {
    server 127.0.0.1:8000;      <- Node 程序的 IP 地址和端口
  }
```

10

```
  server {
    listen 80;                                        ← 指定接收请求的代理端口
    server_name localhost domain.com;
    access_log /var/log/nginx/my_node_app.log;
    location ~ /static/ {                             ← 处理以/static/开头的 URL 的请求
      root /home/node/my_node_app;
      if (!-f $request_filename) {
        return 404;
      }
    }
    location / {                                      ← 定义代理响应的 URL 路径
      proxy_pass http://my_node_app;
      proxy_redirect off;
      proxy_set_header X-Real-IP $remote_addr;
      proxy_set_header X-Forwarded-For $proxy_add_x_forwarded_for;
      proxy_set_header Host $http_host;
      proxy_set_header X-NginX-Proxy true;
    }
  }
}
```

把处理静态 Web 文件的任务交给 Nginx，Node 就可以专心处理它擅长的事情了。

10.4 总结

- Node 程序可以放到 PaaS 提供商、专用服务、虚拟私有服务器和云托管主机上。
- 在 Linux 上，可以用 Forever 和 Upstart 快速部署 Node 程序。
- 可以借助 Node 的集群 API 运行多个进程，从而提升程序的性能。

Part 3 第三部分

超越 Web 开发

有上百万人要依靠用 Node 做的程序。Slack 和 Visual Studio Node 就是 Node 程序。这部分内容要介绍 Electron 和用来编写命令行工具的模块。如果你曾想过要为 Linux、macOS 或 Windows 做一个程序，那很快你就可以实现自己的愿望了。

第 11 章 编写命令行程序

本章内容

- ❑ 按通用惯例设计命令行程序
- ❑ 管道通信
- ❑ 使用退出码

Node 命令行工具的应用非常广泛，从 Gulp 和 Yeoman 这样的项目自动化工具到 XML 和 JSON 解析器，几乎无处不在。如果你想了解如何用 Node 制作命令行工具，可以从本章获取你所需要知道的所有知识。我们会介绍 Node 程序如何接受命令行参数，如何用管道处理 I/O，也会介绍让命令行用起来更高效的 shell 提示。

用 Node 编写命令行工具并不难，重要的是按照社区的惯例来做。本章介绍了很多这样的惯例，以便让你写出别人无须查阅太多文档就知道该怎么使用的工具。

11.1 了解惯例和理念

就开发命令行程序而言，了解现有程序所遵循的惯例是很重要的工作。我们以 Babel 为例：

```
Usage: babel [options] <files ...>

Options:

  -h, --help                          output usage information
  -f, --filename [filename]           filename to use when reading from
   stdin
[ ... ]
  -q, --quiet                         Don't log anything
  -V, --version                       output the version number
```

这里有几个值得注意的点。第一是 -h 和 --help 都能输出帮助信息：很多程序都支持这个选项。第二是表示文件名（filename）的 -f 选项——这是很容易掌握的助记符。很多选项都是用的助记符。用 -q 表示输出的安静（quiet）模式也是很常用的惯例，另外还可以用 -v 来显示程序的版本（version）。你的程序也应该支持这些选项。

然而这些选项不仅仅是惯例。使用连字符和双连字符（--）已经得到了 The Open Group 实用公约的认可。[1]公约中甚至说明了应该如何使用它们：

- 准则 4——所有选项都应该带有前缀-；
- 准则 10——第一个非选项参数的--参数都应该当作表明参数结束的分隔符。之后的参数，即便以-字符开头的，都应该作为操作数处理。

设计命令行程序的另一个重点是理念。这可以追溯到 UNIX 的创造者们，他们想要设计可以与基于文本的简单界面一起使用的“小而锋利的工具”。

> 这是 UNIX 的理念：编写只做一件事并能把它做好的程序；编写能协作的程序；编写能处理文本流的程序，因为那是通用的接口。
>
> ——Doug McIlroy[2]

本章会对 shell 技术和 UNIX 的惯例做个全面的概述，以便帮你设计出其他人能用的命令行工具。本章还会提供专门针对 Windows 的建议，但大多数情况下，Node 工具默认应该是跨平台的。

shell 技巧：获取帮助信息

如果你使用 shell 时卡住了，可以试试 `man <cmd>`，然后会看到这条命令的使用手册。如果你忘记了某个命令怎么拼写，可以用 `apropos <cmd>`在系统命令库中搜一下。

11.2 parse-json

对 JavaScript 程序员来说，最简单实用的程序就是读取 JSON，如果有效的话就输出它们。接下来我们会做一个这样的工具。

先看一下这个命令看起来应该是什么样的。我们希望可以像下面这样调用它：

```
node parse-json.js -f my.json
```

这里要解决的第一个问题是怎样从命令行中得到`-f my.json`，也就是这个程序的参数。还要从 stdin 中读取输入。继续，后面会讲怎么解决这两个问题。

11.3 使用命令行参数

虽然不是所有，但大多数命令行程序都会接受参数。Node 本身有处理这些参数的办法，但 npm 上的第三方模块功能更多。我们需要用这些功能实现一些广泛使用的惯例。继续往下看。

11.3.1 解析命令行参数

命令行参数可以从`process.argv`数组中得到。这个数组中都是运行命令时传给 shell 的字

---

① “The Open Group 基本规范第 7 期”。

② “Unix 的理念基础”。

符串。所以如果把命令切分一下，你就知道数组中的各个元素分别是什么了。process.argv[0]是 node，process.argv[1]是 parse-json.js，[2]是 -f，以此类推。

如果之前用过命令行程序，你应该见过带-或--的参数。这些前缀是给程序传递选项的特殊惯例：--表示后面是参数的全名，--表示后面是代表参数的一个字母。比如 npm 命令的 -h 和 --help。

> **参数惯例**
>
> 其他参数惯例如下：
>
> - --version 输出程序的版本；
> - -y 或 --yes 表示其他没有指定的参数全用默认值。

给参数加个别名，比如 -h 和 --help，等参数多了之后就会觉得解析起来比较麻烦，好在有个叫 yargs 的模块可以帮我们解决这个问题。下面有个特别简单的例子。只需要引入 yargs，然后访问 argv 属性看看给脚本传了哪些参数：

```
const argv = require('yargs').argv;
console.log({ f: argv.f });
```

图 11-1 给出了 Node 自带的命令行参数跟 yargs 生成的对象之间的差异。

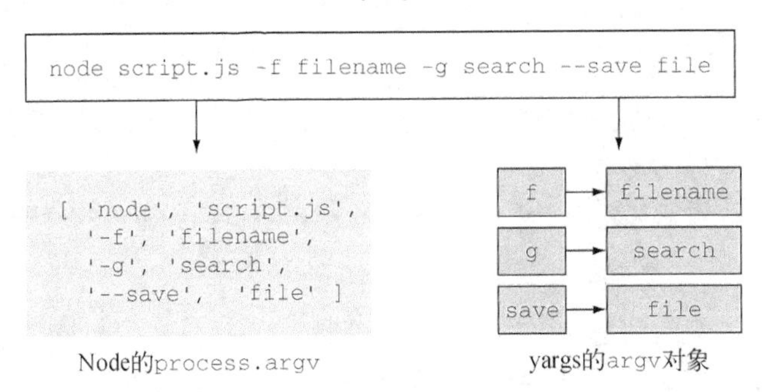

图 11-1　Node 的 argv 跟 yargs 的 argv

虽然有进步，但光有参数对象还不够，我们还需要验证参数，生成使用文本。下一节会介绍如何描述和验证参数。

11.3.2　验证参数

yargs 模块中有验证参数的方法。下面这段代码演示了如何用 yargs 解析 JSON 解析器的参数 -f，然后用 describe 和 nargs 方法确保参数的格式是正确的。

代码清单 11-1　用 yargs 解析命令行参数

```
const readFile = require('fs').readFile;
const yargs = require('yargs');
```

```
const argv = yargs
  .demand('f')                          ◁── 需要 -f 才能运行
  .nargs('f', 1)                        ◁── 告诉 yargs -f 后面
  .describe('f', 'JSON file to parse')      要有参数值
  .argv;
const file = argv.f;
readFile(file, (err, dataBuffer) => {
  const value = JSON.parse(dataBuffer.toString());
  console.log(JSON.stringify(value));
});
```

yargs用起来比处理 `process.argv` 数组容易，并且还可以强化参数的规则。代码清单 11-1 用 `demand` 表示这个参数是必需的，然后声明它需要一个参数值，应该是要解析的 JSON 文件。为了让程序用起来更容易，还可以用 yargs 提供使用说明。依照惯例是见到参数 `-h` 或 `--help` 时输出使用说明文本。下面是用 yargs 添加使用说明的例子：

```
yargs
  // ...
  .usage('parse-json [options]')
  .help('h')
  .alias('h', 'help')
  // ...
```

现在这个 JSON 解析器可以接受文件参数了，但我们还没实现文件处理功能，因为它还需要接受 stdin。接下来我们要学习如何按照常用的 UNIX 惯例实现这一功能。

shell 技巧：history

shell 中有之前输入过的命令的记录。用 `history` 可以看到这些记录。它的别名一般是 `h`。

11.3.3 将 stdin 作为文件传递

如果文件是连字符（`-f -`），则表示要从 stdin 抓取数据。这是另一个常用的命令行惯例。用 mississippi 包做这个很容易。但在调用 `JSON.parse` 之前，必须把所有传给程序的数据合到一起，因为它要解析的是完整的 JSON 字符串。加上 mississippi 模块之后，我们的例子看起来应该是这样的。

代码清单 11-2 从 stdin 读取文件

```
#!/usr/bin/env node
const concat = require('mississippi').concat;
const readFile = require('fs').readFile;
const yargs = require('yargs');
const argv = yargs
  .usage('parse-json [options]')
  .help('h')
  .alias('h', 'help')
```

```
    .demand('f') // 需要 -f 才能运行
    .nargs('f', 1) // 告诉 yargs -f 之后需要跟一个参数值
    .describe('f', 'JSON file to parse')
    .argv;
  const file = argv.f;
  function parse(str) {
    const value = JSON.parse(str);
    console.log(JSON.stringify(value));
  }
  if (file === '-') {
    process.stdin.pipe(concat(parse));
  } else {
    readFile(file, (err, dataBuffer) => {
      if (err) {
        throw err;
      } else {
        parse(dataBuffer.toString());
      }
    });
  }
```

这段代码加载 mississippi，调用它的 concat 方法。然后对 stdin 流进行 concat。因为 concat 会将完整的数据传给那个作为它的参数的函数，所以代码清单 11-1 中那个 parse 函数可以直接拿过来用。只有文件名是-时才会这样做。

11.4　用 npm 分享命令行工具

如果你想把程序分享给别人用，那应该让 npm 能安装它。如果想让 npm 看的命令行程序，最简单的办法是用 package.json 中的 bin 域。这个域告诉 npm 装一个当前项目所有脚本都能用的可执行命令，如果在安装时用了--global 参数，npm 会将这个可执行命令安装到全局环境中。这样不仅 Node 开发人员能用，其他人可能也会用你的脚本。

对我们的 JSON 解析器来说，有下面这段代码和代码清单 11-2 中的#!/usr/bin/env node 就够了。

```
...
    "name": "parse-json",
    "bin": {
      "parse-json": "index.js"
    },
...
```

如果用 npm install -global 安装这个包，那你可以在系统中的任何地方调用 parse-json 命令。你可以打开终端窗口（或 Windows 里的命令提示符），输入 parse-json 试一试。是的，在 Windows 上也可以，因为 npm 会自动安装一个封装器，让它可以在 Windows 里运行。

11.5 用管道连接脚本

parse-json 很简单，它只是接收文本然后进行验证。如果想把它跟别的程序组合起来使用该怎么办？假设可以给 JSON 文件添加语法高亮的程序，那就可以先解析，然后再高亮显示了。本节介绍的管道技术可以做成这件事，而且不仅于此。

借助管道技术，我们的 parse-json 程序可以跟其他程序一起形成奇妙的工作流。Windows 的 shell 跟 Unix 的 shell 不同，不过还好在关键点上能保持一致。在调试时可能会出现差异，但对编写命令行程序应该没有影响。

11.5.1 将数据通过管道传给 parse-json

管道技术是连接命令行程序的主要办法。管道能将一个程序的 stdout 附着到另一个进程的 stdin 流上，是进程间通信的中间组件。在 Node 中，stdin 是可读流，可以通过 `process.stdin` 访问。下面这条命令就是解析来自 stdin 的 JSON 的：

```
echo "[1,2,3]" | parse-json -f -
```

注意命令中的`|`，这是告诉 `echo "{}"`输出到 parse-json 的 stdin 中。

shell 技巧：键盘快捷键

你已经看到管道怎么用了，现在可以用它把 `history` 和 `grep` 组合起来搜索命令历史记录：

```
history | grep node
```

甚至还可以更简单，即用键盘上的向上和向下键翻看之前的命令。人们经常这么干，但实际上还有更好用的办法！用 Ctrl-R 从命令历史记录里搜索，不用一个个翻，直接调出跟你提供的文本部分匹配的命令。

这样的快捷键还有：Ctrl-S 是向前搜索，Ctrl-G 是放弃搜索。还可以用快捷键更高效地编辑文本：Ctrl-W 是删除字词，ALT-F/B 是向前或向后移动一个单词，Ctrl-A/E 是跳到一行的开头或结尾处。

11.5.2 处理错误和退出码

目前这个程序还没有输出任何结果。如果你不知道一个命令应该输出什么，那么如果提供的数据是错误的，怎样才能知道它是否成功完成了呢？答案是退出码。你可以看到最后运行的命令的退出码，不过要注意，因为用了管道，所以 `echo` 和 `node` 是被当作一条命令对待的。

在 Windows 上，可以这样查看退出码：

```
echo %errorlevel%
```

在 UNIX 上，可以用这条命令查看退出码：

```
echo $?
```

如果一条命令是成功完成的，那它的退出码应该是 0（zero）。所以如果给 parse-json 的是有问题的 JSON，那么退出码应该是非 0 值：

```
parse-json -f invalid.json
```

运行上面的命令，程序会以非 0 状态退出，并输出一条消息表明原因。当有错误抛出但没有被捕获时，Node 会自动退出并输出错误消息。

错误流

尽管在控制台中输出消息会有帮助，但最好还是保存到文件中，这样以后出了问题需要调试时还能看到。这在 shell 中很容易实现，只要把 stdout 流重定向给一个文件就可以了：

```
echo '可以覆盖文件! '  > out.log
echo '甚至还可以追加到文件末尾! ' >> out.log
```

在试验 parse-json 对无效的 JSON 的反应时，很有必要将错误消息保存下来：

```
parse-json -f invalid.json > out.log
```

但这样就没有错误日志了。等你知道 stderr 和 stdout 之间的区别时，就明白为什么会这样了：

- stdout 是给其他命令行程序用的；
- stderr 是给开发人员看的。

在调用了 `console.error` 或有错误抛出时，Node 会记录到 stderr 中。这跟 `echo` 不同，它是记录到 stdout 中的，就像 `console.log` 一样。了解到这些区别之后，你可能想换掉 stdout，把 stderr 重定向到文件中。好在改起来很简单。

stdin、stdout 和 stderr 流都有对应的编号，分别是 0 到 2。stderr 对应的流编号是 2，可以用 `2> out.log` 重定向，shell 看到这个就知道要将编号为 2 的流重定向到文件 out.log 中：

```
parse-json -f invalid.json 2> out.log
```

管道所做的事情就是输出重定向，不过它针对的不是文件，而是进程。比如下面的代码：

```
node -e "console.log(null)" | parse-json
```

这条命令记录了 `null` 并将它通过管道交给 parse-json。`null` 不会被输出到控制台里，因为它只会传给下一条命令。我们换成 `console.error` 试试：

```
node -e "console.error(null)" | parse-json
```

执行这条命令会出现错误，因为 parse-json 没得到任何数据。`null` 被记录到 stderr 中了，会在控制台里输出。**数据**应该传给 stdout，不能给 stderr。

我们可以从图 11-2 看到管道如何将各个编号的流与程序连接到一起，并将输出路由到不同的文件中。

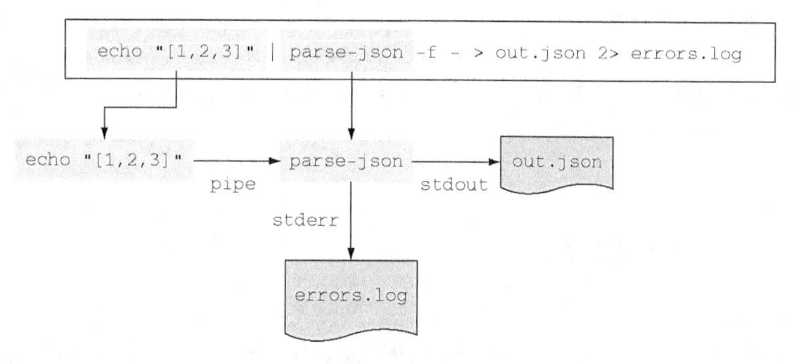

图 11-2 管道与输出流的组合

Node 还有一个可以使用管道的 API。因为它是基于 Node 流的，所以可以用在所有实现了 Node 流的类中。接下来我们会继续解释管道在 Node 中的使用。

shell 技巧：清除命令行

有些命令特别长。在需要删除一条很长的命令时该怎么办？可以用快捷键 Ctrl-U，其可以删除当前行。输入 Ctrl-Y 能将这一行命令再找回来，可以像用复制粘贴一样使用这些快捷键。

11.5.3 在 Node 中使用管道

接下来介绍如何通过 Node 的 API 使用管道。我们先写个小脚本，让它显示在被管道中断之前程序运行了多长时间。

程序可以等待 stdin 关闭，然后将结果输出到 stdout 中，由此实现对管道的监测。因为没有输入后 Node 程序就会退出，所以可以在程序退出后输出一条消息。为了节省时间，你可以直接用下面这段代码，把它存为 time.js：

```
process.stdin.pipe(process.stdout);
const start = Date.now();
process.on('exit', () => {
  const timeTaken = Date.now() - start;
  console.error(`Time (s): ${timeTaken / 1000}`);
});
```

可以把 time.js 放在用管道连接起来的命令中间，通过管道将数据送到 stdout，让它们继续工作！实际上，parse-json 和 time.js 就可以用管道连接到一起来用。比如下面这条命令会显示解析 JSON 和发送数据用了多长时间：

```
parse-json -f test.json | node time.js
```

现在你大概了解输出什么和如何从另外一个程序那里得到输入数据了，可以开始制作更复杂的程序了。但我们还要先谈一下通过管道让进程相互连接的时机。

shell 技巧：完成

除了命令历史记录，大多数 shell 都能在你按下 Tab 键时匹配命令或文件。有些甚至可以用 Alt-?看到要补齐哪些字符。

11.5.4　管道与命令的执行顺序

用管道连接起来的命令都是立即执行的。这些命令不会以任何形式相互等待。也就是说管道不会等到命令退出再传送数据，并且命令只能使用发送给它的数据。因为没有等待，所以也不知道前面的命令是如何退出的。

如果你只想在 JSON 成功解析时才输出消息，那就要用别的操作符。当用于数字时，`&&` 和`||`在 shell 里跟在 JavaScript 里的用法差不多。`&&` 表示前面的命令退出码为 0 时才执行下一条命令，而`||`表示退出码非 0 时执行。

我们来做一个在进程退出时通过 stderr 输出消息的小脚本。值得注意的是它跟 `echo` 不同，因为它输出到 stderr 中，也就是说消息是给开发人员看的，不是给其他程序的。你只需要监听 `process` 退出事件，然后往 stderr 里写参数就可以了：

```
process.stdin.pipe(process.stdout);
process.on('exit', () => {
  const args = process.argv.slice(2);
  console.error(args.join(' '));
});
```

JSON 解析成功后用`&&`调用 exit-message.js：

```
parse-json -f test.json && node exit-message.js "parsed JSON successfully"
```

但 exit-message.js 得不到 parse-json 的输出。`&&` 操作符必须等 parse-json.js 完成，然后判断是否应该执行下一条命令。使用 `&&` 时不像使用管道那样有自动重定向。

重定向输入

你已经知道如何重定向输出了，实际上用类似的方式也可以重定向输入。虽然一般不需要，但如果可执行文件不接受文件名参数，就可以用这个办法。如果想将文件读取到 stdin 中，那么可以用`<filename`：

```
parse-json -f - <invalid.json
```

将两种重定向结合起来，就可以用临时文件恢复 parse-json 的输出：

```
parse-json -f test.json >tmp.out &&
  node exit-message.js "parsed JSON successfully" <tmp.out
```

学会如何处理流、退出码和命令顺序后，应该能用 Node 命令给自己的包写脚本了。下一节我们将会演示如何用管道把 Browserify 和 UglifyJS 结合起来。

shell 提示：清屏

有时候你可能会将二进制文件 `cat` 到终端上。就像《黑客帝国》里的场景一样，屏幕上全是乱码。这时可以按下 Ctrl-L 来刷新终端窗口，或者用 `reset` 命令重置终端窗口。

11.6 解释真正的脚本

现在你已经可以开始编写 package.json 文件中的 `scripts` 域了。比如将 browserify 和 uglifyjs 结合到一起。Browserify 可以把 Node 模块打包到一起，以便在浏览器中使用。UglifyJS 可以缩小 JavaScript 文件，以便可以用更小的带宽和更短的时间发送给浏览器。在下面这个例子中，build 将会把 main.js（随书源码见 ch11-command-line/snippets/uglify-example）相关的脚本合并到一起，以便可以在浏览器中使用，然后缩小合并后的脚本：

```
{
  "devDependencies": {
    "browserify": "13.3.0",
    "uglify-js": "2.7.5"
  },
  "scripts": {
    "build": "browserify -e main.js > bundle.js && uglifyjs bundle.js >
     bundle.min.js"
  }
}
```

build 的运行方式是用命令 `npm run build`，它会先创建一个 bundle.js，如果打包成功，再创建 bundle.min.js。因为用的是 `&&`，所以能保证只有第一阶段成功后才会运行第二阶段的命令。

你可以用本章介绍的技术创建和使用命令行程序。另外，命令行程序还可以把其他语言的脚本结合到一起，比如 Python、Ruby 或 Haskell 命令行程序，都可以轻松地用到你的 Node 程序中。

11.7 总结

- 可以从 `process.argv` 读取命令行参数。
- yargs 之类的模块可以简化参数的解析和验证。
- 用 package.json 文件中的 `scripts` 域可以很方便地将脚本添加到你的 Node 项目中。
- 命令行程序用标准 I/O 管道读写数据。
- 标准输入、输出以及错误可以重定向到不同的进程和文件中。
- 可以根据程序发出的退出码判断它们是否成功完成了。
- 命令行程序应该符合约定俗成的惯例，以符合用户的使用习惯。

第 12 章

用 Electron 征服桌面

12

本章内容

- ❑ 用 Electron 搭建桌面程序
- ❑ 显示桌面菜单
- ❑ 发送桌面提醒
- ❑ 创建跨平台的版本

上一章介绍了如何用 Node 做命令行程序。实际上 Node 在桌面软件中也慢慢流行开了。程序员们渐渐地把 Web 技术用到了跨平台的开发上。本章要讲的内容是，如何用原生的桌面端功能、Node 和客户端 Web 技术搭建桌面端 Web 程序。这个程序可以在 Linux、macOS 和 Windows 上开发和运行，并且几乎可以像在客户端–服务器端 Web 程序开发中那样使用 Node 模块。

12.1 认识 Electron

Electron 原来叫 Atom Shell，可以用 Web 技术搭建桌面端程序。以 Electron 为基础，可以用 HTML、CSS 和 JavaScript 实现程序逻辑和用户界面，而一些桌面端软件开发中的“硬骨头”它已经帮我们解决了。包括：

- ❑ 自动更新；
- ❑ 崩溃报告；
- ❑ Microsoft Windows 的安装包；
- ❑ 调试；
- ❑ 原生菜单和提醒。

Electron 系已经出了几个很著名的程序了。最开始是 Atom，即 GitHub 发布的文本编辑器，最近流行起来的有聊天程序 Slack，还有 Microsoft 的 Visual Studio Code，如图 12-1 所示。

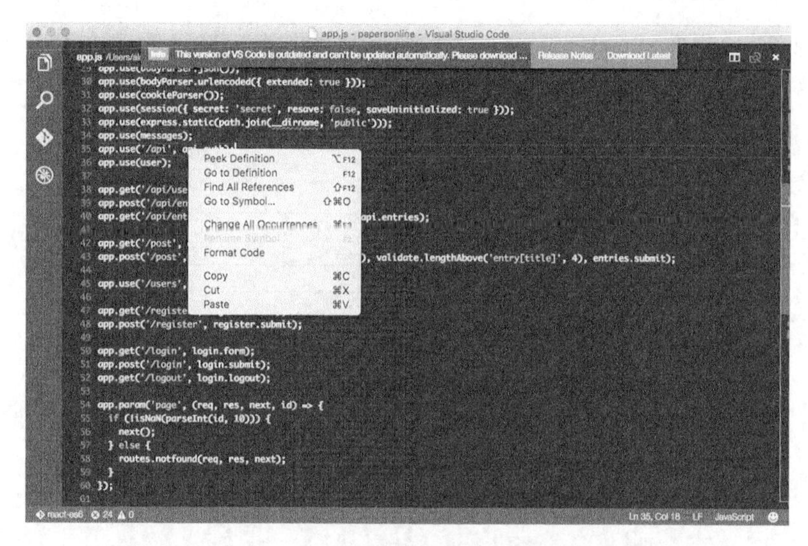

图 12-1　Visual Studio Code 的程序窗口和原生上下文菜单

你应该试试这些程序，看看用 Electron 能做些什么。想到能用自己掌握的 Node 和 JavaScript 技术做出这么有吸引力的桌面软件，还是很振奋人心的。

12.1.1　Electron 的技术栈

在开始介绍 Electron 之前，要先讲一下 Electron 是如何跟 Node、HTML 和 CSS 融合到一起的。Electron 程序一般有：

- **主进程**——启动程序的 Node 脚本，提供对原生 Node 模块的访问；
- **渲染进程**——由 Chromium 管理的 Web 页面。

真正的程序还会有其他依赖项。算上前面提到的，包括：

- 主进程；
- 连接本地数据库（比如 SQLite）；
- 跟 Web API 沟通；
- 所有本地文件（比如配置文件）的读写；
- 对原生功能（比如上下文菜单）的访问；
- 渲染进程；
- 用你喜欢的客户端技术（比如 React 或 Angular）显示富 Web 程序界面；
- 触发原生功能（比如上下文菜单和提醒）；
- 提供构建脚本；
- 用你喜欢的构建系统（Grunt、Gulp、npm 脚本）生成前端 JavaScript；
- 准备发布版本。

图 12-2 中给出了典型 Electron 程序的三个主要组成部分。如你所见，Node 负责运行主进程

并跟操作系统沟通，以便完成打开文件、读写数据库和跟 Web 服务通信等工作。尽管渲染进程的主要工作集中在 UI 上，Node 仍然是程序架构中的关键构件。

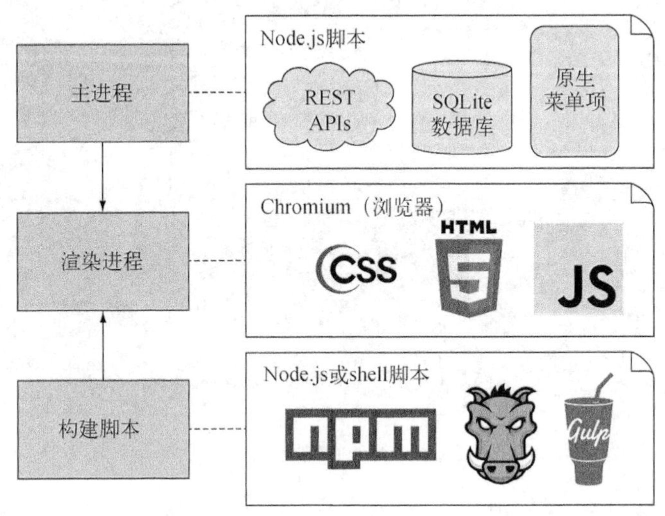

图 12-2　典型 Electron 程序的主要组成部分

12.1.2　界面设计

看过 Electron 程序的主要组成部分后，接下来我们看看如何设计合适的界面。Electron 程序的界面是用 HTML、CSS 和 JavaScript 实现的，不能用原生部件。比如要实现 Mac 风格的界面，可以借助 CSS 渐变仿造 macOS 工具条。CSS 也可以使用 macOS 和 Windows 上的原生字体，甚至还可以通过调整抗锯齿功能使它看起来跟原生程序一样。可以将特定 UI 组件上的文字选择去掉，支持拖拽功能。目前大部分 Electron 程序所用的颜色、边框风格、图标和渐变都跟 macOS 和 Windows 保持一致。

有些程序在复制原生体验上更进一步，比如 N1 email 程序。还有一些程序，比如 Slack，有自己独特的标识体系，其可辨识程度无须针对每个平台进行太多调整。

在搭建 Electron 程序时，你必须决定哪种方式更合适。如果想让它看起来就是用原生桌面部件做的，那就要针对每个平台准备一套样式，因此需要投入更多设计时间。客户可能会更喜欢，但也意味着增加新功能时需要做更多的工作。

下一节会用 Electron 程序框架创建一个新程序，这是用 Electron 做新项目的标准方法。

12.2　创建一个 Electron 程序

从 electron-quick-start 项目开始是最简单的办法，它的 GitHub 地址见下面的代码段，包含运行基本 Electron 程序所必需的依赖项。

检出这个项目，安装依赖项：

```
git clone https://github.com/atom/electron-quick-start
cd electron-quick-start
npm install
```

都下载好之后，可以用 `npm start` 启动主进程。将这个项目作为 Electron 程序的基础完全没问题；应该不用再从头开始创建自己的项目。

程序启动时，应该可以看到一个有 Web 页面和 Chromium 开发者工具的窗口。如果你是熟悉 Chrome 的 Web 开发人员，可能觉得这再平常不过了：只是一个没有 CSS 的 Web 页面而已。但为了这个窗口，Electron 在底层做了大量的工作。图 12-3 是这个窗口在 macOS 上的样子。

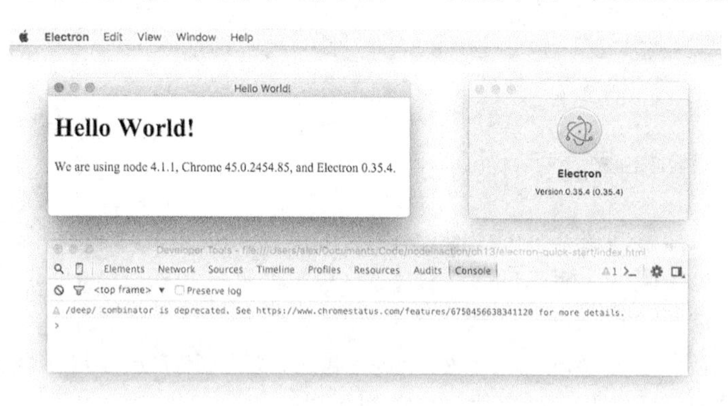

图 12-3　在 macOS 上运行的 electron-quick-start 项目

这是一个自包含的 macOS 程序包：里面有独立的 Node，有自己的菜单项和关于窗口。

现在你可以在 index.html 中用 HTML、JavaScript 和 CSS 搭建 Web 程序了。但考虑到作为 Node 程序员的你可能更想看看能用 Node 做些什么，我们就先介绍一下这个吧。

Electron 中有一个 remote 模块，是在主 Node 进程和渲染进程间做进程间通信（IPC）的。remote 模块甚至还可以提供对 Node 模块的访问。我们来试一下，在项目中添加 readfile.js，代码如下。

代码清单 12-1　简单的 Node 模块

```
const fs = require('fs');

module.exports = (cb) => {
  fs.readFile('./main.js', { encoding: 'utf8' }, cb);
};
```

打开 index.html，添加一个 ID 为 `source` 的元素，以及加载 readfile.js 的脚本，代码如下。

代码清单 12-2　在渲染进程中加载 Node 模块

```
<!DOCTYPE html>
<html>
  <head>
    <meta charset="UTF-8">
    <title>Hello World!</title>
  </head>
  <body>
    <h1>Hello World!</h1>
```

```
    <pre id="source"></pre>
    <script>
var readfile = require('remote').require('./readfile');
readfile(function(err, text) {
  console.log('readfile:', err, text);
  document.getElementById('source').innerHTML = text;
});
    </script>
  </body>
</html>
```

上面的代码用 remote 模块加载 readfile.js，然后在主进程里运行它。两个进程可以无缝交互，所以看起来跟使用标准的 Node 模块没什么区别。唯一的区别是 `require('remote').require('./readfile');`。

12.3　搭建完整的桌面端程序

现在你已经知道如何创建基本的 Electron 程序了，也知道如何调用 Node 模块了，接下来看一下如何搭建一个支持原生功能的桌面端程序。这里以能够发起和查看 HTTP 请求的开发工具为例，看怎么做一个带 GUI 的 request 模块。

尽管只用 HTML、JavaScript、CSS 和 Node 就可以做出 Electron 程序，但为了维护和扩展方便，还是要借助前端开发工具。这个程序会用到下列内容：

- 以 electron-quick-start 项目为基础；
- 发起 HTTP 请求的 request 模块；
- 做用户界面的 React；
- 用 Babel 将 ES6 转成对浏览器友好的 ES5；
- 构建客户端程序的 Webpack。

图 12-4 是程序做好之后的样子。

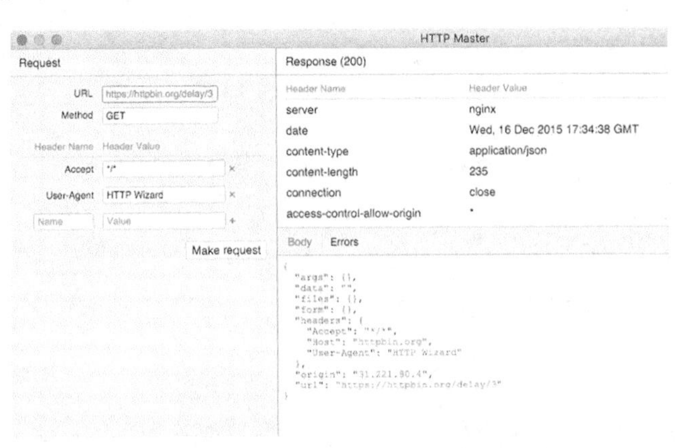

图 12-4　HTTP Master Electron 程序

接下来介绍如何用 Webpack 和 Babel 搭建一个基于 React 的项目。

12.3.1 引导 React 与 Babel

搭建带有精巧前端的新程序时，最大的挑战就是用可维护的构建系统设置 React 和 Babel 之类的库。要从 Grunt、Gulp 和 Webpack 这些工具中做选择是个难题。何况这些库还在随着时间发生变化，相关书籍和教程很快就过时了，所以这些工作变得更加困难了。

为了减轻飞速发展的前端开发造成的影响，需要指定所有依赖项的具体版本号，以便可以得到教程中所讲的结果。如果你被搞糊涂了，可以用 Yeoman 之类的工具生成程序框架。然后按照本章给出的纲要进行修改。

12.3.2 安装依赖项

创建新的 electron-quick-start 项目。从 GitHub 上克隆到本地：

```
git clone https://github.com/atom/electron-quick-start
cd electron-quick-start
npm install
```

安装 react、react-dom 和 babel-core：

```
npm install --save-dev react@0.14.3 react-dom@0.14.3 babel-core@6.3.17
```

接着安装 Babel 插件。最主要的是 babel-preset-es2015，虽然对于一个只是在 Chromium 运行的项目来说有点儿大材小用，但为了能轻松使用 Chromium 还不支持的 ES2015 新特性，只好就这样了。安装命令如下：

```
npm install --save-dev babel-preset-es2015@6.3.13
npm install --save-dev babel-plugin-transform-class-properties@6.3.13
```

让 Babel 支持 JSX 的插件：

```
npm install --save-dev babel-plugin-transform-react-jsx@6.3.13
```

安装 Webpack：

```
npm install --save-dev webpack@1.12.9
```

让 Webpack 使用 Babel 的 babel-loader：

```
npm install --save-dev babel-loader@6.2.0
```

依赖项基本就绪了，在项目中加一个.babelrc 文件。告诉 Babel 使用 ES2015 和 React 插件：

```
{
  "plugins": [
    "transform-react-jsx"
  ],
 "presets": ["es2015"]
}
```

最后，打开 package.json，在 `scripts` 里调用 Webpack：

```
"scripts": {
  "start": "electron main.js",
  "build": "node_modules/.bin/webpack --progress --colors"
},
```

这样运行 `npm run build` 就可以构建程序了。Webpack 插件可以用于 React 热加载，这里就不展开介绍了。如果想在客户端代码发生变化后自动完成构建，可以用 fswatch 或 nodemon 之类的工具。

12.3.3　设置 Webpack

Webpack 还需要一个配置文件 webpack.config.js。把它放到项目的根目录下。其基本格式是使用了 Node 风格 CommonJS 模块的 JavaScript：

```
const webpack = require('webpack');
module.exports = {
  setting: 'value'
};
```

这个项目需要的配置是找到 React 文件（.jsx），加载程序入口（/app/index.jsx），然后将构建结果放到 Electron UI 能找到的位置（js/app.js）。React 文件还要用 Babel 处理一下。下面就是包含上述设置的配置文件。

代码清单 12-3　webpack.config.js

```
const webpack = require('webpack');
module.exports = {
  module: {
    loaders: [
     { test: /\.jsx?$/, loaders: ['babel-loader'] }
    ]
  },
  entry: [
    './app/index.jsx'
  ],
  resolve: {
    extensions: ['', '.js', '.jsx']
  },
  output: {
    path: __dirname + '/js',
    filename: 'app.js'
  }
};
```

上面的代码通过 `module.loaders` 告诉 Webpack 用 Babel 转换.jsx（React）文件。Babel 会按照.babelrc 中的设置用 transform-react-jsx 处理 React 文件。接下来用 `entry` 属性定义 React 代码的主入口。因为 React 组件是基于 HTML 元素的，而 HTML 元素只能有一个父节点，所以可以用一个入口囊括整个程序。

`resolve.extensions` 属性告诉 Webpack 必须将.jsx 文件当作模块处理。如果有 `import {Class} from 'class'`之类的语句，它会去找 class.js 和 class.jsx 文件。

最后，output 属性告诉 Webpack 把输出文件写到哪里。这里用的是 js/，但实际上只要是 Electron UI 能访问到的路径都可以。

接下来该介绍一下 React 程序了。我们先从主入口开始，看它是如何将请求和响应的 UI 元素拉进来的。

12.4 React 程序

图 12-4 中有程序的样子。其中的 UI 元素可以分成两大类，七小项。

- 请求
  - URL：字符串。
  - 方法：字符串。
  - 消息头部：包含字符串对的对象。
- 响应
  - HTTP 状态码。
  - 消息头部：包含字符串对的对象。
  - 消息主体：字符串。
  - 错误：字符串。

但 React 中不允许出现并列的元素，必须把它们放到同一个父节点中。所以我们需要一个顶层的 App 对象，包含请求和响应的 UI 元素。

假设请求和响应分别命名为 Request 和 Response，App 类应该如下所示。

代码清单 12-4 App 类

```
import React from 'react';
import ReactDOM from 'react-dom';
import Request from './request';
import Response from './response';

class App extends React.Component {
  render() {
    return (
      <div className="container">
        <Request />
        <Response />
      </div>
    );
  }
}

ReactDOM.render(<App />, document.getElementById('app'));
```

将这个文件保存为 app/index.jsx。上面的代码先加载了 Request 和 Response 类，然后放在一个 div 中渲染。最后一行用 ReactDOM 渲染 App 类的 DOM 节点。React 可以用<App />引用 App 类。

接下来定义 Request 和 Response 组件。

12.4.1　定义 Request 组件

Request 类接收输入的 URL 和 HTTP 方法，然后用 Node request 模块提交一个请求。它用 JSX 渲染用户界面，但跟 app/index.jsx 中的主类 App 不同，Request 类不能直接用 ReactDOM 渲染元素。

下面是 app/request.jsx 的完整代码。不过为了节省篇幅，我们去掉了头部编辑功能。可以参考 GitHub 上的 HTTP Wizard 项目添加更多功能，包括头部编辑。

代码清单 12-5　Request 类

```
import React from 'react';
import Events from './events';

const request = remote.require('request');

class Request extends React.Component {
  constructor(props) {
    super(props);
    this.state = { url: null, method: 'GET' };
  }

  handleChange = (e) => {
    const state = {};
    state[e.target.name] = e.target.value;
    this.setState(state);
  }

  makeRequest = () => {
    request(this.state, (err, res, body) => {
      const statusCode = res ? res.statusCode : 'No response';
      const result = {
        response: `(${statusCode})`,
        raw: body ? body : '',
        headers: res ? res.headers : [],
        error: err ? JSON.stringify(err, null, 2) : ''
      };

      Events.emit('result', result);
      new Notification(`HTTP response finished: ${statusCode}`)
    });
  }

  render() {
    return (
      <div className="request">
        <h1>Request</h1>
        <div className="request-options">
          <div className="form-row">
            <label>URL</label>
            <input
              name="url"
              type="url"
```

```
                value={this.state.url}
                onChange={this.handleChange} />
            </div>
            <div className="form-row">
              <label>Method</label>
              <input
                name="method"
                type="text"
                value={this.state.method}
                placeholder="GET, POST, PATCH, PUT, DELETE"
                onChange={this.handleChange} />
            </div>
            <div className="form-row">
              <a className="btn" onClick={this.makeRequest}>Make request</a>
            </div>
          </div>
        </div>
      );
    }
  }

  export default Request;
```

这段代码中大部分都是 `render` 方法中的 HTML。在了解 UI 是如何搭起来的之前，我们先介绍一下其余的部分。首先是用 `EventEmitter` 的子孙类（在 app/events.jsx 中定义）实现这个组件和响应组件之间的通信。下面是 app/events.jsx 的代码：

```
import { EventEmitter } from 'events';
const Events = new EventEmitter();
export default Events;
```

`Request` 是 `React.Component` 的子孙类。它的构造器中会设置默认的状态，在 React 中，`state` 是个特殊的属性，只有在构造器中才能直接赋值，在其他地方要用 `this.setState` 设置。

`handleChange` 方法根据 HTML 元素的 `name` 属性设定 `state`。`render` 方法中的 URL `<input>`元素调用了这个方法：

```
<input
  name="url"
  type="url"
  value={this.state.url}
  onChange={this.handleChange} />
```

这里指定 `name` 是为了编辑时设定 URL 的。`state` 发生变化时会触发 `render`，而 React 也会根据更新后的状态修改 `value` 属性。我们去看看这个类是如何使用 request 模块的。

这是在 Web 视图中运行的客户端代码，所以要想办法访问 request 模块来制作 HTTP 请求。Electron 中有加载远程模块的办法。这个类先用全局的 `remote` 对象请求了 Node 的 request 模块：

```
const request = remote.require('request');
```

然后在 `makeRequest` 中简单地调用 `request()`发起 HTTP 请求。请求的参数已经在类的 `state` 中设定了，你只需要处理请求完成时运行的回调函数。下面是一个非常小的命令式代码：

回调函数根据请求的输出设定 state，然后发出结果，让 Response 组件进行处理。还会显示桌面提醒。如果请求比较慢，用户会注意到操作系统的弹出提醒：

```
new Notification(`HTTP response finished: ${statusCode}`)
```

注意图 12-5 右上角的提醒。

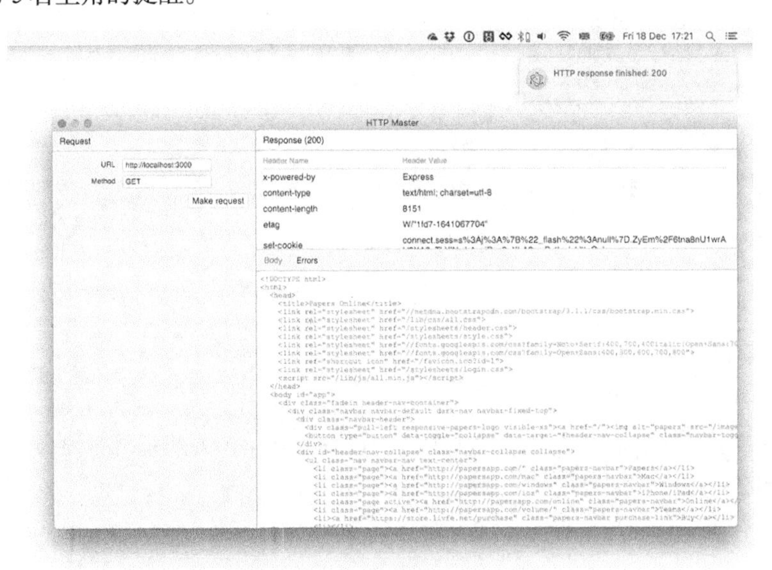

图 12-5　桌面端提醒

现在看一下 Response 组件是如何显示 HTTP 响应的。

12.4.2　定义 Response 组件

Response 组件监听 result 事件，然后根据上一次请求的结果设定自己的 state。它用表格显示消息头部，用 div 显示消息体和错误。

下面是完整的 Response 组件，文件名是 app/response.jsx。

代码清单 12-6　Response 组件

```
import React from 'react';
import Events from './events';
import Headers from './headers';

class Response extends React.Component {
  constructor(props) {
    super(props);
    this.state = { result: {}, tab: 'body' };
  }

  componentWillUnmount() {
    Events.removeListener('result', this.handleResult.bind(this));
```

```
}

componentDidMount() {
  Events.addListener('result', this.handleResult.bind(this));
}

handleResult(result) {
  this.setState({ result: result });
}

handleSelectTab = (e) => {
  const tab = e.target.dataset.tab;
  this.setState({ tab: tab });
}

render() {
  const result = this.state.result;
  const tabClasses = {
    body: this.state.tab === 'body' ? 'active' : null,
    errors: this.state.tab === 'errors' ? 'active' : null,
  };
  const rawStyle = this.state.tab === 'body'
    ? null
    : { display: 'none' }
  const errorsStyle = this.state.tab === 'errors'
    ? null
    : { display: 'none' };

  return (
    <div className="response">
      <h1>Response <span id="response">{result.response}</span></h1>
      <div className="content-container">
        <div className="content">
          <div id="headers">
            <table className="headers">
              <thead>
                <tr>
                  <th className="name">Header Name</th>
                  <th className="value">Header Value</th>
                </tr>
              </thead>
              <Headers headers={result.headers} />
            </table>
          </div>
          <div className="results">
            <ul className="nav">
              <li className={tabClasses.body}>
                <a data-tab='body' onClick={this.handleSelectTab}>Body</a>
              </li>
              <li className={tabClasses.errors}>
                <a data-tab='errors' href="#"
   onClick={this.handleSelectTab}>Errors</a>
              </li>
            </ul>
            <div
              className="raw"
              id="raw"
```

```
                style={rawStyle}>{result.raw}</div>
              <div
                className="raw"
                id="error"
                style={errorsStyle}>{result.error}</div>
            </div>
          </div>
        </div>
      </div>
    );
  }
}

export default Response;
```

Response 组件中没有专门用来处理 HTTP 响应的代码，只是用各种 HTML 元素显示它的 state。它可以实现标签切换，实现机制是将 handleSelectTab 方法绑定到 onclick 事件上，这个方法用属性 data-tab 实现消息体和错误之间的切换。

Response 组件中还用到了渲染 HTTP 响应消息头部的组件 Headers。将组件分解成更小的组件是 React 中的标准做法。消息头部中的所有值都通过属性传递给子组件，在 React 中，它们被称为 props 或 properties：

```
<Headers headers={result.headers} />
```

下面是 Headers 组件，文件名是 app/headers.jsx。

代码清单 12-7　Headers 组件

```
import React from 'react';

class Headers extends React.Component {
  render() {
    const headers = this.props.headers || {};
    const headerRows = Object.keys(headers).map((key, i) => {
      return (
        <tr key={i}>
          <td className="name">{key}</td>
          <td className="value">{headers[key]}</td>
        </tr>
      );
    });

    return (
      <tbody className="header-body">
        {headerRows}
      </tbody>
    );
  }
}

export default Headers;
```

注意 render()方法中的 this.props.headers，组件就是这样获取传递给它的属性的。

12.4.3 React 组件之间的通信

Request 和 Response 类隔离得相当好。它们专注于自己的任务，不会相互调用。React 还有其他更精巧的状态管理方式，这里就不再展开介绍了。这个例子只有两个主要组件，用 EventEmitter 通信就可以了。

我们在单独的文件 app/events.jsx 内初始化 EventEmitter，然后输出它的实例：

```
import { EventEmitter } from 'events';
const Events = new EventEmitter();
export default Events;
```

接下来在组件内引入 events，或者发出事件，或者附着监听器进行沟通。Request 组件在 makeRequest 方法内将 HTTP 请求的结果发了出去：

```
Events.emit('result', result);
```

Response 类会用之前在组件生命周期方法中设置好的监听器捕获这个结果：

```
componentWillUnmount() {
  Events.removeListener('result', this.handleResult.bind(this));
}
```

随着程序中的代码越来越多，这种模式会变得越来越难以维护。追踪事件的名称都会变得特别困难。因为这些名称都是字符串，所以很容易忘记或写错。一种解决办法是用常量列表做事件名称，如果更进一步，将发送事件和存储数据的职责分开，最终会得到跟 Facebook 的 Redux 状态容器类似的东西，所以很多 React 程序员都用它设计和搭建更大的程序。

12.5 构建与分发

现在这个桌面端程序写完了，可以打包成 macOS、Linux 和 Windows 上的程序。Electron 程序的分发有三个阶段。

(1) 用你自己的程序名称和图标重新定义 Electron 程序的标识。

(2) 把程序打包到一个文件中。

(3) 为每个平台创建一个二进制文件。

electron-quick-start 基本上已经具备分发的条件了。如果是 macOS，你只需要把自己的代码复制到 Electron 的 Contents/Resources/app 文件夹下；如果是 Windows 和 Linux，则复制到 electron/resources/app 文件夹下。

但手动复制文件不是构建可分发的二进制文件的最佳方式。用 Max Ogden 的 electron-packager 是更保险的办法。我们可以用这个包提供的工具为 Windows、Linux 和 macOS 构建可执行文件。

12.5.1 用 Electron 打包器构建程序

全局安装 electron-packager，这样就可以用它构建，为各个平台创建相应的二进制文件：

```
npm install electron-packager -g
```

装好之后，在程序所在目录下运行它。调用 electron-packager 时必须提供程序路径、名称、平台、架构（32-位或 64-位）以及 Electron 的版本：

```
electron-packager . HttpWizard --version=1.4.5
```

这条命令会下载 1.4.5 版的 Electron，为所有支持的平台和架构各生成一个二进制文件。这可能需要些时间（Electron 大约是 40MB），但等它完成后，你会得到能在各大主流系统上运行的二进制文件。

隐藏开发者工具

在跟外界分享你的构建成果之前，应该先把 main.js 中打开 Chromium 开发者工具那行代码删掉或修改一下：

```
mainWindow.webContents.openDevTools();
```

或者把它封在一个判定条件内，仅在调试时显示：

```
if (process.env.NODE_ENV === 'debug') {
  mainWindow.webContents.openDevTools();
}
```

12.5.2 打包

为进一步提升程序性能，可以用 Atom Shell 归档工具将客户端和 Node JavaScript 文件打包到一起。这些归档文件也被称为 **asar 文件**，它们就像 UNIX 的 `tar` 命令一样。这样虽然可以把 JavaScript 代码藏起来，但并不能防止反解码，所以不能把它当作代码模糊处理的手段。不过确实可以解决长文件名在 Windows 中会崩掉的问题，有深度嵌套的依赖项时经常会碰到这个问题。

在 Electron 中，Chromium 可以读取 asar 文件和 Node 代码，所以不需要额外做什么。另外，如果加上 `--asar` 命令行选项，electron-packager 也可以创建 asar 包。

图 12-6 是没有 asar 时打包的程序。

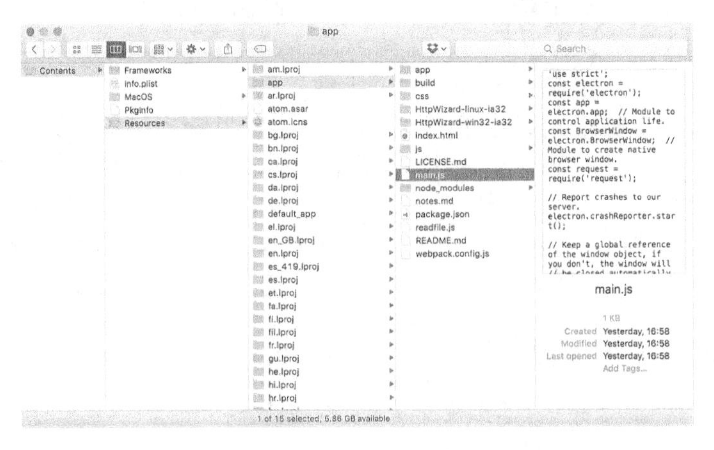

图 12-6 典型的 Electron 程序打包内容

即便打包后，仍然能够看到 JavaScript 文件中的源码。在 Electron 程序中，只有图片或二进制 Node 模块这些资源性文件才是二进制文件。

可以在 electron-packager 命令中用 `--asar` 选项生成带 asar 文件的构建结果：

```
electron-packager . HttpWizard --version=0.36.0 --asar=true
```

这种做法是最简单的，因为 electron-packager 会运行所有必须的命令。如果要手动来做的话，需要先安装 asar，然后调用命令行工具来创建包文件：

```
npm install -g asar
asar pack path-to-your-app/ app.asar
```

有了 asar 归档文件后，下载需要支持的平台对应的 Electron 二进制文件，将归档文件添加到 resources 目录下，如图 12-6 所示。运行程序的可执行文件或包应该就能启动程序了。

Electron 程序也可以通过编辑厂商提供的二进制文件来打上品牌。可以用这种办法修改程序的名称和图标。如果运行没有经过修改的 Electron 二进制文件，它会提供一个窗口，允许你运行用 electron-quick-start 库做的程序。

12.6 总结

- 在 Electron 上，可以用 Node、JavaScript、HTML 和 CSS 做桌面程序。
- 不用 C++、C#或 Objective-C 也可以生成原生菜单和提醒。
- 如果有好用的 Node 模块，在 Electron 程序 UI 的客户端 JavaScript 里也可以用。
- Electron 用的是成熟完备的浏览器，所以可以用最新的 JavaScript 技术（比如 React 或 Angular）搭建 UI。

附录 A

安装 Node

本附录会详细介绍如何安装 Node.js。如果你刚开始接触 Node，建议使用预先构建好的安装程序，每个主流操作系统都有对应的安装程序，我们会在 A.1 中逐一介绍。

如果你经验更丰富，或者有特殊的 DevOps 需求，想采用其他的安装方式，可以直接参阅 A.2。

A.1 用安装程序安装 Node

Node 有两个安装程序和几个预先构建好的二进制包。如果你用的是 macOS 或 Windows，用安装程序或二进制包都可以。二进制包中有可执行文件，安装程序则有安装向导，可以帮你把 Node 放到好找的地方，这样在终端里运行 node 或 npm 时会更方便。

如果你刚开始接触 Node，建议使用预先构建好的安装程序。所有版本都能在 Node 网站的下载页面上找到。

A.1.1 macOS 上用的安装程序

要在 macOS 上安装，需要从 Node 网站下载 64 位的.pkg 文件。LTS 或 Current 版本都行。下载好之后应该是如图 A-1 所示那样的一个包文件，双击会出现安装向导（图 A-2）。

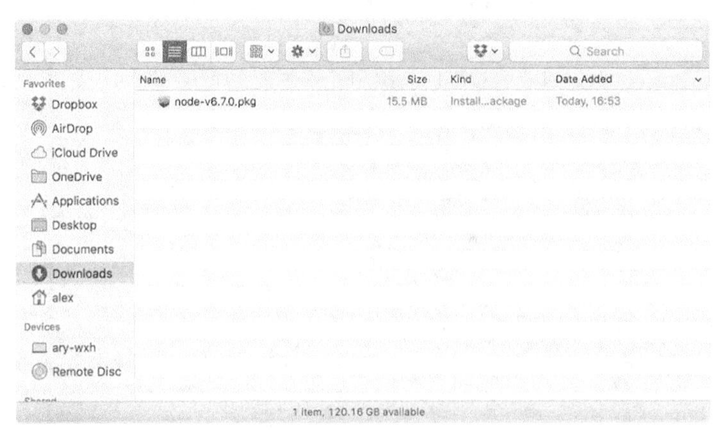

图 A-1 安装程序.pkg 文件

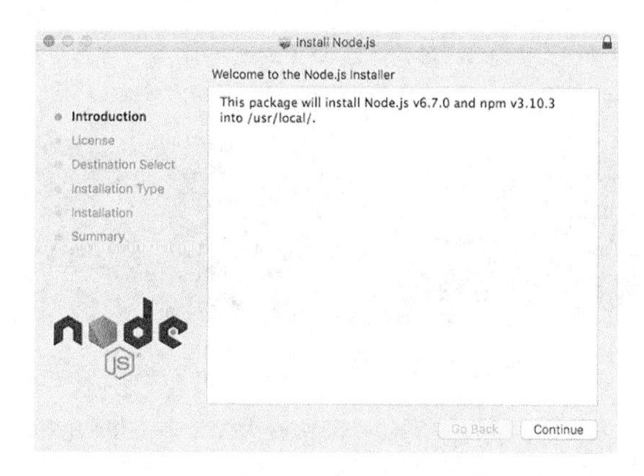

图 A-2　安装向导

点击 Continue 按钮，依照指令用默认选项安装。安装过程结束之后，打开终端，输入 `node` 应该会进入 Node REPL，如图 A-3 所示。

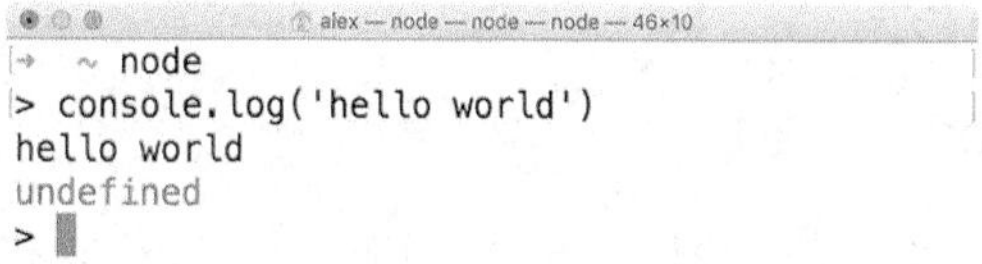

```
alex — node — node — node — 46×10
→  ~ node
> console.log('hello world')
hello world
undefined
> 
```

图 A-3　Node REPL

下一节将介绍在 Windows 上的安装。

A.1.2　Windows 上用的安装程序

在 Node 网站的下载页面上点击 Windows 安装程序图标，或者点击安装程序的.msi 链接。有 32-位和 64-位两种，但一般都是选 64-位的。下载好之后双击运行安装向导，如图 A-4 所示。

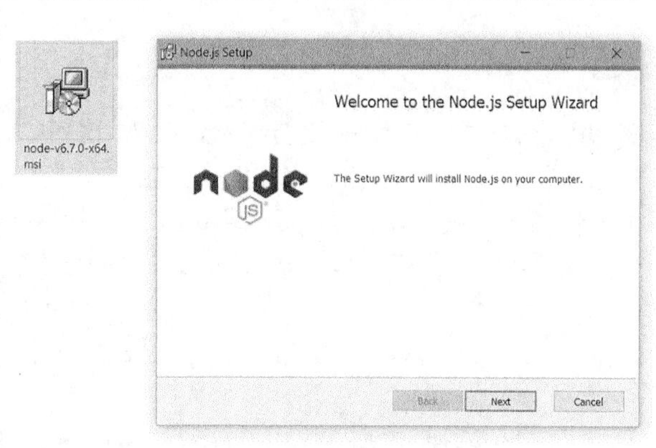

图 A-4　Windows .msi 安装程序

接受所有默认选项，然后打开 cmd.exe 试一下 Node REPL。图 A-5 是 Node REPL 在 Windows 上的样子。

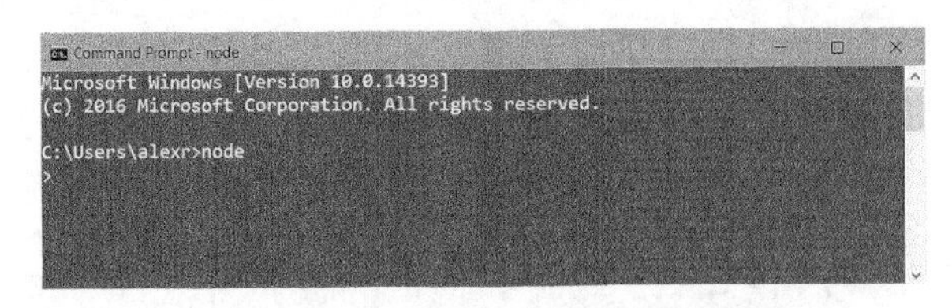

图 A-5　Windows 上的 Node REPL

如果你一般不这么安装软件，或者不想做系统范围的安装，可以继续往后看看其他安装方式。

A.2　其他安装方式

Node 也可以通过操作系统的包管理器或 Node 版本管理器从源码安装。从源码安装需要安装 Python，还需要构建系统。

A.2.1　从源码安装 Node

Node 的源码可以从 nodejs.org 下载页上下载，也可以用 git 从 GitHub 上下载。GitHub 上还有完整的构建指南 node/Building.md。构建 Node 的前提条件如下。

- Linux——Python 2.6 或 2.7，gcc 和 g++ 4.8 或以上版本，或 clang 和 clang++ 3.4 或以上版本。在 Debian 或其他系统上，都有 build-essentials 这样的包可以满足这一条件。
- macOS——Xcode 和一些可以用 Xcode 安装的命令行工具。
- Windows——Python 2.6 或 2.7，Visual C++ Build Tools，Visual Studio 2015 Update 3。

构建工具准备好之后，在类 UNIX 系统上运行 `./configure` 和 `make`，在 Windows 系统上运行 `.\vcbuild nosign`。

A.2.2　用包管理器安装 Node

在 Linux 和 macOS 上，用包管理器安装 Node 更新起来更容易。比如说，如果用的是 Linux Web 服务器，那你可能希望自己安装的 Node 可以自动安装安全更新。

对于可以用这种形式安装的各个操作系统，Node 网站上有大量针对这些系统的安装指南。比如在基于 Debian 和 Ubuntu 的系统中，可以从 NodeSource 二进制分发库中获取 Node。GitHub 上有关于这个库的更多介绍。

在 macOS 上可以用 Homebrew 安装 Node。如果装了 Homebrew，只需要运行 `brew install node` 就可以了。

Docker Hub 上也有 Node。在 Dockfile 里加上 `FROM node:argon` 就能在映像文件里装上 LTS 版本的 Node。

附录 B

自动化的网络抓取

B

本附录包括

- 从网页创建结构化数据
- 用 cheerio 实现基本的网络抓取器
- 用 jsdom 处理动态内容
- 结构化数据的解析和输出

我们之前介绍了一些通用的 Node 编程技术，接下来要重点介绍一下 Web 开发。因为制作网络抓取器需要把服务器端和客户端技术结合起来，所以其是最理想的例子。网络抓取要识别 Web 页面，并将其转换成结构化数据。比如说，你要负责升级出版社那古老的静态网站，需要把之前的页面下载下来，经过分析后提取所有图书的书名、介绍、作者和售价。你肯定不想自己手工完成这项任务，所以决定写个 Node 程序来做这件事。这种程序就是**网络抓取器**。

Node 特别适合做网络抓取器，因为它将基于浏览器的技术和通用的脚本语言完美地融合在了一起。本附录会介绍如何使用 HTML 解析器基于 CSS 选择器提取数据，甚至在 Node 进程中运行动态 Web 页面。

B.1 认识网络抓取器

网络抓取是从网站上提取有用信息的过程。通常会涉及下载相关页面、解析，然后用 CSS 或 XPath 选择器查询原始的 HTML。再把查询结果输出为 CSV 文件或保存到数据库中。图 B-1 给出了网络抓取从开始到结束的整个过程。

因为资源有限，或不想承担相应的成本，有些网站可能很反感网络抓取器。如果一个运行在陈旧缓慢的服务器上的网站要经受上千个网络抓取器的访问，其很可能会因无力支撑而陷入瘫痪。所以在抓取之前，要跟对方确认是否允许你访问和复制他们的内容。从技术角度讲，可以看一下对方网站上的 robots.txt 文件，但还是应该先联系一下站长。有时候站长可能会邀请你索引他们的信息——可能是一个大型 Web 开发协议中的部分内容。

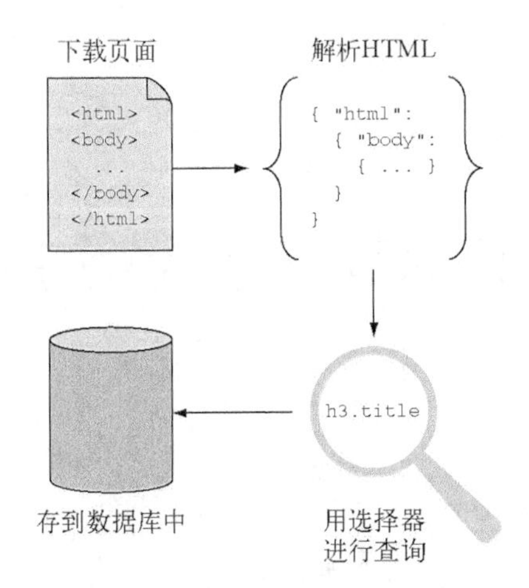

图 B-1　抓取和存储内容的步骤

本节会介绍人们是如何在真正的网站上使用网络抓取器的，然后还会介绍以 Node 为基础制作网络抓取器所需的工具。

B.1.1　使用网络抓取器

垂直搜索引擎 Octopart 是网络抓取器中的典范。如图 B-2 所示，Octopart 会索引电子分销商和制造商的信息，让人们更容易找到电子产品，比如根据电阻、容差、额定功率和外壳类型搜索电阻器。这样的网站会用网络爬虫下载内容，用抓取器识别内容并提取兴趣值（比如电阻器的容差），用内部数据库存储处理后的信息。

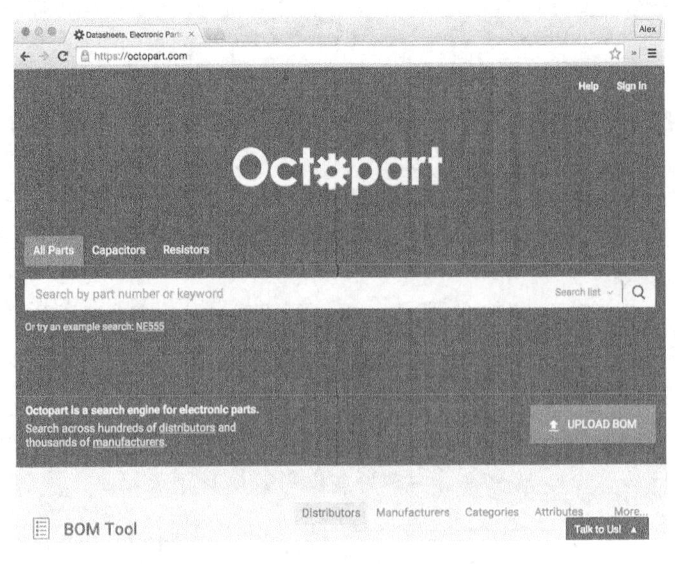

图 B-2　Octopart 允许用户搜索电子元器件

然而网络抓取不仅仅用在搜索引擎上，还用在日益增长的数据科学和数据新闻领域。数据记者用数据库生产故事，但因为有太多数据的存储格式不太容易访问，所以他们可能会用网络抓取器之类的工具采集和处理这些数据。这样记者可以用信息图表和交互式图形等数据可视化技术，以全新的方式呈现这些信息。

B.1.2 所需工具

做这件事需要两种常见的工具：浏览器和 Node。浏览器是最常用的抓取工具之一，如果你曾经点击右键，选择菜单项“检查元素”，就已经知道怎么识别网站并将其转换成原始数据了。接下来是用 Node 解析这些网页。本章会介绍两个解析器：

- 轻便宽容的 cheerio；
- 遵循 Web 标准的文档对象模型（DOM）模拟器 jsdom。

这两个库都可以用 npm 安装。有时可能还需要解析松散的人类可读的数据格式，比如日期。我们会简单地介绍一下 JavaScript 的 `Date.parse` 和 Moment.js。

B.2 用 cheerio 进行基本的网络抓取

Felix Böhm 做的 cheerio 库特别适合做网络抓取，它有两个关键特性：解析 HTML 快，可以用类似于 jQuery 的 API 查询和处理 HTML。

比如要从出版社的网站上提取图书信息，但是因为网站还没有这样的 API，所以只能把页面下载下来，然后将其转换成包含作者和书名等信息的 JSON 对象。抓取过程如图 B-3 所示。

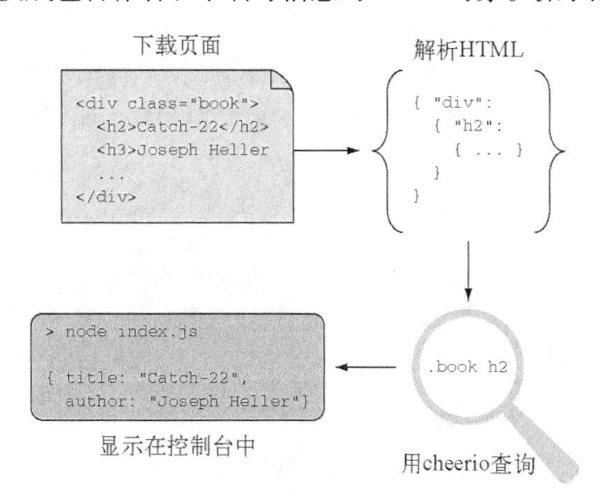

图 B-3 用 cheerio 抓取

下面是一个小型抓取器的代码，因为其中有当作样本的 HTML，所以暂时还不用管怎么下载页面。

代码清单 B-1　提取图书的详细信息

```
const html = `                                    ◁— 定义要解析的 HTML
<html>
<body>
  <div class="book">
    <h2>Catch-22</h2>
    <h3>Joseph Heller</h3>
    <p>A satirical indictment of military madness.</p>
  </div>
</body>
</html>`;
const cheerio = require('cheerio');                 解析整个文档
const $ = cheerio.load(html);

const book = {
  title: $('.book h2').text(),                ◁— 用 CSS 选择器提取需要的域
  author: $('.book h3').text(),
  description: $('.book p').text()
};

console.log(book);
```

在代码清单 B-1 中，我们用 `cheerio.load()`方法和 CSS 选择器解析硬编码的 HTML 文档。在这样简单的例子中，用 CSS 选择器处理起来简单清晰，但实际上我们遇到的 HTML 通常要比这杂乱得多。想躲开结构糟糕的 HTML 几乎是不可能的，并且你做网络抓取器的水平主要取决于你能不能找到好办法把需要的值抓出来。

识别糟糕的 HTML 需要两步。第一步是实现文档的可视化，第二步是定义抽取目标元素所需的选择器。用 cheerio 的功能特性定义选择器是正确的方法。

好在现在的浏览器都能通过指向和点击找到选择器：如果浏览器有开发者工具，一般可以点击右键然后在弹出菜单中选择“检查”。你不仅能看到 HTML，浏览器应该还会显示指向目标元素的选择器。

比如要从一个古怪的网站提取图书信息，其页面上只有表，根本没有 CSS 类，就像下面这样：

```
<html>
  <body>
    <h1>Alex's Dated Book Website</h1>
    <table>
      <tr>
        <td><a href="/book1">Catch-22</a></td>
        <td>Joseph Heller</td>
      </tr>
    </table>
  </body>
</html>
```

在 Chrome 中打开这个页面，然后在书名上点击右键，选择“检查”，会看到如图 B-4 所示的界面。

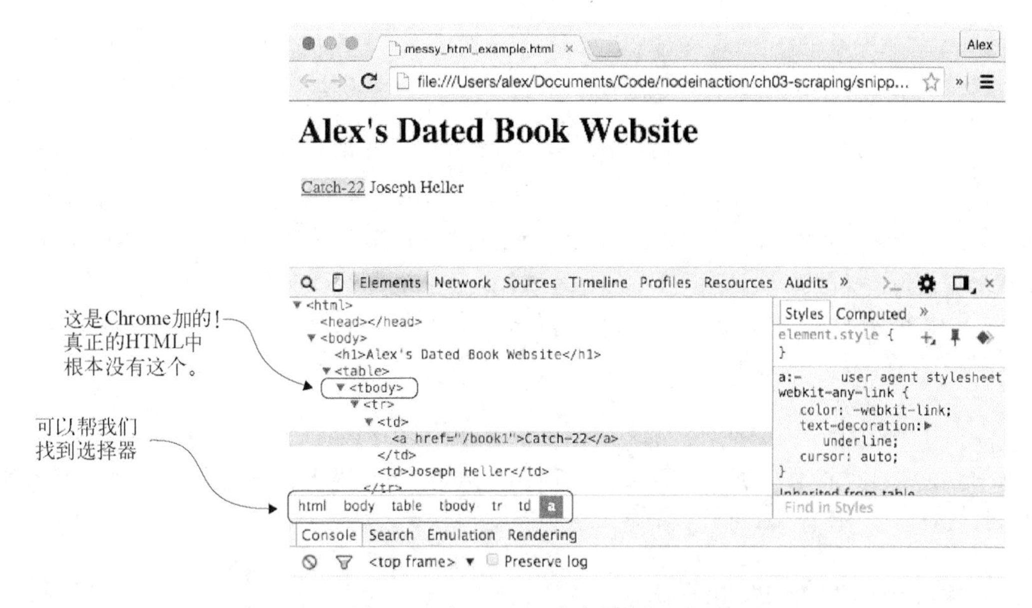

图 B-4　在 Chrome 中查看 HTML

HTML 下面有个白条显示着“html body table tbody tr td a”，这基本上就是我们需要的选择器。不过不是特别正确，因为真正的 HTML 中并没有 `tbody`。这个元素是 Chrome 插进去的。在用浏览器查看文档时要做好心理准备，你看到的可能是经过调整的 HTML。从这个例子来看，书名在表格单元的链接里，它后面那个表格单元里就是作者。

假设上面的 HTML 放在 messy_html_example.html 里，那下面就是提取书名、链接和作者的代码。

代码清单 B-2　处理杂乱的 HTML

```
const fs = require('fs');
const html = fs.readFileSync('./messy_html_example.html', 'utf8');   // 从文件中加载 HTML
const cheerio = require('cheerio');
const $ = cheerio.load(html);

const book = {
  title: $('table tr td a').first().text(),       // 用 cheerio 的 first() 方法得到指定的链接
  href: $('table tr td a').first().attr('href'),  // 用 cheerio 的 attr() 方法得到 URL
  author: $('table tr td').eq(1).text()           // 用 cheerio 的 eq() 方法跳到第二个元素
};

console.log(book);
```

由于上面的代码用 fs 模块加载了 HTML，因此不用在例子中输入 HTML。在实际工作中，数据源可能是运行着的网站，但数据依然可能来自文件或数据库。文档经过解析后，用 `first()` 获取表格第一个元素中的链接。用 cheerio 的 `attr()` 方法获取链接的 URL，它会像 jQuery 那样

返回元素上的指定属性。eq()方法也很有用，在上面这段代码里用它跳过第一个 td，因为第二个里是作者。

Web 解析的危险

用 cheerio 这样的模块解析 Web 文档是快速但粗糙的办法。一定要注意所解析内容的类型。比如碰到二进制数据时，它可能会抛出异常，所以如果用在 Web 程序中的话，可能会导致 Node 进程崩溃。如果抓取器跟 Web 程序在同一个进程里，这个程序就要跟着承担很大的风险。

所以在解析内容之前，最好先检查一下。另外尽量让抓取器在独立的 Node 进程里运行，以减轻崩溃可能产生的影响。

cheerio 的局限之一是只能处理静态文档，它是用来处理纯 HTML 文档的，不适合用客户端 JavaScript 生成的动态页面。下一节会介绍如何用 jsdom 在 Node 程序中创建类似于浏览器的环境，从而可以执行客户端 JavaScript。

B.3　用 jsdom 处理动态内容

jsdom 是网络抓取器理想中的工具：它能下载 HTML，能依照浏览器中出现的 DOM 进行解释，还能运行客户端 JavaScript。你可以指定要运行的客户端 JavaScript，包括 jQuery。也就是说你可以把 jQuery（或定制的调试脚本）注入到任何页面中。如图 B-5 所示，jsdom 能将 HTML 和 JavaScript 结合到一起，抓取到其他工具访问不到的内容。

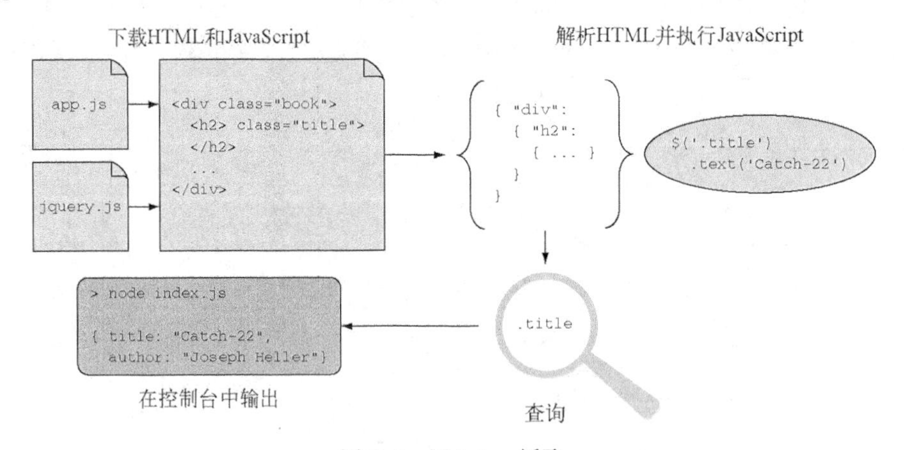

图 B-5　用 jsdom 抓取

jsdom 也有缺点。它不能完美地模拟浏览器，它比 cheerio 慢，它的 HTML 解析器太严格，碰到写得不好的页面时可能会失效。然而有些网站完全依赖于客户端 JavaScript 的支持，所以对于某些抓取任务来说，jsdom 是不可或缺的工具。

jsdom 的基本用法是通过 jsdom.env 方法。下例演示了 jsdom 如何通过注入 jQuery 抓取页面并提取需要的值。

代码清单 B-3　用 jsdom 抓取页面

```
const jsdom = require('jsdom');
const html = `                                    ← 引入要处理的HTML代码片段
<div class="book">
  <h2>Catch 22</h2>
  <h3>Joseph Heller</h3>
  <p>A satirical indictment of military madness.</p>
</div>
`;                                                  解析文档并加载 jQuery

jsdom.env(html, ['./node_modules/jquery/dist/jquery.js'], scrape);  ←

function scrape(err, window) {
  var $ = window.$;                                  ← 创建jQuery对象的别名以便于使用
  $('.book').each(function() {                       ← 用 jQuery 的$.each方法遍历图书条目
    var $el = $(this);
    console.log({
      title: $el.find('h2').text(),                  ← 用 jQuery 的遍历方法得到图书的数据
      author: $el.find('h3').text(),
      description: $el.find('p').text()
    });
  });
}
```

代码清单 B-3 需要保存在本地的 jQuery 和 jsdom[①]。这两个都可以用 npm 安装，模块名称分别是 jQuery 和 jsdom。一切准备就绪后，运行这段代码应该能在控制台中看到 HTML 片段里的书名、作者和介绍。

`jsdom.env` 方法是用来解析文档及注入 jQuery 的。这里注入的 jQuery 是用 npm 下载到本地的，不过也可以提供一个指向内容交付网络（CDN）或文件系统上的 jQuery 的 URL，jsdom 知道该怎么处理。`jsdom.env` 方法是异步的，需要给它一个回调函数。这个回调函数能收到错误和窗口对象，我们可以通过窗口对象访问文档。为了便于访问，这里给窗口的 jQuery 对象定义了别名 `$`。

选择器用 jQuery 的 `.each` 方法遍历每一本书。虽然这个例子只有一本书，但已经足以说明 jQuery 的遍历方法确实是可用的。图书的所有数据也是用 jQuery 的遍历方法得到的。

代码清单 B-3 跟之前代码清单 B-1 中的例子差不多，主要区别是由 Node 在当前进程中解析和执行的 jQuery。代码清单 B-1 用 cheerio 实现了类似的功能，那是 cheerio 自己的类 jQuery 层。这里是像在浏览器中那样运行这些代码的。

`jsdom.env` 方法只在静态页面中有用。要解析使用客户端 JavaScript 的页面，需要用 `jsdom.jsdom`。这个同步方法会返回一个窗口对象，可以用其他 jsdom 工具操作。下面这段代码用 jsdom 解析了一个带 `script` 标签的文档，`jsdom.jQueryify` 让抓取变得更容易了。

① 编写本书时是 jsdom 6.3.0。

代码清单 B-4　用 jsdom 解析动态 HTML

```
const jsdom = require('jsdom');
const jqueryPath = './node_modules/jquery/dist/jquery.js';    ← 指定 jQuery 路径
const html = `
<div class="book">
  <h2></h2>                                                  ← 没有静态值的 HTML
  <h3></h3>
  <script>
document.querySelector('h2').innerHTML = 'Catch-22';         ← 动态插入值的脚本
document.querySelector('h3').innerHTML = 'Joseph Heller';
  </script>
</div>
`;

const doc = jsdom.jsdom(html);                               ← 创建表示文档的对象
const window = doc.defaultView;

jsdom.jQueryify(window, jqueryPath, function() {            ← 将 jQuery 插入这个文档
  var $ = window.$;
  $('.book').each(function() {
    var $el = $(this);
    console.log({
      title: $el.find('h2').text(),                          ← 提取图书的数据
      author: $el.find('h3').text()
    });
  });
});
```

代码清单 B-4 需要安装 jQuery，如果你是手工创建的这段代码，那么需要用 `npm init` 和 `npm install --save jquery jsdom` 设置一个新项目。在这段代码中的 HTML 里，我们要抓取的值是动态插入进去的。插入这些值的代码在文档的 `script` 标签里。

这次 `jsdom.env` 换成了 `jsdom.jsdom`。它是同步的，因为文档对象是在内存中创建的，但在查询或处理之前不会做什么。查询和处理文档的 jQuery 是用 `jsdom.jQueryify` 插入到文档中的。在 jQuery 加载和运行后，回调得以执行，从而从文档中查询到我们感兴趣的值，输出到控制台中。输出如下所示：

```
{ title: 'Catch-22', author: 'Joseph Heller' }
```

这说明 jsdom 已经调用了必要的客户端 JavaScript。如果把这当成真正的 Web 页面，你就明白为什么说 jsdom 很强了：即便是用 Angular 和 React 这些动态技术加上很少的静态 HTML 做成的网站，jsdom 也能抓取。

B.4　识别原始数据

得到有价值的数据后，还需要进行处理，以便能够保存到数据库中或以 CSV 之类的格式导出。抓取到的数据或者是非结构化的普通文本，或者是用微格式编码的。

微格式是基于标记的轻便数据格式，用来结构化地址、日历和事件、标签或关键词等数据。

microformats.org 上有对已有微格式的介绍。下面是一个将名字表示为微格式的例子：

```
<a class="h-card" href="http://example.com">Joseph Heller</a>
```

微格式解析起来很容易，用 cheerio 或 jsdom，像`$('.h-card').text()`这样简单的表达式就可以把 Joseph Heller 提取出来。但普通文本需要做更多工作。这一节将会介绍如何解析日期，并将它们转换成更有利于数据库存储的格式。

大多数网页都不用微格式。这里可能会有问题但依然可控的是日期值。日期的可能格式很多，但在同一个网站上一般会保持一致。在识别出日期的格式后，就可以对其进行解析和格式化了。

JavaScript 中有内置日期解析器：运行 `new Date('2016 01 01')`，就会得到对应于 2016 年 1 月 1 日的 `Date` 实例。支持哪些输入格式是由基于 RFC 2822 或 ISO 8601 的 `Date.parse` 决定的。其他格式可能能用，所以一般要用源数据试一下，看看会发生什么。

另外一种办法是用正则表达式跟源数据匹配，然后用 `Date` 的构造器创建新的 `Date` 对象。其用法如下所示：

```
new Date(year, month[,day[,hour[,minutes[,seconds[,millis]]]]]);
```

在大多数情况下，JavaScript 里的日期解析都够用，但对重新格式化日期却无能为力。这时可以求助于 Moment.js，这是一个非常棒的日期解析、验证和格式化库。有流畅的 API，可以像下面这样链式调用：

```
moment().format("MMM Do YY"); // Sep 7th 15
```

这样将抓取到的数据转换成 Microsoft Excel 的 CSV 文件很方便。比如有一个 Web 页面，里面有图书的名称和出版日期。你要把这些数据保存到数据库里，但数据库的日期格式是 YYYY-MM-DD。在下面的代码中，cheerio 用 Moment 对数据进行格式化处理。

代码清单 B-5 解析日期并生成 CSV

```
'use strict';
const cheerio = require('cheerio');
const fs = require('fs');
const html = fs.readFileSync('./input.html');        <-- 加载输入文件
const moment = require('moment');                   <-- 引入 moment
const $ = cheerio.load(html);
const books = $('.book')
  .map((i, el) => {                                 <-- 将每本图书都映射为作者、书名和出版日期
    return {
      author: $(el).find('h2').text(),
      title: $(el).find('h3').text(),
      published: $(el).find('h4').text()
    };
  })
  .get();

console.log('title, author, sourceDate, dbDate');   <-- CSV 文件的头

books.forEach((book) => {
```

```
  let date = moment(new Date(book.published));   ◁─┐ 解析日期
  console.log(
    '%s, %s, %s, %s',
    book.author,
    book.title,
    book.published,
    date.format('YYYY-MM-DD')
  );
});
```

代码清单 B-5 需要 cheerio、Moment 和图书数据，它以 HTML（input.html）为输入，输出 CSV。HTML 中的日期应该放在 h4 中，如下所示：

```
<div>
  <div class="book">
    <h2>Catch-22</h2>
    <h3>Joseph Heller</h3>
    <h4>11 November 1961</h4>
  </div>
  <div class="book">
    <h2>A Handful of Dust</h2>
    <h3>Evelyn Waugh</h3>
    <h4>1934</h4>
  </div>
</div>
```

抓取器加载完输入文件之后又加载了 Moment，然后用 cheerio 的 .map 和 .get 方法将图书一一映射为 JavaScript 对象。.map 方法会遍历这些图书，然后回调方法会用 .find 选择器遍历方法从元素中提取需要的数据，再用 .get 方法将文本结果变成数组。

代码清单 B-5 中用 console.log 输出了 CSV。先输出标题栏，然后在循环遍历中输出每本书的数据。对于日期，先是用 new Date 解析，然后用 Moment 转换成可以跟 MySQL 兼容的格式。

习惯了日期的解析和格式化之后，可以对其他数据格式使用类似的技术。比如用正则表达式捕获货币和距离度量数据，然后用 Numeral 这种通用的数值格式库做格式化处理。

B.5　总结

- 网络抓取有时是自动将非结构化的网页转换成 CSV 或数据库等对计算机友好的格式。
- 网络抓取既用于垂直搜索引擎，也用于数据新闻。
- 在抓取网站之前应该先查看网站的 robots.txt 文件，跟站长联系，取得对方许可。
- 主要工具是静态 HTML 解析器（cheerio）和能够运行 JavaScript 的解析器（jsdom），以及能够找到 CSS 选择器的浏览器开发者工具。
- 因为有时数据的格式化程度比较低，所以可能需要将日期或货币之类的数据转换成适用于数据库的格式。

附录 C

Connect 的官方中间件

Connect 对 Node 的 HTTP 客户端和服务器模块做了简单的封装，其作者和贡献者们又做了一些官方支持的中间件组件，用以实现一些底层的功能，比如 cookie 解析、请求主体解析、会话管理、基本认证、跨站请求伪造（CSRF）等，很多 Web 框架都在用这些中间件组件。本附录对所有这些中间件做了介绍，如果你不想用大型框架，完全可以用它们搭建起一个轻便的 Web 程序。

C.1 解析 cookie、请求主体和查询字符串

因为 Node 中没有解析 cookie、缓存请求体、解析复杂查询字符串之类 Web 程序高层概念的核心模块，所以 Connect 提供了实现这些功能的中间件。本节会讨论三个解析请求数据的中间件组件：

- `cookie-parser`——解析来自浏览器的 cookie，放到 `req.cookies` 中；
- `qs`——解析请求 URL 的查询字符串，放到 `req.query` 中；
- `body-parser`——读取并解析请求体，放到 `req.body` 中。

我们先从 `cookie-parser` 开始。借助这个中间件，可以轻松获取存储在网站访问者浏览器中的数据，比如授权状态、网站设置等。

C.1.1 `cookie-parser`：解析 HTTP cookie

Connect 的 cookie 解析器支持常规 cookie、签名 cookie 和特殊的 JSON cookie。`req.cookies` 默认是用常规未签名 cookie 组装而成的。如果需要支持防篡改的签名 cookie，在创建 `cookie-parser` 实例时要传入一个加密用的字符串。

> **在服务器端设定 cookie** 中间件 `cookie-parser` 不会为设定出站 cookie 提供任何帮助。应该用 `res.setHeader()` 函数设定名为 `Set-Cookie` 的响应头。针对 `Set-Cookie` 响应头这一特殊情况，Connect 为 Node 默认的 `res.setHeader()` 函数打了补丁，所以它可以按你期望的方式工作。

1. 常规 cookie

我们需要先加载这个模块，将它添加到中间件栈中，然后才能读取请求中的 cookie。下面是

按这个步骤读取 cookie 的例子。

代码清单 C-1 读取请求中的 cookie

```
const connect = require('connect');
const cookieParser = require('cookie-parser');        ❶ 加载 cookie-parser 中间件

connect()
  .use(cookieParser())        ❷ 将它添加到中间件栈中
  .use((req, res, next) => {
    res.end(JSON.stringify(req.cookies));        ❸ 以字符串形式的 cookie 作为响应
  })
  .listen(3000);
```

这段代码加载了中间件组件❶。别忘了先用 `npm install cookie-parser` 把它装上。然后将 cookie 解析器的实例添加到程序的中间件栈中❷。最后一步是以字符串形式将 cookie 发回给浏览器❸，以便你能看到效果。

这个例子需要在请求中设定 cookie。所以用浏览器访问 http://localhost:3000 可能看不到什么，它会返回一个空对象（`{}`）。可以像下面这样用 cURL 设定 cookie：

```
curl http://localhost:3000/ -H "Cookie:foo=bar,bar=baz"
```

2. 签名 cookie

签名 cookie 更适合敏感数据，因为用它可以验证 cookie 数据的完整性，有助于防止中间人攻击。有效的签名 cookie 被放在 `req.signedCookies` 对象中。把两个对象分开是为了体现开发者的意图。如果把签名的和未签名的 cookie 放到同一个对象中，常规 cookie 可能就会被改造，仿冒签名的 cookie。

签名 cookie 看起来像 `s:tobi.DDm3AcVxE9oneYnbmpqxoy[...]`,[①]一样，点号（`.`）左边是 cookie 的值，右边是在服务器上用 SHA-256 HMAC 生成的加密哈希值（基于哈希的消息认证码）。如果 cookie 的值或者 HMAC 被改变的话，Connect 的解签会失败。

假设你设定了一个键为 `name`，值为 `luna` 的签名 cookie。`cookieParser` 会将 cookie 编码为 `s:luna.PQLM0wNvqOQEObZX[...]`。每个请求中的哈希值都会检查，如果 cookie 完好无损地传上来，那么它会被解析为 `req.signedCookies.name`：

```
$ curl http://localhost:3000/ -H "Cookie:
➥ name=s:luna.PQLM0wNvqOQEObZXU [...] "
{}
{ name: 'luna' }
GET / 200 4ms
```

如果 cookie 的值变了，像下一个 `curl` 命令那样，cookie `name` 会被解析为 `req.cookies.name`，因为它是无效的。但仍可用来调试或满足程序的特定需要：

```
$ curl http://localhost:3000/ -H "Cookie:
➥ name=manny.PQLM0wNvqOQEOb [...] "
{ name: 'manny.PQLM0wNvqOQEOb [...] ' }
```

① 这是缩写后的签名值。

```
{}
GET / 200 1ms
```

cookieParser 的第一个参数是用来对 cookie 签名的密钥。下面这段代码中用的密钥是 tobi is a cool ferret。

代码清单 C-2　解析签名 cookie

```
const connect = require('connect');
const cookieParser = require('cookie-parser');
const secret = 'tobi is a cool ferret';

connect()
  .use(cookieParser(secret))          ❶ 签名 cookie 是自动添加到 request 对象中的
  .use((req, res) => {
    console.log('Cookies:', req.cookies);
    console.log('Signed cookies:', req.signedCookies);    ❷ 从 request 对象中访问签名的 cookie
    res.end('hello\n');
  }).listen(3000);
```

在这个例子中，因为 cookieParser 中间件组件中有参数 secret，所以签名 cookie 是自动解析的❶。解析结果在 request 对象中❷。cookie-parser 模块的 cookie 解析功能还可以通过 signedCookie 和 signedCookies 方法调用。

在介绍 JSON cookie 之前，我们先看一下如何使用这个例子。对于代码清单 C-1 来说，可以用带 -H 选项的 curl 发送 cookie。但签名 cookie 需要按某种方式进行编码。

signedCookie 方法是用 Node 的 crypto 模块解签的。如果想试验一下代码清单 C-2，需要安装 cookie-signature，然后用相同的密钥签名一个字符串：

```
const signature = require('cookie-signature');
const message = 'luna';
const secret = 'tobi is a cool ferret';
console.log(signature.sign(message, secret);
```

如果签名或消息被改掉了，服务器能判断出来。除了签名 cookie，这个模块还支持 JSON 编码的 cookie。我们接下来就介绍它。

3. JSON cookie

特别的 JSON cookie 带有前缀 j:，用以告诉 Connect 它是一个序列化的 JSON。JSON cookie 既可以是签名的，也可以是未签名的。

Express 之类的框架可以用这个功能给开发人员提供更直观的 cookie 接口，而不是让他们手工做 JSON cookie 值的串行化和解析工作。下面是 Connect 解析 JSON cookie 的例子：

```
$ curl http://localhost:3000/ -H 'Cookie: foo=bar,
bar=j:{"foo":"bar"}'
{ foo: 'bar', bar: { foo: 'bar' } }
{}
GET / 200 1ms
```

就像前面提到的，JSON cookie 也可以是签名的，比如像下面这个请求中这样的：

```
$ curl http://localhost:3000/ -H "Cookie:
➥ cart=j:{\"items\":[1]}.sD5p6xFFBO/4ketA1OP43bcjS3Y"
{}
{ cart: { items: [ 1 ] } }
GET / 200 1ms
```

4. 设定出站 cookie

我们之前提到过，`cookie-parser` 模块没有提供任何通过 `Set-Cookie` 响应头向 HTTP 客户端写出站 cookie 的功能。但 Connect 可以通过 `res.setHeader()`函数写入多个 `Set-Cookie` 响应头。

假设你想设定一个名为 `foo`，值为字符串 `bar` 的 cookie。调用 `res.setHeader()`，Connect 让你用一行代码搞定。你还可以设定 cookie 的各种选项，比如有效期，像下面的第二个 `setHeader()` 一样：

```
var connect = require('connect');

connect()
  .use((req, res) => {
    res.setHeader('Set-Cookie', 'foo=bar');
    res.setHeader('Set-Cookie',
      'tobi=ferret; Expires=Tue, 08 Jun 2021 10:18:14 GMT'
    );
  res.end();
})
.listen(3000);
```

如果用 `curl` 的 --head 标记检查这个服务器对 HTTP 请求的响应，应该能看到 `Set-Cookie` 响应头：

```
$ curl http://localhost:3000/ --head
HTTP/1.1 200 OK
Set-Cookie: foo=bar
Set-Cookie: tobi=ferret; Expires=Tue, 08 Jun 2021 10:18:14 GMT
Connection: keep-alive
```

在 HTTP 响应中发送 cookie 的知识全在这里了。你可以在 cookie 中存放任意类型的文本数据，但通常是在客户端存放一个会话 cookie，这样你就可以在服务器端保留完整的用户状态。这项会话技术封装在 `express-session` 模块中，我们稍后再介绍。

你已经知道怎么处理 cookie 了，现在可能急切地想知道处理其他接收用户输入的常用方法。后面两节将会介绍查询字符串和请求消息主体的解析，你会发现，尽管 Connect 是比较底层的框架，但我们要实现更加复杂的 Web 框架所提供的功能并不需要写太多代码。

C.1.2　解析查询字符串

`GET` 参数是接受输入的办法之一。在 URL 后面加一个问号，后面是用 `&` 号分开的一列参数：

```
http://localhost:3000/page?name=tobi&species=ferret
```

设定为用 `GET` 方法提交的表单，以及页面模板中的链接元素都会产生这样的 URL。比如常见的分页链接。

在 Connect 程序中，传给每个中间件的 request 对象中都有 `url` 属性，但一般只需要最后一部分，即问号之后的那些。Node 有 URL-parsing 模块，所以从技术角度来讲，可以用 `url.parse` 获取查询字符串。但 Connect 也要解析 URL，所以它将解析过的版本设为了一个内部属性。

推荐使用 `qs` 解析查询字符串。这不是 Connect 官方的模块，npm 上也有很多替代模块。`qs` 及类似的模块的用法都是在其他中间件中调用它的 `.parse()` 方法。

基本用法

下面这段代码用 `qs.parse` 方法创建了一个对象，并赋值给 `req.query` 属性供后续中间件组件使用。

代码清单 C-3　解析查询字符串

```
const connect = require('connect');
const qs = require('qs');
connect()
  .use((req, res, next) => {
    console.log(req._parsedUrl.query);
    req.query = qs.parse(req._parsedUrl.query);    ❶ 用 qs 解析查询字符串
    next();
  })
  .use((req, res) => {
    console.log('query string:', req.query);    显示解析出来的查询字符串
    res.end('\n');
  })
  .listen(3000);
```

在上面这段代码中，我们用中间件组件获取解析过的 URL，然后用 `qs.parse` 对它进行解析❶，并在后面的中间件里显示解析结果。

假定你要构建一个音乐库程序，需要实现搜索功能，则可以用查询字符串提交搜索参数，比如：`/songSearch?artist=Bob%20Marley&track=Jammin.`

这个查询会产生下面这样的 `req.query` 对象：

```
{ artist: 'Bob Marley', track: 'Jammin' }
```

`qs.parse` 方法支持嵌入数组，所以像 `?images[]=foo.png&images[]= bar.png` 这样的复杂查询会生成下面这种对象：

```
{ images: [ 'foo.png', 'bar.png' ] }
```

如果在 HTTP 请求中没有查询字符串参数，那么像 `/songSearch`，`req.query` 这样的会默认为空对象：

```
{}
```

对于 Web 开发来说，这是非常基本的需求，所以 Express 之类的高层框架一般都有自己的查询字符串解析。Web 框架的另外一个基本需求是解析请求消息主体，以便获取表单中提交上来的数据。下一节会介绍如何解析请求消息主体，处理表单和文件上传，并对这些请求进行验证以确保其安全性。

C.1.3　body-parser：解析请求主体

大多数 Web 程序都需要接受并处理用户的输入。可能是来自表单的数据，甚至也可能是通过 RESTful API 由其他程序传来的数据。HTTP 请求和响应被统称为 **HTTP 消息**，由一组消息头和一个消息体组成。在 Node Web 程序中，消息体通常是流，能够按各种方式编码：来自表单的 POST 消息通常是 application/x-www-form-urlencoded，而 RESTful JSON 请求通常是 application/json。

所以说，Connect 程序里的中间件需要对经过编码的数据流进行解码，包括表单编码、JSON，甚至是用 gzip 或 deflate 压缩过的数据。本节将要介绍如何：

- 处理表单输入；
- 解析 JSON 请求；
- 基于内容和大小验证消息体；
- 接受文件上传。

1. 表单

假设要通过表单接受注册信息，你要做的只是把 body-parser 组件放在所有会访问 req.body 对象的中间件前面。如图 C-1 所示。

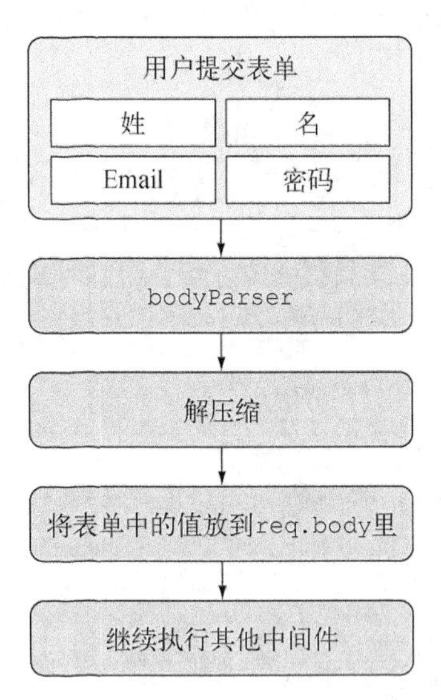

图 C-1　body-parser 对表单的处理

下面是用 body-parser 模块处理来自表单的 HTTP POST 请求的代码。

代码清单 C-4　解析表单请求

```
const connect = require('connect');
const bodyParser = require('body-parser');
```

```
connect()
  .use(bodyParser.urlencoded({ extended: false }))   ❶ 将 body-parser 添加到中间件栈
  .use((req, res, next) => {
    res.setHeader('Content-Type', 'text/plain');
    res.end('You sent: ' + JSON.stringify(req.body) + '\n');   ❷ 以字符串形式返回请求消息体
  })
  .listen(3000);
```

使用这个例子需要安装 body-parser 模块①，还需要发起一个带有 URL 编码消息体的 HTTP 请求。最简单的办法就是用 curl 的选项-d：

```
curl -d name=tobi http://localhost:3000
```

这应该会让服务器显示 You sent: {"name":"tobi"}。在上面的代码中，先是将 body-parser 添加到中间件栈中❶，然后将 req.body 中经过解析的消息体转换成字符串❷以便于显示。urlencoded 消息体解析器可以接受以 UTF-8 编码的字符串，并且它会自动解压用 gzip 或 deflate 编码的请求消息体。

在这个例子中，传给消息体解析器的参数是 extended: false。当设为 true 时，消息体解析器会用另外一个库解析查询字符串格式。这个参数可以是更加复杂的、嵌入的类 JSON 格式的对象。下一节介绍请求的校验时会介绍其他参数。

2. 请求的校验

body-parser 模块中的所有解析器都支持两个请求校验参数：limit 和 verify。limit 的意思是阻止超过特定大小的请求：默认是 100KB，如果需要接收更大的表单，可以修改这个参数。比如像内容管理系统或博客之类的程序，人们可能会输入很长的数据。

verify 用来指定对请求进行校验的函数。在需要对原始的请求消息体进行检查，比如要确保 API 方法收到的 XML 消息是以正确的 XML 头部开始的，可以用这个。下面的代码展示了这两个参数的用法。

代码清单 C-5 验证表单请求

```
const connect = require('connect');
const bodyParser = require('body-parser');

function verifyRequest(req, res, buf, encoding) {
  if (!buf.toString().match(/^name=/)) {
    throw new Error('Bad format');          ❶ 格式不对时抛出错误
  }
}

connect()
  .use(bodyParser.urlencoded({
    extended: false,
    limit: 10,                              ❷ 设定对请求大小的限制
    verify: verifyRequest                   ❸ 添加验证函数
  }))
```

① 我们用的版本是 1.11.0。

```
  .use(function(req, res, next) {
    res.setHeader('Content-Type', 'text/plain');
    res.end('You sent: ' + JSON.stringify(req.body) + '\n');
  })
  .listen(3000);
```

抛出 Error 时应该用关键字 throw❶。按照 body-parser 模块的设置，会在解析请求之前捕获这些错误，交回给 Connect。在创建了请求验证函数之后，需要用 verify 参数传给 body-parser 中间件组件❸。

消息体大小限制的单位是字节，这个例子中设定的很小，只有 10 字节❷。想看到请求太大时会怎么样很容易，只需要把前面那个 curl 中的 name 值换成更长的就可以了。如果想看看抛出验证错误时会怎么样，把 curl 中的 name 换掉就可以了。

3. 为什么需要 LIMIT

下面来看一下恶意用户如何废掉一个脆弱的服务器。先创建下面这个名为 server.js 的小型 Connect 程序，它只是单纯地用 bodyParser() 中间件解析请求主体：

```
const connect = require('connect');
const bodyParser = require('body-parser');

connect()
  .use(bodyParser.json({ limit: 99999999, extended: false }))
  .use((req, res, next) => {
    res.end('OK\n');
  })
  .listen(3000);
```

创建 dos.js，代码如下所示。只需要像这样发送几兆 JSON 数据，恶意用户就可以用 Node 的 HTTP 客户端攻击前面那个 Connect 程序了：

```
const http = require('http');
let req = http.request({
  method: 'POST',
  port: 3000,
  headers: {
    'Content-Type': 'application/json'     <- 告诉服务器你要发送 JSON 数据
  }
});
req.write('[');                             <- 开始发送一个超大的数组对象
let n = 300000;
while (n--) {
  req.write('"foo",');                      <- 数组中包含 300 000 个字符串“foo”
}
req.write('"bar"]');
req.end();
```

启动服务器，运行攻击脚本：

```
$ node server.js &
$ node dos.js
```

如果这时候用 top 监控 node 进程，将会看到它在 dos.js 启动之后消耗的 CPU 和内存越来越多。这很糟糕，但好在 Connect 提供的 limit 参数可以防止出现这种状况。

4. 解析 JSON 数据

用 Node 做 Web 程序时要处理大量的 JSON 数据。之前的例子中已经有一些使用 JSON 解析器的示范了。下面的例子演示了 JSON 的解析和结果的使用。

代码清单 C-6　解析 JSON 请求

```
const connect = require('connect');
const bodyParser = require('body-parser');

connect()
  .use(bodyParser.json())                         ❶ 添加 JSON 消息体解析器
  .use((req, res, next) => {
    res.setHeader('Content-Type', 'application/json');
    res.end(`Name: ${req.body.name}\n`);          ❷ 从 body 对象中取值
  })
  .listen(3000);
```

加载了 JSON 解析器后❶，请求处理器不再把 req.body 看作字符串，而是变成了一个 JavaScript 对象。这个例子假定会收到一个带有 name 属性的 JSON 对象，然后将 name 的值取出来送回去❷。这意味着请求的 Content-Type 必须是 application/json，并且发送的是有效的 JSON。默认情况下，json 中间件的解析会很严格，但可以将这个设为 false 以降低对编码的要求。

> **设定 JSON Content-Type 参数**
>
> 我们要知道参数 type，可以用它修改被解析为 JSON 的 Content-Type。下面的例子中用的是默认值，即 application/json。但有时候可能 HTTP 客户端不会发送这个消息头，一定要注意一下。

可以用下面这个 curl 请求向程序提交数据，发送一个 username 属性的值为 tobi 的 JSON 对象：

```
curl -d '{"name":"tobi"}' -H "Content-Type: application/json"
➥ http://localhost:3000
Name: tobi
```

5. 解析 MULTIPART <FORM> 数据

body-parser 模块不处理 multipart 请求消息体。但文件上传是 multipart 消息，所以如果要支持用户头像上传之类的功能的话，都需要处理 multipart 请求。

虽然 Connect 没有官方支持的 multipart 解析器，但也能找到维护得不错的模块。比如 busboy 和 multiparty，并且这两个都有相应的 connect 模块：connect-busboy 和 connect-multiparty。这是因为 multipart 解析器本身依赖于 Node 的底层 HTTP 模块，所以很多框架都可以使用，并不是专门针对 Connect 做的。

下面这段代码是基于 multiparty 的，会在控制台中输出所上传文件的内容。

代码清单 C-7　处理上传的文件

```
const connect = require('connect');
const multipart = require('connect-multiparty');

connect()
  .use(multipart())                          ← ❶ 添加 multiparty 中间件
  .use((req, res, next) => {
    console.log(req.files);                  ← ❷ 输出发送的文件
    res.end('Upload received\n');
  })
  .listen(3000);
```

这个简短的例子添加了 multiparty 中间件❶然后输出接收到的文件❷。这个文件会被上传到一个临时位置上，所以在程序结束时必须用 fs 模块把它们删掉。

在试用这个例子之前，要先装好 connect-multiparty①，然后启动服务器，用 curl 的 -F 参数发给它一个文件：

```
curl -F file=@index.js http://localhost:3000
```

文件名放在 @ 符号后面，前缀是输入域的名称。这个输入域的名称会出现在 req.files 对象里，以便于区分传上来的不同文件。

程序的输出应该会像下面这样。能得到 req.files.file.path，并且可以重命名文件，将数据传给工作线程处理，上传到内容交付网络，或者做其他需要做的事情：

```
{ fieldName: 'file',
  originalFilename: 'index.js',
  path: '/var/folders/d0/_jqj3lf96g37s5wrf79v_g4c0000gn/T/60201-p4pohc.js',
  headers:
   { 'content-disposition': 'form-data; name="file"; filename="index.js"',
     'content-type': 'application/octet-stream' },
```

尽管 body-parser 可以进行压缩，但你可能还是想知道如何压缩响应。接下来我们会介绍可以降低带宽成本、提高体验速度的 compression 组件。

C.1.4　compression：压缩响应

你可能注意到了，上一节介绍消息体解析器时，它能解压 gzip 或 deflate 的请求。Node 有个处理压缩的核心模块 zlib，一般用于实现压缩和解压缩方法。中间件 compression 可以用来压缩出站响应，也就是服务器发送出去的数据。

Google 的 PageSpeed Insights 工具建议启用 gzip 压缩，你可以用浏览器中的开发者工具看一下，会发现很多网站发送回来的响应都是 gzip 的。压缩会增加 CPU 的负载，但普通文本和 HTML 等格式的压缩率很高，所以对网站的性能和带宽的占用都会有明显的改善作用。

① 我们测试这个例子用的是 1.2.5 版。

Deflate 还是 gzip

你可能不知道哪种压缩更好，甚至不知道为什么会有两种。从标准（RFC 1950 和 RFC 2616）来看，这两种压缩用的算法是一样的，区别在于对头部和校验码的处理方式上。

但有些浏览器并不能正确处理 deflate，所以一般建议用 gzip。对于消息体解析来说，最好是两种都支持，但如果要压缩服务器的输出，用 gzip 比较保险。

compression 模块会检查消息头部的 Accept-Encoding，判断客户端能接受哪种编码。如果消息头部没有这个域，则不会对响应消息做任何处理。如果有 gzip 或 deflate，或者两个都有，则压缩响应。

1. 基本用法

因为要封装 res.write()和 res.end()方法，所以一般会把 compression 放在 Connect 栈的上部。

下面是对内容进行压缩的例子：

```
const connect = require('connect');
const compression = require('compression');
connect()
  .use(compression({ threshold: 0 }))
  .use((req, res) => {
    res.setHeader('Content-Type', 'text/plain');
    res.end('This response is compressed!\n');
  })
  .listen(3000);
```

在运行这个例子之前要先安装 compression 模块，然后启动服务器，用 curl 发送一个 Accept-Encoding 为 gzip 的请求：

```
$ curl http://localhost:3000 -i -H "Accept-Encoding: gzip"
```

参数 -i 的意思是让 cURL 显示消息头部，所以你应该看到 ContentEncoding 是 gzip。消息主体应该是乱码，因为压缩过的数据不会是标准的字符。去掉 -i，把响应消息通过管道转给 gunzip 应该能看到解压后的内容：

```
$ curl http://localhost:3000 -H "Accept-Encoding: gzip" | gunzip
```

这很强，设置也不难，但并不是所有从服务器发出来的东西都需要压缩，可以用定制的 filter 函数跳过某些内容。

2. 使用定制的 filter 函数

compression 在默认的 filter 函数中包含了 MIME 类型 text/*、*/json 和*/javascript，所以只会压缩这些响应数据：

```
exports.filter = function(req, res){
  const type = res.getHeader('Content-Type') || '';
  return type.match(/json|text|javascript/);
};
```

要改变这种行为，可以给选项对象传入定制的 `filter` 函数，代码如下所示：

```
function filter(req) {
  const type = req.getHeader('Content-Type') || '';
  return 0 === type.indexOf('text/plain');
}
connect()
  .use(compression({ filter: filter }));
```

这样只会压缩普通文本。

3. 指定压缩和内存水平

Node 的 zlib 的性能和压缩特性是可以通过参数调节的，把参数传给 `compression` 函数就行。

在下面这个例子中，压缩 `level` 被设为 3，压缩率低，但速度快；`memLevel` 被设为 8，使用更多内存以加快压缩速度。给这些参数取什么值完全取决于程序本身及可用的资源。Node 的 zlib 文档里有更详细的介绍。

```
connect()
  .use(compression({ level: 3, memLevel: 8 }));
```

好了，接下来我们要看看覆盖 Web 程序核心需求的中间件，比如日志和会话。

C.2　实现 Web 程序核心功能的中间件

Connect 要为大多数常见的 Web 程序需求提供中间件，这样开发人员就不用一次次地重新实现它们了。在 Connect 中，像日志、会话和虚拟主机这些 Web 程序的核心功能都有自带的中间件。

本节会介绍五个非常实用的中间件，你很可能会在自己的程序中用到它们：

- `morgan`——提供灵活的请求日志；
- `serve-favicon`——处理 /favicon.ico 请求；
- `method-override`——让没有能力的客户端透明地重写 `req.method`；
- `vhost`——在一个服务器上设置多个网站（虚拟主机）；
- `express-session`——管理会话数据。

之前你创建过自己的日志中间件，但 Connect 提供了更灵活的 `morgan`，我们先来了解一下吧。

C.2.1　`morgan`：记录请求

`morgan` 是一个灵活的请求日志中间件，可定制日志格式。还能通过参数调节日志输出缓冲区以减少写硬盘的次数。另外，如果你想把日志输出到控制台之外的其他地方，比如文件或 socket 中，还可以指定日志流。

1. 基本用法

`morgan` 模块的用法如下所示，调用函数让它返回一个中间件函数。

代码清单 C-8　使用 morgan 模块记录日志

```
const connect = require('connect');
const morgan = require('morgan');

connect()
  .use(morgan('combined'))          ❶ 给所有请求用 "combined" 日志
  .use((req, res) => {
    res.setHeader('Content-Type', 'application/json');
    res.end('Logging\n');           ❷ 用消息响应请求
  })
  .listen(3000);
```

运行这个例子之前要先安装 morgan。①我们把这个模块放在了中间件栈的最顶端❶，然后输出了一条简单的响应消息❷。combined 是指定日志格式的参数❶，表示这个 Connect 程序会按照 Apache 格式输出日志。这种格式很灵活，很多命令行工具都能解析，所以可以用日志处理程序生成统计数据。如果想通过不同的客户端（比如 curl、wget 和浏览器）发送请求，应该看一下日志中的用户代理字段。

combined 的日志格式如下所示：

```
:remote-addr - :remote-user [:date[clf]] ":method :url
➥ HTTP/:http-version" :status :res[content-length] ":referrer" ":user-agent"
```

每个:something 都是一些**信令**，在真正的日志记录中它们包含的是来自 HTTP 请求的真实值。比如说，一个简单的 curl(1)请求会生成下面这样一条日志：

```
127.0.0.1 - - [Thu, 05 Feb 2015 04:27:07 GMT]
                    ➥ "GET / HTTP/1.1" 200 - "-"
                    ➥ "curl/7.37.1"
```

2. 定制日志格式

日志的格式可以通过传入一个信令字符串来进行定制。比如下面这种格式会输出 GET /users 15 ms 格式的日志：

```
connect()
  .use(morgan(':method :url :response-time ms'))
  .use(hello)
  .listen(3000);
```

默认可以使用下面这些信令（注意，头名称对大小写不敏感）：

- :req[头名称] 比如：:req[Accept]
- :res[头名称] 比如：:res[Content-Length]
- :http-version
- :response-time
- :remote-addr
- :date
- :method

① 我们用的是 1.5.1 版。

- :url
- :referrer
- :user-agent
- :status

定义定制的信令也不难。只需要给 connect.logger.token 函数提供信令名称和回调函数就行。比如说，你想记录所有请求的查询字符，可以这样定义它：

```
var url = require('url');
morgan.token('query-string', function(req, res){
  return url.parse(req.url).query;
});
```

除了默认的格式，morgan 还有其他预定义的格式，比如 short 和 tiny。另一个预定义的格式是 dev，其可以为开发输出简洁的日志，适用于那种只有你一个人在网站上，并且不关心 HTTP 请求细节时的情况。这个格式还会根据响应状态码设置不同的颜色：200 是绿色，300 是蓝色，400 是黄色，500 是红色。这种颜色划分对开发很有帮助。

要使用预定义的格式，只需要把名字传给 morgan()：

```
connect()
  .use(morgan('dev'))
  .use(hello);
  .listen(3000);
```

你已经知道如何格式化 morgan 的输出了，接下来看看你能提供哪些选项给它。

3. 日志选项：stream 和 immediate

如前所述，你可以用选项调整 morgan 的行为。

stream 就是这样的选项，你可以给 morgan 传递一个 Node Stream 实例来代替 stdout，让它把日志写到这个 Stream 实例中。这样你可以用 fs.createWriteStream 创建一个 Stream 实例，把日志输出到独立的日志文件中，脱离开服务器自己的输出。

在使用这些选项时，通常应该包括 format 属性。下面这个例子使用了定制的格式，将日志输出到 /var/log/myapp.log 中，因为有追加标记，所以在程序启动时日志文件不会被截断：

```
const fs = require('fs');
const morgan = require('morgan');
const log = fs.createWriteStream('/var/log/myapp.log', { flags: 'a' })
connect()
  .use(morgan({ format: ':method :url', stream: log }))
  .use('/error', error)
  .use(hello)
  .listen(3000);
```

immediate 是另一个常用的选项，使用这个选项时，一收到请求就写日志，而不是等到响应后才写。如果服务器保持请求长开，并且你想知道连接什么时候开始，就可以用这个选项。或者用它来调试程序中的关键部分。不能使用 :status 和 :response-time 之类的信令，因为它们是跟响应相关的。要启用即刻模式，可以传入取值为 true 的 immediate，代码如下所示：

```
const app = connect()
  .use(connect.logger({ immediate: true }))
  .use('/error', error)
  .use(hello);
```

这就是日志记录！接下来我们去看看 serve-favicon 中间件。

C.2.2 serve-favicon：地址栏和书签图标

favicon 是网站的小图标，显示在浏览器的地址栏和书签里。为了得到这个图标，浏览器会请求 /favicon.ico 文件。一般来说，最好尽快响应对 favicon 文件的请求，这样程序的其他部分就可以忽略它们了。serve-favicon 中间件默认会返回 Connect 的 favicon(当没有参数传给它时)。这个 favicon 如图 C-2 所示。

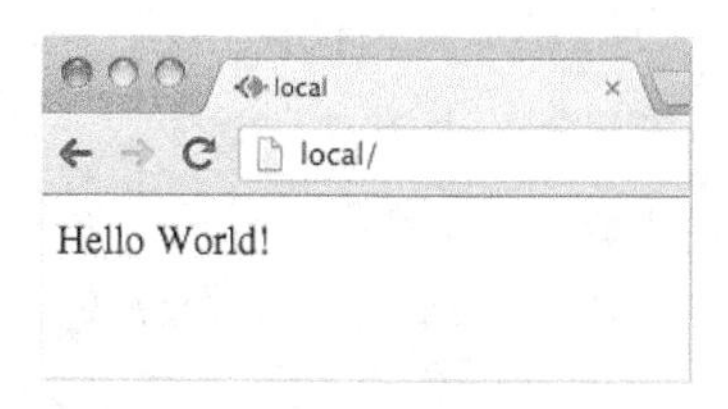

图 C-2　favicon

基本用法

serve-favicon 一般放在中间件栈的最顶端，所以连下面的日志组件都会忽略对 favicon 的请求。然后这个图标就会缓存在内存中，可以更快地响应后续请求。

下面这个例子给 serve-favicon 传入了一个参数，这是一个 .ico 文件的路径，从而用这个 .ico 文件响应对 favicon 文件的请求：

```
const connect = require('connect');
const favicon = require('serve-favicon');
connect()
  .use(favicon(__dirname + '/favicon.ico'))
  .use((req, res) => {
    res.end('Hello World!\n');
  });
```

要测试这段代码需要准备一个 favicon.ico 文件。此外，还可以传入一个 maxAge 参数，指明浏览器应该把 favicon 放在内存中缓存多长时间。

接下来我们还有一个小而实用的中间件：method-override。当客户端能力有限时，它可以提供一种方案，用于伪造 HTTP 请求方法。

C.2.3 method-override：伪造 HTTP 方法

有时需要使用 GET 或 POST 之外的 HTTP 谓词。比如要搭建一个博客系统，想让用户创建、更新和删除文章。使用 DELETE /articles 感觉比用 GET 或 POST 更好，可惜并不是所有浏览器都支持 DELETE。

一种常见的解决办法是通过请求参数、表单值，有时甚至是 HTTP 请求头来提示服务器用的是哪个 HTTP 方法。比如添加一个<input type=hidden>，将其值设定为你想用的方法名，然后让服务器检查那个值并“假装”它是这个请求的请求方法。

很多 Web 框架都支持这种技术，Connect 推荐使用 method-override 模块。

1. 基本用法

HTML 输入控件默认的名称是_method，不过可以给 methodOverride()传入一个参数来定制它，代码如下所示：

```
connect()
const connect = require('connect');
const methodOverride = require('method-override');
connect()
  .use(methodOverride('__method__'))
  .listen(3000)
```

为了阐明 methodOverride()是如何实现的，我们来创建一个更新用户信息的微型程序。这个程序中会有一个表单，当表单经浏览器提交并被服务器处理后，会用一个简单的成功消息做响应，如图 C-3 所示。

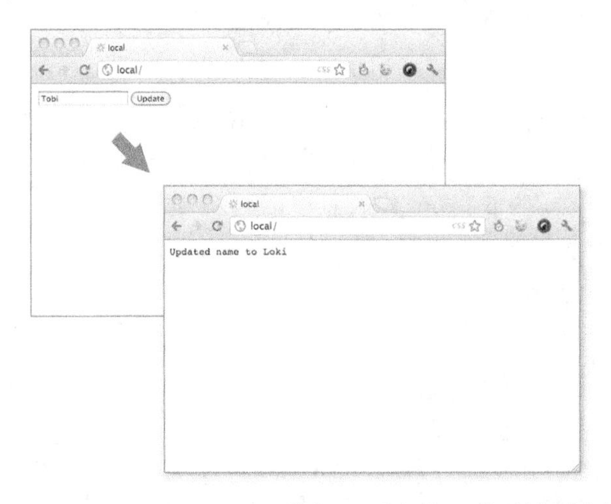

图 C-3　用 methodOverride()模拟 PUT 请求，更新浏览器中的表单

这个程序用两个中间件更新用户数据。在 update 函数中，如果请求方法不是 PUT，就调用 next()。就像前面说过的，大多数浏览器都会无视表单属性 method="put"，所以下面这段代码不能正常工作。

代码清单 C-9　不可用的用户更新程序

```
const connect = require('connect');
const morgan = require('morgan');
const bodyParser = require('body-parser');
```

```
function edit(req, res, next) {
  if ('GET' != req.method) return next();
  res.setHeader('Content-Type', 'text/html');
  res.write('<form method="put">');
  res.write('<input type="text" name="user[name]" value="Tobi" />');
  res.write('<input type="submit" value="Update" />');
  res.write('</form>');
  res.end();
}

function update(req, res, next) {
  if ('PUT' != req.method) return next();
  res.end('Updated name to ' + req.body.user.name);
}

connect()
  .use(morgan('combined'))
  .use(bodyParser.urlencoded({ extended: false }))
  .use(edit)
  .use(update)
    .listen(3000);
```

❶ 发送 PUT 而不是 GET 或 POST 方法的表单

❷ 确保请求是用 PUT 发送的

这个例子中的表单要发送一个 PUT 给服务器❶。并且只有通过 PUT 发送时，表单的数据才会给 update 函数❷。你可以用不同的浏览器和 HTTP 客户端试一下。使用 curl 时，可以用 -X 选项指定 HTTP 谓词。

可以添加 method-override 模块来改善对浏览器的支持。这里在表单中加了一个名为 _method 的输入控件，并且在 bodyParser()下面加上了 methodOverride()，因为它要引用 req.body 访问表单数据。

代码清单 C-10　使用 method-override 支持 HTTP PUT

```
const connect = require('connect');
const morgan = require('morgan');
const bodyParser = require('body-parser');
const methodOverride = require('method-override');

function edit(req, res, next) {
  if ('GET' != req.method) return next();
  res.setHeader('Content-Type', 'text/html');
  res.write('<form method="post">');
  res.write('<input type="hidden" name="_method" value="put" />');
  res.write('<input type="text" name="user[name]" value="Tobi" />');
  res.write('<input type="submit" value="Update" />');
  res.write('</form>');
  res.end();
}

function update(req, res, next) {
  if ('PUT' != req.method) return next();
  res.end('Updated name to ${req.body.user.name}');;
}
```

通过表单变量 _method 来提示 HTTP 方法

```
connect()
  .use(morgan('dev'))
  .use(bodyParser.urlencoded({ extended: false }))
  .use(methodOverride('_method'))        <-- 用 methodOverride 中间件组件检查表单变量
  .use(edit)
  .use(update)
  .listen(3000);
```

现在你会发现几乎所有的浏览器都可以发送 PUT 请求了。

2. 访问原始的 req.method

methodOverride() 修改了原始的 req.method 属性，但 Connect 留了一份副本，随时可以通过 req.originalMethod 得到原始值。也就是说对于前面那个表单而言，可以输出下面这样的值：

```
console.log(req.method);
  // "PUT"
console.log(req.originalMethod);
  // "POST"
```

如果不想引入额外的表单变量，也可以用 HTTP 消息头部域。因为不同的厂商所用的头部域也不同，所以要让服务器支持多种头部域。有些客户端工具和库也会发送特定的头部域。下面这个例子支持三种头部域：

```
app.use(methodOverride('X-HTTP-Method'))            <-- Microsoft
app.use(methodOverride('X-HTTP-Method-Override'))   <-- Google/GData
app.use(methodOverride('X-Method-Override'))        <-- IBM
```

基于头部域的路由是常规任务。对虚拟主机的支持就是这么做的。想用少量 IP 地址支持多个网站时，Apache 服务器就会使用虚拟主机。Apache 和 Nginx 会根据头部域 Host 来决定访问的是哪个网站。

Connect 也可以，而且会比你想象得简单。接下来我们介绍 vhost 模块和虚拟主机。

C.2.4　vhost：虚拟主机

vhost（虚拟主机）模块是一种通过请求头 Host 路由请求的中间件组件。这项任务通常是由反向代理完成的，然后把请求转发到运行在不同端口上的本地服务器那里。使用 vhost 组件，可以在同一个 Node 进程中完成这一操作，它可以将控制权交给跟 vhost 实例关联的 Node HTTP 服务器。

1. 基本用法

跟大多数中间件一样，一行代码就可以把 vhost 跑起来。它有两个参数：第一个是主机名，vhost 实例会用它进行匹配。第二个是 http.Server 实例，用来处理对相匹配的主机名发起的 HTTP 请求（Connect 程序都是 http.Server 的子类，所以程序实例可以胜任这项工作）：

```
const connect = require('connect');
const server = connect();
const vhost = require('vhost');
const app = require('./sites/expressjs.dev');
server.use(vhost('expressjs.dev', app));
server.listen(3000);
```

为了能用前面那个 ./sites/expressjs.dev 模块，它应该像下面这个例子这样，把 HTTP 服务器赋给 module.exports：

```
const http = require('http')
module.exports = http.createServer((req, res) => {
  res.end('hello from expressjs.com\n');
});
```

2. 使用多个 vhost 实例

跟其他中间件一样，在一个程序中可以多次使用 vhost，将几个主机关联到它们的程序上：

```
const app = require('./sites/expressjs.dev');
server.use(vhost('expressjs.dev', app));
const app = require('./sites/learnboost.dev');
server.use(vhost('learnboost.dev', app));
```

也可以不这样手动设置 vhost，而是从文件系统中生成一个主机列表。具体做法如下例所示，用 fs.readdirSync()方法返回一个目录实体的数组：

```
const connect = require('connect')
const fs = require('fs');
cons app = connect()
const sites = fs.readdirSync('source/sites');
sites.forEach((site) => {
  console.log('  ... %s', site);
  app.use(vhost(site, require('./sites/' + site)));
});
app.listen(3000);
```

vhost 用起来比反向代理简单。可以把所有程序作为一个单元管理。对于一些小网站，或者大部分由静态内容构成的网站来说，这种方式很理想。但它也有缺点，如果一个网站引发了崩溃，你的所有网站都会宕掉（因为它们都运行在同一个进程中）。

接下来我们要看一个最基础的 Connect 中间件：会话管理组件 express-session。

C.2.5　express-session：会话管理

Web 程序处理会话的方式取决于变化的需求。比如后端存储的选择：有些程序为了性能使用 Redis 这样的高性能数据库；有些为了简单使用跟主程序一样的数据库。express-session 模块提供了可以通过扩展适用不同数据库的 API，所以它的扩展模块很多。本节将会介绍如何使用基于内存和 Redis 的模块。

我们先把中间件设置起来，并探索一下它有哪些选项可用。

1. 基本用法

代码清单 C-11 实现了一个最简配置的页面浏览计数程序，数据存在用户会话中。默认的会话 cookie 名是 connect.sid，并且被设定为 httpOnly，也就是说客户端脚本不能访问它的值。在服务器端，会话数据是放在内存里的。下面的代码是 express-session 在 Connect 中的基本用法。[①]

① 用 1.10.2 版本的 express-session 做的测试。

代码清单 C-11　在 Connect 中使用会话

```
const connect = require('connect');
const session = require('express-session');

connect()
  .use(session({
    secret: 'example secret',          ❶ 这是使用会话的基本选项
    resave: false,
      saveUninitialized: true
    }))
  .use((req, res) => {
    req.session.views = req.session.views || 0;     设置会话变量“views”，每次访问加 1
    req.session.views++;
    res.end('Views:' + req.session.views);     把结果值送回给浏览器
  })
  .listen(3000);
```

这个小例子配置好了会话，并对一个名为 views 的会话变量进行操作。先是用必需的选项初始化会话中间件，这些选项包括：secret、resave 和 saveUninitialized❶。选项 secret 决定了是否对识别会话用的 cookie 进行签名。resave 迫使所有请求都要保存会话，即便它没有变化也要保存。有些会话存储后台需要这个选项，所以在启用它之前，要先检查一下。最后一个选项，saveUninitialized，表示即便没有要保存的值也要创建会话。如果想遵循保存 cookie 之前先征求用户同意的法则，可以把这个关掉。

2. 设定会话有效期

假定你想让会话在 24 小时后过期，只在使用 HTTPS 时才发送会话 cookie，并且要配置 cookie 的名称。在 req.session 对象上设定 expries 或 maxAge 可以控制会话持续多长时间：

```
const hour = 3600000
req.session.cookie.expires = new Date(Date.now() + hour * 24);
req.session.cookie.maxAge = hour * 24;
```

使用 Connect 时经常要设定 maxAge，以毫秒为单位指定从那一时点开始的时长。这种表示未来时间的表达方法通常更直观，本质上等同于 new Date(Date. now() + maxAge)。

会话设置好了，接下来我们来看一下处理会话数据时的方法和属性。

3. 处理会话数据

express-session 的数据管理 API 非常简单。其基本原理是当请求完成时，赋给 req.session 对象的所有属性都会被保存下来。然后当相同的用户（浏览器）再次发来请求时，会加载它们。比如说，保存购物车信息就像将一个对象赋给 cart 属性那么简单，如下所示：

```
req.session.cart = { items: [1,2,3] };
```

在后续的请求中访问 req.session.cart 时，就可以得到.items 数组。因为这是个常规的 JavaScript 对象，所以可以在后续的请求中调用这个嵌入对象上的方法，就像下面这个例子中这样，并且它们能像你期望的那样保存下来：

```
req.session.cart.items.push(4);
```

在使用会话对象时，有一点一定要记住，会话对象在各个请求间会被序列化为 JSON 对象，所以 req.session 对象有跟 JSON 一样的局限性：不允许循环属性，不能用 function 对象，Date 对象无法正确串行化，等等。在使用会话对象时，一定要记住这些限制。

Connect 会自动保存会话数据，但它内部是通过调用 Session#save([callback])方法完成的，这是一个公开的 API。此外还有两个辅助方法，Session#destroy()和 Session#regenerate()，在对用户进行认证以防止会话固定攻击时经常用到它们。在用 Express 构建程序时，要用这些方法实现用户认证。

接下来我们介绍会话 cookie。

4. 操纵会话 cookie

Connect 允许你为会话提供全局 cookie 设定，但也可以通过 Session#cookie 操纵特定的 cookie，它默认是全局设定。

在调整那些属性之前，我们先把前面那个会话程序扩展一下，把所有属性都写入响应 HTML 中的单个<p>标记中，看看这些会话 cookie 的属性，如下所示：

```
...
res.write('<p>views: ' + sess.views + '</p>');
res.write('<p>expires in: ' + (sess.cookie.maxAge / 1000) + 's</p>');
res.write('<p>httpOnly: ' + sess.cookie.httpOnly + '</p>');
res.write('<p>path: ' + sess.cookie.path + '</p>');
res.write('<p>domain: ' + sess.cookie.domain + '</p>');
res.write('<p>secure: ' + sess.cookie.secure + '</p>');
...
```

在 express-session 中，cookie 的所有属性，比如 expires、httpOnly、secure、path 和 domain，都可以针对每个会话进行程序性修改。比如说，你可以像下面这样让一个活动的会话在 5 秒内失效：

```
req.session.cookie.expires = new Date(Date.now() + 5000);
```

设置过期时间的另一个更直观的 API 是.maxAge 访问器，可以按毫秒获取和设定相对当前时间的时间值。下面这段代码也会让会话在 5 秒内过期：

```
req.session.cookie.maxAge = 5000;
```

剩下的属性，domain、path 和 secure，限定了 cookie 的**作用域**，按域名、路径或安全连接来限定它，而 httpOnly 可以防止客户端脚本访问 cookie 数据。这些属性都可以按相同的方式操纵：

```
req.session.cookie.path = '/admin';
req.session.cookie.httpOnly = false;
```

之前你一直在用默认的内存存储保存会话数据，接下来我们要看看如何插入其他的会话数据存储方式。

5. 会话存储

内置的 MemoryStore 是一种简单的内存数据存储，非常适合运行程序测试，因为它不需要其他依赖项。但在开发和生产期间，最好有一个持久化的、可扩展的数据库存放你的会话数据，否则服务器一重启这些数据就丢了。

虽然任何数据库都可以做会话存储，但低延迟的键/值存储最适合这种易失性数据。Connect 社区已经创建了几个使用数据库的会话存储，包括 CouchDB 、MongoDB、Redis、Memcached、PostgreSQL 等。

我们以 Redis 和 connect-redis 模块为例介绍一下如何将会话数据存储在数据库中。Redis 支持键的有效期，性能很好，并且易于安装，所以很适合用来支持会话数据的存储。

运行 `redis-server`，以确保已经安装过 Redis 了：

```
$ redis-server
[11790] 16 Oct 16:11:54 * Server started, Redis version 2.0.4
[11790] 16 Oct 16:11:54 * DB loaded from disk: 0 seconds
[11790] 16 Oct 16:11:54 * The server is now ready to accept
➥ connections on port 6379
[11790] 16 Oct 16:11:55 - DB 0: 522 keys (0 volatile) in 1536 slots HT.
```

接下来，把 connect-redis 添加到 package.json 文件中，运行 `npm install` 安装它，或者直接执行 `npm install --save connect-redis`。[1]connect-redis 模块提供了一个函数，需要一个 `express-session` 的实例做参数，代码如下所示。

代码清单 C-12　使用 Redis 作为会话存储

```
const connect = require('connect');
const session = require('express-session');
const RedisStore = require('connect-redis')(session);     <-- 将 express-session 的实例传给 RedisStore
const favicon = require('serve-favicon');
const options = {
  host: 'localhost'
};

connect()
  .use(favicon(__dirname + '/favicon.ico'))
  .use(session({
    store: new RedisStore(options),          <-- 用默认选项和 RedisStore 配置 session
    secret: 'keyboard cat',
    resave: false,
    saveUninitialized: true
  }))
  .use((req, res) => {
    req.session.views = req.session.views || 0;     <-- 修改会话值的常规方式
    req.session.views++;
    res.end('Views: ' + req.session.views);
  })
  .listen(3000);
```

这个例子配置了一个使用 Redis 的会话存储。将 `express-session` 引用传给 connect-redis，以允许它继承 `session.Store.prototype`。因为在 Node 中，一个进程里可能会同时使用多个

[1] 写作本书时用的是 2.2.0 版。

版本的模块，所以这很重要。把指定版本的 express-session 传给它可以确保 connect-redis 用的是正确的副本。

RedisStore 作为 store 的值传给了 session()，你想用的所有选项，比如会话用的键前缀，都可以传给 RedisStore 构造器。做完这两步后，可以像使用 MemoryStore 时那样访问会话变量。这个例子中有个小细节需要注意一下，在 session 上面有个中间件组件 favicon，我们把它放在那里是为了防止每次访问会让 views 加 2，因为浏览器每次获取页面时都会请求 /favicon.ico。

哎呀！讨论了这么多跟会话有关的内容，终于把核心概念中间件全部介绍了。接下来我们要讨论处理 Web 程序安全的内置中间件。对于需要保证数据安全的程序来说，这是一个非常重要的主题。

C.3　处理 Web 程序安全的中间件

我们已经说过很多次了，Node 的核心 API 刻意停留在底层。也就是说它没有为构建 Web 程序提供内置的安全或最佳实践。好在 Connect 中间件组件实现了这些安全实践。

本节会介绍三个与安全有关的模块，可以用 npm 安装：

- basic-auth——为保护数据提供了 HTTP 基本认证；
- csurf——实现对跨站请求伪造（CSRF）攻击的防护；
- errorhandler——帮你在开发过程中进行调试。

我们先来看看实现了 HTTP 基本认证，对程序中的受限区域进行保护的 basic-auth。

C.3.1　basic-auth：HTTP 基本认证

在第 4 章，你创建了一个简陋的基本认证中间件组件。好吧，实际上有好几个 Connect 模块都可以干这个。如前所述，基本认证是非常简单的 HTTP 认证机制，并且在使用时应该小心，因为如果不是通过 HTTPS 进行认证，用户凭证很可能会被攻击者截获。不过可以用它给小型或个人的程序添加一个简单粗陋的认证方式。

如果你的程序用了 basic-auth 组件，浏览器会在用户第一次连接程序时提示用户输入凭证，如图 C-4 所示。

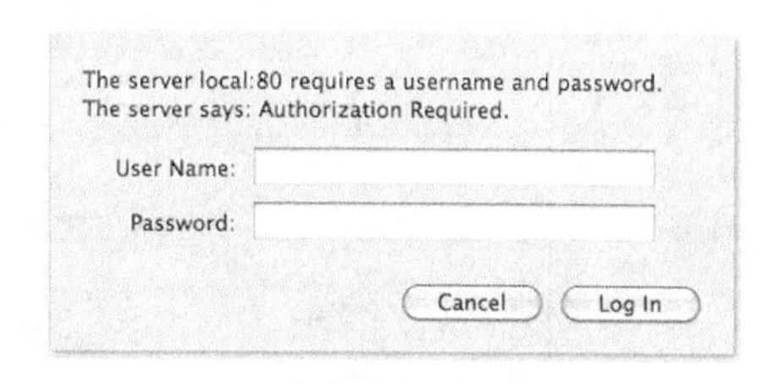

图 C-4　基本认证提示框

1. 基本用法

basic-auth 模块提供了从 HTTP 请求消息头部域 Authorization 中获取凭证的方法。下面是通过 basic-auth 使用自己的密码验证函数进行认证的示例代码。

代码清单 C-13　使用 basic-auth 模块

```
const auth = require('basic-auth');
const connect = require('connect');

function passwordValid(credentials) {
  return credentials
    && credentials.name === 'tj'
    && credentials.pass === 'tobi';
}

connect()
  .use((req, res, next) => {
    const credentials = auth(req);

    if (passwordValid(credentials)) {
      next();
    } else {
      res.writeHead(401, {
        'WWW-Authenticate': 'Basic realm="example"'
      });
      res.end();
    }
  })
  .use((req, res) => {
    res.end('This is the secret area\n');
  })
  .listen(3000);
```

检查用户名和密码的有效性，这里用的是硬编码的用户名和密码

获取经过解析的凭证

密码不正确时回送 WWW-Authenticate 头部域

如果密码正确，则 next()进入“秘密区域”

basic-auth 只提供了头部域 Authorization 的解析，要完成整个验证流程，你需要提供自己的密码检查函数，并在中间件组件中调用，认证失败的话还要发送相应的消息头回去。在这个例子中，认证成功后会调用 next()，从而继续执行程序受保护的部分。

2. 使用 curl 的例子

现在试着用 curl 向服务器发送一个 HTTP 请求，然后你会看到你未被授权：

```
$ curl http://localhost:3000 -i
HTTP/1.1 401 Unauthorized
WWW-Authenticate: Basic realm="Authorization Required"
Connection: keep-alive
Transfer-Encoding: chunked
Unauthorized
```

用 HTTP 基本授权凭证发起相同的请求（注意 URL 的开始部分）可以访问：

```
$ curl --user tj:tobi http://localhost:3000 -i
HTTP/1.1 200 OK
Date: Sun, 16 Oct 2011 22:42:06 GMT
Cache-Control: public, max-age=0
Last-Modified: Sun, 16 Oct 2011 22:41:02 GMT
ETag: "13-1318804862000"
Content-Type: text/plain; charset=UTF-8
```

```
Accept-Ranges: bytes
Content-Length: 13
Connection: keep-alive
I'm a secret
```

继续本节安全这一主题，我们去看一下 csurf 中间件，它是用来防护跨站请求伪造攻击的。

C.3.2　csurf：跨站请求伪造防护

跨站请求伪造（CSRF）利用站点对浏览器的信任漏洞进行攻击。经过你的程序认证的用户访问攻击者创建或攻陷的站点时，这种站点会在用户不知情的情况下代表用户向你的程序发起请求，从而实施攻击。

我们举例说明。假定在你的程序中，请求 DELETE /account 会导致用户的账号被销毁（尽管只有已登录用户可以发起请求）。而用户此时又恰好访问了一个不能防护 CSRF 的论坛。攻击者可以提交一段脚本发起 DELETE /account 请求，销毁用户的账号。对于你的程序来说，这是很糟糕的状况，csurf 中间件可以防护这样的攻击。

csurf 模块会生成一个包含 24 个字符的唯一 ID，**认证令牌**，作为 req.session._csrf 附到用户的会话上。这个令牌会作为隐藏的输入控件 _csrf 出现在表单中，CSRF 在提交时会验证这个令牌。这个过程每次交互都会执行。

基本用法

为了确保 csurf 可以访问 req.body._csrf（隐藏输入控件的值）和 req.session._csrf，你要确保 csurf 添加在了 body-parser 和 express-session 的下面，如下例所示。[①]

代码清单 C-14　CSRF 防护

```
const bodyParser = require('body-parser');
const connect = require('connect');
const csurf = require('csurf');
const session = require('express-session');
const sesionOptions = {
  resave: false,
  saveUninitialized: false,
  secret: '1234'
};

connect()
  .use(bodyParser.urlencoded({ extended: false }))
  .use(session(sesionOptions))
  .use(csurf())                                        <-- 在消息体解析器和会话处理器后面加载 csurf 中间件组件
  .use((req, res, next) => {
    if ('/' != req.url) return next();                 <-- 访问 / 时显示一个表单

    const token = req.csrfToken();                     <-- 用这个 csurf 添加的方法获取当前的 CSRF 令牌
    const html = `
      <form method="post" action="/save">
        <input type="text" name="_csrf" value="${token}">
```

① 我们用的是 1.6.6 版的 csurf。

```
        <button type="submit">Submit</button>
      </form>`;

    res.setHeader('Content-Type', 'text/html');
    res.end(html);
  })
  .use((req, res) => {                          <— 得到带有正确令牌的 POST
    const html = `                                 请求后会运行这个函数
      <p>Body: ${req.body._csrf}</p>
      <p>Session secret: ${req.session.csrfSecret}</p>
    `;
    res.end(html);
  })
  .use((err, req, res, next) => {                   <— 令牌不正确时的
    console.error(err);                                错误处理
    res.end('Did you get the csrf token wrong?');
  })
  .listen(3000);
```

要使用 csurf，必须首先加载 body-parser 和会话中间件组件。然后访问 / 时会显示一个表单，其中有值为当前 CSRF 令牌的文本域。因为有这个令牌，程序会根据会话中的密钥对所有特定类型的请求进行检查。当前令牌可以用 req.csrfToken 获取，这个方法是 csurf 添加的。csurf 会自动标记令牌不正确的请求，所以我们又做了“令牌正确”处理器和错误处理器。因为这个例子中用的是文本域，所以你可以修改令牌的值，看看会发生什么。

从这个例子来看，csurf 会自动忽略特定类型的请求。这是由选项 ignoreMethods 决定的。默认会忽略 HTTP GET、HEAD 和 OPTIONS，如果需要的话，可以给 csurf 传入选项 ignoreMethods 修改。

在 Web 开发的安全问题中，还有一点需要注意，即要确保冗长的日志和详细的错误报告不能同时出现在生产和开发环境中。下面我们来看一下 errorhandler 模块，它就是要解决这个问题的。

C.3.3　errorhandler：开发过程中的错误显示

errorhandler 模块很适合在开发时使用，它可以基于请求头域 Accept 提供详尽的 HTML、JSON 和普通文本错误响应。也就是说它应该在开发过程中使用，不应该出现在生产环境中。

1. 基本用法

这个组件一般应该放在最后，这样它才能捕获所有错误：

```
connect()
  .use((req, res, next) => {
    setTimeout(function () {
      next(new Error('something broke!'));
    }, 500);
  })
  .use(errorhandler());
```

2. 接收 HTML 错误响应

如果按照这里的配置，你在浏览器中查看任何页面时都会看到图 C-5 所示的 Connect 错误页面，显示错误消息、响应状态和全部栈跟踪信息。

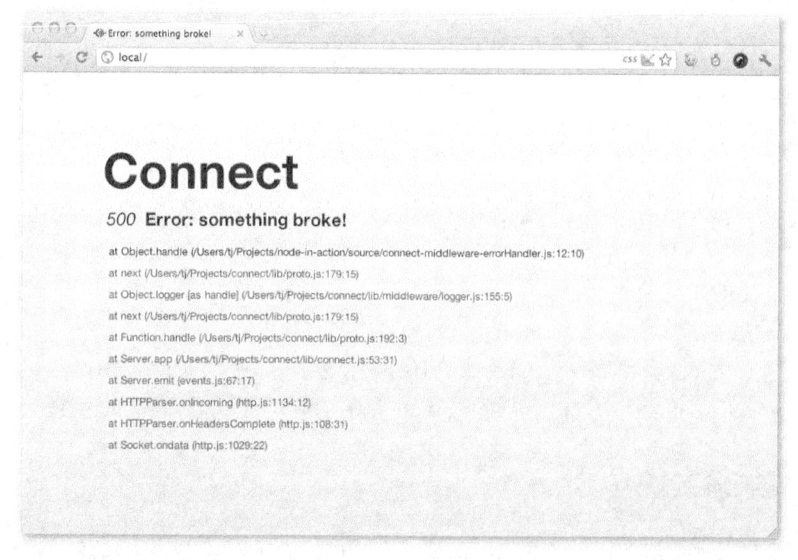

图 C-5　默认的 `errorhandler` HTML 显示在浏览器中的样子

3. 接收普通文本错误响应

假定你正在测试一个用 Connect 搭建的 API，它离返回一大堆 HTML 的理想状况还有很大距离，所以 `errorhandler` 默认会用 `text/plain` 格式做响应，这非常适合 `curl(1)`这样的命令行 HTTP 客户端。在 stdout 中的输出如下所示：

```
$ curl localhost:3000 -H "Accept: text/plain"
Error: something broke!
at Object.handle (/Users/tj/Projects/node-in-action/source
➥ /connect-middleware-errorHandler.js:12:10)
at next (/Users/tj/Projects/connect/lib/proto.js:179:15)
at Object.logger [as handle] (/Users/tj/Projects/connect
➥ /lib/middleware/logger.js:155:5)
at next (/Users/tj/Projects/connect/lib/proto.js:179:15)
at Function.handle (/Users/tj/Projects/connect/lib/proto.js:192:3)
at Server.app (/Users/tj/Projects/connect/lib/connect.js:53:31)
at Server.emit (events.js:67:17)
at HTTPParser.onIncoming (http.js:1134:12)
at HTTPParser.onHeadersComplete (http.js:108:31)
at Socket.ondata (http.js:1029:22)
```

4. 接收 JSON 错误响应

如果你发送的 HTTP 请求带有 HTTP 请求头 `Accept: application/json`，会得到下面的 JSON 响应：

```
$ curl http://localhost:3000 -H "Accept: application/json"
{"error":{"stack":"Error: something broke!\n
        ➥ at Object.handle (/Users/tj/Projects/node-in-action
        ➥ /source/connect-middleware-errorHandler.js:12:10)\n
        ➥ at next (/Users/tj/Projects/connect/lib/proto.js:179:15)\n
```

```
➥ at Object.logger [as handle] (/Users/tj/Projects
➥ /connect/lib/middleware/logger.js:155:5)\n
➥ at next (/Users/tj/Projects/connect/lib/proto.js:179:15)\n
➥ at Function.handle (/Users/tj/Projects/connect/lib/
proto.js:192:3)\n
➥ at Server.app (/Users/tj/Projects/connect/lib/connect.js:53:31)\n
➥ at Server.emit (events.js:67:17)\n
➥ at HTTPParser.onIncoming (http.js:1134:12)\n
➥ at HTTPParser.onHeadersComplete (http.js:108:31)\n
➥ at Socket.ondata (http.js:1029:22)","message":"something broke!"}}
```

我们已经对 JSON 响应做了额外的格式化处理，这样看起来更清晰，但 errorhandler 发送的 JSON 响应是经过 JSON.stringify()处理的紧凑格式。

觉得自己是 Connect 安全高手了吗？或许还不是，但你掌握的基础知识已经可以保证程序的安全了。接下来我们要介绍一个非常常见的 Web 程序功能：提供静态文件。

C.4　提供静态文件

提供静态文件是另一个很多 Web 程序需要，但 Node 核心没有提供的功能。不过 Connect 用一些简单的模块满足了这个需求。

本节会再介绍两个 Connect 的官方支持模块，这次主要是用于返回来自文件系统的文件，就像 Apache 和 Nginx 之类的 HTTP 服务器做的那样，但只需稍作配置就可以添加到 Connect 项目中：

- serve-static——将文件系统中给定根目录下的文件返回给客户端；
- serve-index——当请求的是目录时，返回那个目录的列表。

我们先介绍如何用一行代码通过 serve-static 模块提供静态文件服务。

C.4.1　serve-static：自动将文件发给浏览器

serve-static 模块实现了一个高性能的、灵活的、功能丰富的静态文件服务器，支持 HTTP 缓存机制、范围请求等。更重要的是，它有对恶意路径的安全检查，默认不允许访问隐藏文件（文件名以.开头），会拒绝有害的 null 字节。serve-static 本质上是一个安全的、完全能胜任的静态文件服务中间件组件，可以保证跟目前各种 HTTP 客户端的兼容。

1. 基本用法

假定你的程序遵循典型的场景，要返回 ./public 目录下的静态资源文件。这可以用一行代码实现：

```
app.use(serveStatic('public'));
```

按照这个配置，serve-static 会根据请求的 URL 检查 ./public/ 中的普通文件。如果文件存在，响应中 Content-Type 域的值默认会根据文件的扩展名设定，并传输文件中的数据。如果被请求的路径不是文件，则调用 next()，让后续的中间件（如果有的话）处理该请求。

我们来测试一下，创建一个名为 ./public/foo.js 的文件，其内容为 console.log('tobi')，用带-i 标记的 curl(1)向服务器发送请求，告诉它输出 HTTP 响应头。你会看到正确设定的与缓存相关的 HTTP 响应头，反映.js 扩展名的 `Content-Type`，以及传过来的内容：

```
$ curl http://localhost/foo.js -i
HTTP/1.1 200 OK
Date: Thu, 06 Oct 2011 03:06:33 GMT
Cache-Control: public, max-age=0
Last-Modified: Thu, 06 Oct 2011 03:05:51 GMT
ETag: "21-1317870351000"
Content-Type: application/javascript
Accept-Ranges: bytes
Content-Length: 21
Connection: keep-alive
console.log('tobi');
```

因为请求路径就是当作文件路径用的，所以在目录内层的文件也能按你期望的那样访问。比如说，你的服务器上可能收到了一个 `GET /javascripts/jquery.js` 请求和一个 `GET /stylesheets/app.css` 请求，它会分别返回 ./public/javascripts/jquery.js 和 ./public/stylesheets/ app.css 文件。

2. 使用带挂载的 serve-static

有时程序会用 /public、/assets 和 /static 之类的路径做前缀路径名。Connect 中有挂载的概念，可以从多个目录中提供静态文件。只需把程序挂载到你想要的位置。我们在第 5 章讲过，中间件本身不知道它是从哪里挂载的，因为前缀被去掉了。

比如说，请求 `GET /app/files/js/jquery.js` 对挂载在 /app/files 上的 `serve-static` 来说就相当于 `GET /js/jquery`。这能很好地实现前缀功能，因为前缀的 /app/files 不会出现在文件路径解析中：

```
app.use('/app/files', connect.static('public'));
```

原来那个请求 `GET /foo.js` 不能用了。因为请求中没有出现挂载点，所以中间件不会被调用，但带前缀的请求 `GET /app/files/foo.js` 会得到这个文件：

```
$ curl http://localhost/foo.js
Cannot get /foo.js
$ curl http://localhost/app/files/foo.js
console.log('tobi');
```

3. 绝对与相对目录路径

请记住传到 `serve-static` 中的路径是相对于当前工作目录的。也就是说将`"public"`作为路径传入会被解析为 `process.cwd() + "public"`。

然而有时你可能想用绝对路径指定根目录，变量 `__dirname` 可以帮你达成这一目的：

```
app.use('/app/files', connect.static(__dirname + '/public'));
```

4. 请求目录时返回 index.html

`serve-static` 还能提供 index.html 服务。当请求的是目录，并且那个目录下有 index.html 时，它可以返回这个文件作为响应。

对于 Web 程序中的资源型文件来说，比如 CSS、JavaScript 和图片，`serve-static` 很好用，但如果想让用户下载目录中的文件列表怎么办？这是 `serve-index` 要解决的问题。

C.4.2　serve-index：生成目录列表

serve-index 模块是一个提供目录列表的小型中间件，用户可以用它浏览远程文件。图 C-6 展示了这个组件提供的界面，其有完整的搜索输入框、文件图标和可点击的面包屑导航。

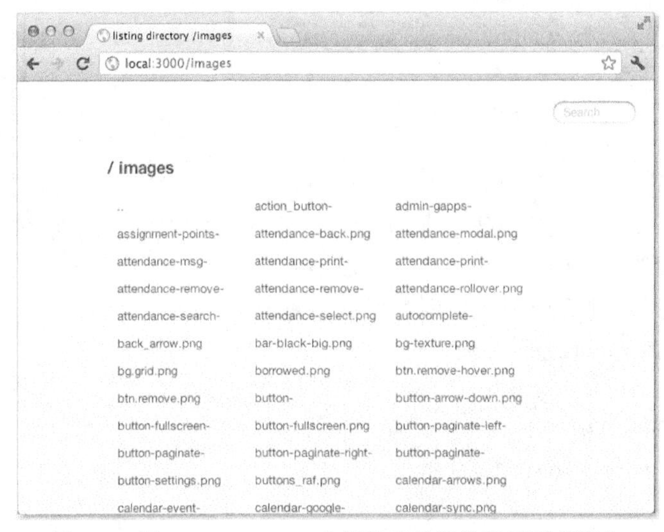

图 C-6　用 serve-index 中间件组件提供目录列表服务

1. 基本用法

这个组件要配合 serve-static 使用，由 serve-static 提供真正的文件服务；而 serve-index 只是提供列表。其设置可能像下面的代码这样简单，请求 GET /会得到 ./public 目录的列表：

```
const connect = require('connect');
const serveStatic = require('serve-static');
const serveIndex = require('serve-index');

connect()
  .use(serveIndex('public'))
  .use(serveStatic('public'))
  .listen(3000);
```

2. 使用带挂载的 serve-index

通过中间件挂载，你可以给 serve-static 和 serve-index 中间件加上任何你想要的路径做前缀，比如下例中的 GET /files。这里的选项 icons 用来启用图标，hidden 表明两个组件都可以查看并返回隐藏文件：

```
connect()
  .use('/files', serveIndex('public', { icons: true, hidden: true }))
  .use('/files', serveStatic('public', { hidden: true }))
  .listen(3000);
```

现在可以轻松地在文件和目录中导航了。

术 语 表

第 1 章

- **ECMAScript 标准** ECMAScript 是由 Ecma 国际标准化的脚本语言规范。ECMAScript 有几个标准，本书关注的是 ECMAScript 2015（ECMAScript 第 6 版）。为确保他们的解释器与为其他实现而写的 JavaScript 兼容，JavaScript 实现者采用了 ECMAScript 标准。
- **异步** 不一定按照出现的顺序执行的代码。在 Node.js 中，这个术语通常用来描述那些接受回调函数为参数的 API，因为这些回调函数是在将来的某一时点运行的。比如说，作为 `fs.readFile` 参数的那个回调函数，会在文件读取完成后收到该文件中的内容。
- **语义版本** 使用三个数字表明版本兼容性的惯用法：主版本号、次版本号、修订号，表示为 1.0.2（主版本号为 1，次版本号为 0，修订号为 2）。一个依赖于 1.0.2 版本的项目应该能跟 1.1.1 兼容，但不能跟 2.0.2 兼容。
- **Promise** `Promise` 对象是标准化的 ECMAScript 2015 API，用于表示现在、将来可获得，或永远都得不到的值。
- **非阻塞 I/O** 阻塞的操作会让线程挂起，直到操作完成才会继续执行。Node 用的是非阻塞 I/O，即从文件或网络等资源读取数据时不会阻塞线程的执行。
- **npm** Node 的包管理器。用来安装存放在大型中心仓库上的包，以及管理 Node 项目中的依赖项。
- **libuv** Node 用的多平台异步 I/O 库。Julia 等语言也在用这个库。
- **核心模块** Node 自带的那些库。
- **箭头函数** 简写的函数。即在将函数作为参数传给其他函数时，用 `() => {}` 而不是 `function () {}` 这样的写法。如果函数只接受一个参数，那么括号可以忽略。
- **解构** ECMAScript 2015 引入了解构，允许将对象和数组分解为变量和常量。比如说，`const { name } = { name: 'Alex' }` 的计算结果是创建一个名为 `name`，值为 `Alex` 的常量。
- **JSON（JavaScript 对象表示法）** JSON 是一种轻量的数据交换格式，基于 JavaScript 的子集，易于阅读和编写。
- **抽象接口** 没有具体实现的 API 的程序化描述。Node.js 中的流 API 就是抽象接口。

- **剩余参数**　ECMAScript 2015 中的剩余参数语法允许我们将一个不定数量的参数表示为一个数组。比如要命名两个参数，但其余参数都放在数组中，可以表示为 `function (a, b, ...rest)`。还可以跟解构配合使用来复制对象：`const newObject = { ...oldObject }`。
- **事件**　导致某个函数被调用的字符串。该函数被称为对象监听器。发出事件的是发射器。Node 中用来创建发射器的基类是 `EventEmitter`。
- **事件轮询**　Node 的事件轮询等待外部事件，并将它们转化为回调函数的调用。其他系统采用类似的机制（消息派发器和运行轮询）快速将事件路由给相应的事件处理器。
- **REPL（读取–计算–输出–循环）**　可以用来计算代码及查看结果的命令行界面。

第 2 章

- **闭包**　JavaScript 函数能捕获在其封闭作用域内定义的变量。比如在函数 A 内定义一个函数 B，则 B 能访问 A 中定义的所有值。
- **package.json**　Node 项目中的文件，用来定义项目名称、作者、版权许可和依赖项。所有 Node 程序和库中都应该有这样一个文件。
- **模块**　Node 模块是包含 JavaScript 代码的文件。可以输出值（一般是函数和常量）供其他文件使用。
- **栈跟踪**　截止到错误发生时所执行过的程序指令。
- **内容管理系统（CMS）**　Web 程序，用来编辑文本和图片，编辑好的内容将会显示在面向公众的网站上。
- **流程控制（或控制流程）**　语句执行的顺序。因为 Node 是异步的，所以控制流很重要。JavaScript 中有很多种处理控制流的办法，包括回调、Promise、生成器、基本循环原语，以及遍历器。在 Node 中，**流控制**是指将异步任务的执行顺序分组的办法。
- **回调函数**　已经被传给另一个函数，并且可能稍后会调用的函数。
- **回调嵌套**　回调内还有回调。在把某个回调函数作为参数传给一个函数时，某些情况下有必要在这个回调函数内再定义一个回调函数。
- **全局作用域**　因为**作用域**是指值可以访问的范围，所以**全局作用域**的值在程序中的任何地方都可以访问。
- **CommonJS 模块规范**　用于定义应该从当前 JavaScript 文件中输出什么的一种模块格式。参见**模块**。
- **状态**　程序中的所有变量在指定时间点上的值。
- **属性**　JavaScript 对象是包含键值对的集合，这些键值对就是对象的属性。

第 3 章

- **表单编码**　在向 Web 服务器发送 HTTP `POST` 请求时，会包含一个简单的表单 `POST`，表单中的内容会编码为请求主体。最常用的格式 `application/x-www-form-urlencoded`，类似于 URL 编码，会将不安全的 ASCII 字符替换为百分号。

- **模板** 用于生成 HTML 的普通文本格式，可以包含嵌入数据和 JavaScript 代码，以便精简 HTML 的语法。
- **MIME（多用途互联网邮件扩展）** 这是一个互联网标准，用于往电子邮件和多部分消息体中添加非文本数据，以便让电子邮件客户端可以显示 HTML、图片和非 ASCII 字符集中的文本。
- **对象–关系映射（ORM）** 对程序员友好的数据结构（比如 JavaScript 对象）和数据库的数据结构（比如表和外键）两者之间的映射是用这样的库建立的。
- **套路化代码** 经常复制并且可以自动生成的代码。
- **路由** 给定的路由处理器需要处理的 URL 片段和 HTTP 动词。
- **路由处理器** 用户定义的回调函数，在有 HTTP 请求发送到 Web 程序时运行。路由处理器一般会生成内容，这些内容可能是来自数据库的，或者是对数据库进行修改，然后生成响应消息。这些响应消息可能是用模板生成的，也有可能是用 JSON 之类的格式。
- **客户端包** 经过预处理的 JavaScript 代码，通常来自多个源文件，经过最小化和压缩后发送到客户端。
- **静态资源文件** 无须 Web 服务器做任何额外处理就可以作为响应消息的文件。通常包括图片、CSS 文件和客户端 JavaScript 文件。
- **cURL** 一个用来发送 HTTP 请求的命令行工具和程序库。经常用作调试工具，可以快速检查 Web 服务器对请求的响应。
- **数据库模型** 跟使用数据库的原生语言相比，设计良好的数据模型会让程序员感觉跟数据库表或文档的交互更轻松。
- **REST（表述性状态转移），RESTful API** 无状态 Web API 使用一组 HTTP 预先定义好的操作。这些操作是基于 HTTP 动词的，最常用的是 `GET`、`POST`、`PUT` 和 `DELETE`。

第 4 章

- **源码映射** 一个文件，浏览器中的调试器可以据此将转译后源码文件中的代码映射到原始文件中的对应行上。
- **Webpack 加载器** 转换或转译源码。
- **Webpack 插件** 修改构建进程本身的行为，不一定会改变输出文件。
- **方法链** 在上一个执行的方法的返回值上运行一个方法。
- **流** 高效的数据输入和（或）输出通道，文本或二进制数据都可以。Node 支持可读、可写和其他流，并且这些流可以用管道连接到一起。
- **Linter** 检查源码格式的正确性。Linter 可以按照一组校验规则对项目进行检查，从而强化指定的编程风格。
- **构建系统** 一套工具和配置文件，其所生成的 JavaScript 能在浏览器中运行更高效。

- **管道**　将一个数据输出连到另一个输入上。在 UNIX 中，进程是用竖线符（|）连成管道的；在 Node 中，流是用方法链连成管道的。
- **测试引擎**　运行并整理单元测试结果的程序，一般可以同时处理多个文件。
- **转译**　也称为源码到源码编译，JavaScript 转译器可以将一种 ECMAScript 转换成另外一种。最常用的是将更先进的 ES2015 转换成向后兼容的 ECMAScript 5，后者能用在更多浏览器上。还有 TypeScript，它是 JavaScript 的超集，也能转译为 ES5 或 ES2015。

第 5 章

- **Web 框架**　用来开发 Web 程序的一组函数库，可以用插件或中间件进行扩展。
- **模型–视图–控制器（MVC）**　将软件分解为组件的设计模式。模型管理数据和逻辑，视图将数据转化成用户界面，控制器则将交互转化成对模型和视图的操作。
- **单页 Web 程序**　一次性返回给浏览器的程序，不需要整页刷新。如果程序需要改变浏览器中的 URL，可以用 HTML5 的历史 API 让用户觉得 URL 已经变了，而浏览器已经从服务器上加载了新的页面。
- **同构**　通过共享相同的代码而能够在客户端和服务器端运行的 JavaScript 程序。
- **GET 参数**　出现在问号之后的 URL 参数，分隔符是 `&` 符号。
- **关系型数据库**　基于所存储的实体及其关系而形成的数据库结构。
- **HTTP 动词**　HTTP 方法（`GET`、`POST`、`PUT`、`PATCH`、`DELETE`）表示应该在远程资源上执行的动作。
- **解耦**　如果项目中的某个函数、类或模块可以轻松替换，或者用在其他项目中，那么它就是松散耦合的。
- **全栈框架**　如果框架中所包含的功能既可以用于客户端，也可以用于服务器端代码，则说它是全栈框架。那通常意味着这个框架中有处理 HTTP 请求、请求路由、数据库建模和与浏览器中运行的代码进行通信等功能的函数库。
- **中间件**　能够按顺序调用来修改 HTTP 请求和响应的函数。
- **数据库适配器**　一些通用的数据库的函数库，可以用特定的适配器进行扩展，以实现特定数据库所需的功能。

第 6 章

- **bcrypt**　密码散列函数。由于这个函数能将任意数量的数据映射为固定大小的字符串，因此用户密码的明文经过处理后可以安全地存储在数据库中。
- **模板语言**　轻量的标记语言，可以转换为 HTML，并能够从代码中注入值，循环遍历数组或对象。
- **密码盐**　用来作为散列函数输入的随机数据，可以加大字典攻击的难度。
- **单线程**　运行的程序（进程）可以有多个并发执行的线程。JavaScript 的模型是使用单线程，但在发生事件时，线程可以切换上下文运行不同的代码。浏览器中的事件是用户点击按钮之类的交互动作。在 Node 中，通常是 I/O 事件，比如网络操作或从硬盘中读取数据。

- **第三方中间件** 不是由初始的 Web 库或框架的作者发布的中间件组件。
- **内容协商** HTTP 标准的一部分，用来处理相同 URI 上不同版本的文档。如果服务器支持内容协商，那么用户代理（浏览器）可以请求不同格式的数据。
- **响应对象** 决定服务器将会如何响应某个 HTTP 请求的对象。包含响应主体（通常是一个 Web 页面）和消息头。
- **CSS 预处理器** 将 CSS 超集转换成浏览器能够解释的 CSS。Sass 和 LESS 样式表语言都包含 CSS 预处理器，并且这些语言可以添加变量、嵌套和 mixin 等功能。
- **Redis 哈希** 一个字符串和值的映射，用来表示 Redis 数据库中的对象。
- **Redis 数据库** 内存数据库，可以作为缓冲区和消息代理使用。常用在 Web 程序中存储用户会话和消息推送。

第 7 章

- **有意义的空格** JavaScript 用大括号、分号和换行来分隔语句。如果需要一个新的词法块，则用函数或控制语句。而在某些语言中，空格是有意义的，比如 Pug 中的每行代码都会用不同数量的空格形成缩进，从而形成代码块。
- **mixin** 通常是指一个类，这个类中定义了用在其他类中的方法。在 Sass 中，mixin 是 CSS 声明的分组，可以在多处重用；在 Pug 中，mixin 用来定义可重用模板片段。
- **区块 lambda** 因为 lambda 是匿名函数，所以 Hogan 中的区块 lambda 是将函数与模板中的标签关联起来的一种办法。
- **XSS（跨站脚本）攻击** 如果 Web 程序接受来自表单或 URL 参数的用户输入，并且那些值会重新出现在模板中，则有可能会被注入恶意代码。为了避免遭受这种攻击，必须先将收到的值进行转义。
- **子模板（partial）** 小型的可重用模板。
- **词法作用域** 变量的可见性是由它的作用域决定的。在 JavaScript 中，添加一个函数会增加新的作用域层级。那个函数中定义的所有变量对该函数中定义的所有函数来说都是可见的。

第 8 章

- **ACID（Atomicity、Consistency、Isolation、Durability，原子性、一致性、隔离性和耐用性）** 数据库要想满足 ACID，其操作必须是原子性的（操作或者成功，或者失败，但失败后数据库必须保持原样）、一致性的（数据只能以允许的方式改变）、隔离性的（确保能够并发执行）和耐用性的（变化发生后，即便经历了系统崩溃或重启，也必须保留下来）。
- **Web worker** 允许 JavaScript 运行在浏览器后台线程上的办法。

- **BSON** MongoDB 中表示对象的二进制格式。对象是由一组排好序的元素组成的。元素是由域名、类型、值构成的。BSON 支持的类型包括字符串、整型、日期和 JavaScript 代码。
- **面向文档的数据库** 存储半结构化数据的数据库，这些数据没有预先定义好的模式，有时是 JSON 或 XML。比如 MongoDB 和 CouchDB。
- **发布/订阅** 一种能够将消息发送给多个接收者的模式。
- **分布式数据库** 存储在多台计算机上的数据库，虽然不一定，但有可能分布在不同的地理位置上。
- **复制集** 一组 MongoDB 进程，可以让数据集保持一致。
- **NoSQL** 不用关系型数据库中那种表格关系的数据库。
- **关系代数** 关系型数据库的理论基础，对所存储的数据和在其上执行的查询进行建模的依据。
- **缓存记忆（memoize）** 一种优化技术，用于将函数的结果保存起来，这样就不用再次调用它了。
- **主键** 数据库表中用来唯一标识每一行记录的那一列。
- **查询构建器** 为程序员提供便利，不用再手动编写 SQL 的 API。
- **抽象漏洞** 尝试将底层实现的大量细节和问题隐藏起来，以降低复杂度。
- **守护进程** 在后台运行的程序，通常是在系统启动时自动启动的。
- **数据库模式** 数据库中数据及其相互关系的正式定义。它是数据库的设计。
- **数据库事务** 按照 ACID 属性组合在一起的一个或多个数据库操作。

第 9 章

- **BDD（行为驱动开发）** TDD 的扩展，其用不同的 API 风格来鼓励将注意力放在流程中的测试点上，测试什么，不测试什么，以及一次做多少测试。同时尽量改善测试失败提示及单元测试名称的可理解性。
- **模拟对象（mock）** 行为像真正的对应物的值或对象，但通常要简单得多，只是为了测试模拟了刚好够用的行为。所以在测试中一般不会访问真正的文件或网络，因为速度可能会比较慢，如果进行破坏性操作的话，还会有危险，模拟物可以安全地模拟这些行为。
- **单元测试** 在小的测试集（单元）中孤立测试模块的一小部分，比如函数或类的方法。
- **断言** 确保表达式的计算结果符合期望。可以是一个简单的布尔语句、等式、或其他任何东西。在 Node 中，断言失败时会抛出异常。测试运行器可以捕获这些异常，并进行汇总以形成测试报告。
- **typeof** JavaScript 操作符，其可以根据指定对象或值返回一个字符串。
- **功能测试** 测试整个系统中的某个功能。在 Web 开发中，这意味着要同时测试浏览器和服务器端，是全栈测试。
- **测试运行器** 管理测试加载、执行和结果收集以便显示的程序。Mocha 就是测试运行器。
- **测试驱动开发（TDD）** 先写测试，再写要进行测试的代码。

第 10 章

- **Elastic Beanstalk**　亚马逊提供的协调性服务，用于向它的其他服务，比如 EC2，做脚本部署。
- **亚马逊 EC2（亚马逊弹性计算云）**　亚马逊的虚拟计算机服务。
- **Docker 映像**　Docker 用来创建容器的文件系统的映像。
- **dyno**　Heroku 对自己的容器的叫法。用来运行服务器以及 Heroku 的服务器上独立环境中的所有命令。
- **内容交付网络（CDN）**　交付静态内容的分布式服务器。
- **sudo**　在需要使用其他用户权限运行程序时使用的命令。一般在需要特殊权限时使用，比如编辑系统配置文件。
- **SSH（安全 shell）**　提供一个连接远程计算机的加密命令行（或 X11）界面。在 Web 开发人员刚开始配置新的服务器，或连接到服务器运行维护或调试命令时使用。
- **容器**　一种虚拟技术，是为用户隔离出来的操作系统实例，运行在主操作系统之上。容器提供了额外的资源使用控制，有安全优势，并且可以快速搭建和销毁。
- **日志轮转**　定期运行的命令，根据日期重命名日志文件，可能还会进行压缩以节省存储空间。

第 11 章

- **退出状态码**　程序结束时返回的值。非零值说明有错误发生。
- **国际开放标准组织（Open Group）**　发布了单一 UNIX 规范（Single UNIX Specification）的国际性非营利组织，该规范是一组标准，用来认证可以使用 UNIX 商标的操作系统厂商。
- **进程间通信**　操作系统提供的程序间相互通信的方法。比如管道就是用一个程序的输出作为另一个程序的输入。甚至连文件都可以被当作进程间通信的一种方式。
- **参数**　程序的参数是在命令行中提供的标志，用来指明启用或禁用某些功能。
- **stderr**　用于运行中程序输出错误信息的流。
- **stdout**　用于程序要显示的信息的输出流。
- **stdin**　运行中程序的输入流。
- **重定向**　捕获一个程序的输出并将其作为输入发送给其他程序或文件。
- **shell**　能够输入命令和查看结果的命令行用户界面。之所以称为 shell，是因为它是包裹在操作系统外面的一层。

第 12 章

- **Electron 渲染进程**　Chromium Web 视图。
- **Electron 主进程**　管理 Electron app 并负责访问文件和网络的 Node 进程。
- **原生**　用操作系统自带的 API 写成的程序或库。

- JSX　React 程序使用混合了 JavaScript 的 HTML 片段。在浏览器中运行前会预处理为纯粹的 JavaScript。这种语言称为 JSX。
- Chromium　一个开源的浏览器，Google Chrome 浏览器的代码源自该项目。
- React　Facebook 为搭建数据驱动的 Web 和移动端用户界面提供的库。

附录 B

- **网络抓取**　将 HTML 转换成结构化数据以便存储在文件或数据库中。
- **微格式**　人类和软件都能解读的在 HTML 中包含结构化数据的方式。因为 HTML 有时不能清晰地表示结构化数据，所以可以在不借助任何特殊标签的情况下用微格式在 HTML 中嵌入地址、地理信息位置、日历条目等数据。
- **DOM（文档对象模型）**　这个标准为 JavaScript 处理 HTML 定义了 API。DOM 是与语言无关的 HTML 处理接口。
- **构造器**　创建并初始化 JavaScript 对象的函数。
- XPath　用来从 XML 文档中选取节点的查询语句。
- **CSV（逗号分隔的值）**　表格化数据的文本格式，一般用于数据库或电子表格程序。其中的值会用逗号分隔成列，用换行分行。
- **正则表达式**　匹配字符串中的模式的表达式。
- **垂直搜索引擎**　专注于特定范围的搜索引擎。
- robots.txt　网站用来告诉网络爬虫和抓取器什么内容可以扫描或什么内容不能抓取的标准。